ENSEIGNEMENT DES JEUNES FILLES

COURS DE PHYSIQUE ET DE CHIMIE

Rédigé conformément au programme des Écoles normales primaires d'institutrices

Par Émile BOUANT

ANCIEN ÉLÈVE DE L'ÉCOLE NORMALE SUPÉRIEURE, AGRÉGÉ DES SCIENCES PHYSIQUES, PROFESSEUR AU LYCÉE CHARLEMAGNE.

PREMIÈRE ANNÉE DU COURS

(DEUXIÈME ANNÉE DE L'ÉCOLE)

PARIS

IMPRIMERIE ET LIBRAIRIE CLASSIQUES

DELALAIN FRÈRES

115, BOULEVARD SAINT-GERMAIN, 115

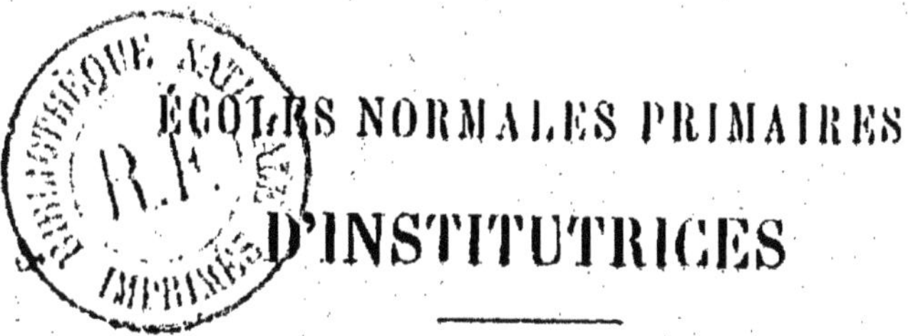

ÉCOLES NORMALES PRIMAIRES D'INSTITUTRICES

PHYSIQUE ET CHIMIE

PREMIÈRE ANNÉE DU COURS

(DEUXIÈME ANNÉE DE L'ÉCOLE)

Autres ouvrages du même auteur :

La Physique et la Chimie du Brevet élémentaire de capacité de l'enseignement primaire, ouvrage rédigé conformément aux programmes officiels, à l'usage des élèves des écoles primaires supérieures, des aspirants et aspirantes au brevet élémentaire et des candidats aux écoles normales primaires, par *M. E. Bouant* : 7e édition, avec emploi des *notations atomiques* en Chimie ; 1 fort vol. in-12, *renfermant* 340 *gravures dans le texte*, *cart.* 3 f. 50 c.

Cours de Physique et de Chimie, conforme aux programmes du 10 janvier 1889 prescrits pour les *Écoles normales primaires d'instituteurs et d'institutrices*, par *M. E. Bouant*; 5 vol. in-12, *avec nombreuses figures dans le texte :*

1° Écoles normales d'instituteurs ; 3 vol. in-12 :

Cours de Physique et de Chimie, Première année : 6e édition ; 1 vol. in-12, *avec* 209 *gravures dans le texte*, *cart.* 3 f.

Cours de Physique et de Chimie, Deuxième année : 6e édition ; 1 vol. in-12, *avec* 150 *gravures dans le texte*, *cart.* 3 f.

Cours de Physique et de Chimie, Troisième année : 6e édition ; 1 fort vol. in-12, *avec* 340 *gravures dans le texte et une planche en chromolithographie*, *cart.* 5 f.

2° Écoles normales d'institutrices ; 2 vol. in-12 :

Cours de Physique et de Chimie, Premier volume, Deuxième année : 9e édition ; 1 vol. in-12, *avec* 194 *gravures dans le texte*, *cart.* 3 f.

Cours de Physique et de Chimie, Deuxième volume, Troisième année : 8e édition ; 1 fort vol. in-12, *avec* 317 *gravures dans le texte*, *cart.* 4 f.

Éléments usuels des Sciences physiques et naturelles, rédigés conformément au programme du 18 janvier 1887, sous forme de leçons de choses, à l'usage du *Cours élémentaire* des écoles primaires de garçons et de filles, par *M. E. Bouant :* 4e édition ; 1 vol. in-12, *avec* 137 *gravures dans le texte.* *cart.* 1 f.

Éléments usuels des Sciences physiques et naturelles, rédigés conformément au programme du 18 janvier 1887, à l'usage du *Cours moyen* des écoles primaires de garçons et de filles, par *M. E. Bouant :* 4e édition ; 1 vol. in-12, *avec* 203 *gravures dans le texte.* *cart.* 1 f. 25 c.

Éléments usuels des Sciences physiques et naturelles, rédigés conformément au programme du 18 janvier 1887, à l'usage du *Cours supérieur* des écoles primaires de garçons et de filles, par *M. E. Bouant :* 2e édition ; 1 vol. in-12, avec 170 *gravures dans le texte*, *cart.* 1 f. 25 c.

Minéraux, Animaux, Végétaux, premières notions des sciences physiques et naturelles, rédigées, sous forme de *Leçons de Choses*, conformément au programme du 28 janvier 1890, pour la *Classe préparatoire* et la *Classe de Huitième* des lycées, par *M. E. Bouant :* 4e édition ; 1 vol. in-12, *avec* 221 *vignettes*, *rel. toile*, 1 f. 50 c.

ENSEIGNEMENT DES JEUNES FILLES

COURS DE PHYSIQUE ET DE CHIMIE

Rédigé conformément au programme des Écoles normales primaires d'institutrices

Par ÉMILE BOUANT

ANCIEN ÉLÈVE DE L'ÉCOLE NORMALE SUPÉRIEURE,
AGRÉGÉ DES SCIENCES PHYSIQUES, PROFESSEUR AU LYCÉE CHARLEMAGNE

PREMIÈRE ANNÉE DU COURS
(DEUXIÈME ANNÉE DE L'ÉCOLE)

NEUVIÈME ÉDITION

PARIS
IMPRIMERIE ET LIBRAIRIE CLASSIQUES
DELALAIN FRÈRES
115, BOULEVARD SAINT-GERMAIN, 115

AVERTISSEMENT

Les quelques paragraphes qui, dans le courant de l'ouvrage, sont marqués d'un astérisque, peuvent à la rigueur être laissés de côté par les élèves; ils ne sont pas indispensables à la suite des développements.

E. B.

1900

INTRODUCTION

Les corps dans la nature, non plus que dans les laboratoires des savants, ne sont pas toujours immobiles, toujours dans le même état. Sous l'influence de causes diverses, que nous passerons en revue, ils se meuvent, se modifient sans cesse; tous ces mouvements, toutes ces modifications, portent, dans le langage scientifique, le nom de *phénomènes.*

Une pomme tombe d'un arbre; la poussière de la route est soulevée par le vent; le soleil se lève et se couche; les plantes poussent; la pluie tombe; nous mangeons deux ou trois fois par jour; ce sont là autant de phénomènes que la science a pour but d'étudier. Elle se nomme astronomie, botanique, zoologie, physique, chimie...., suivant l'objet de son étude.

La *physique* et la *chimie* se proposent principalement d'étudier les phénomènes produits par les corps terrestres non vivants.

La physique s'occupe plus spécialement des phénomènes qui n'apportent dans la nature des corps que des modifications passagères, susceptibles de disparaître avec la cause qui les a fait naître. La pierre qui tombe, après sa chute, est toujours une pierre; le morceau de plomb fondu par la chaleur ne cesse pas d'être du plomb, et il reprend son aspect primitif quand on cesse de le chauffer; le miroir devant lequel on se place n'est pas altéré par l'action de la lumière: après avoir reproduit les traits du visage, il reste le morceau de verre qu'il était auparavant. Voilà des phénomènes physiques. En physique, nous étudierons ces phénomènes et aussi leurs causes, pesanteur, chaleur, lumière, électricité.

Dans le domaine de la chimie rentrent les phénomènes qui modifient profondément le corps dans son essence même. Un morceau de charbon brûle, il disparaît à nos yeux, nous ne le reverrons plus; une pierre calcaire, longtemps chauffée, se transforme en pierre à chaux susceptible de se délayer dans l'eau : ce sont là des phénomènes chimiques. La chimie nous montrera ce qu'est devenu le morceau de charbon brûlé; elle nous dira ce qui distingue la pierre à chaux de la pierre ordinaire.

Du reste, que l'on examine les corps en physicien ou en chimiste, on ne tarde pas à remarquer que tous conservent, dans toutes leurs manifestations, certaines propriétés essentielles. Tous sont *inertes*, incapables de se mettre d'eux-mêmes en mouvement. Tous sont *impénétrables*, c'est-à-dire que jamais deux corps ne peuvent exister en même temps au même endroit. Lorsqu'un clou est enfoncé dans une planche, il repousse le bois pour prendre sa place; mais là où se trouve maintenant le clou il n'y a plus de bois; lorsque l'eau pénètre dans une éponge, elle se loge dans de petits trous nommés *pores*, qui sillonnent l'éponge dans tous les sens; mais en aucun point il n'y a à la fois de l'eau et de l'éponge. Tous les corps sont encore *divisibles*, c'est-à-dire susceptibles d'être partagés en un grand nombre de morceaux plus petits : il nous est impossible de concevoir un corps qui ne soit pas divisible. *Inertie*, *impénétrabilité*, *divisibilité*, telles sont les propriétés *essentielles* de la matière.

Mais, à côté de ces points communs à tous les corps, nous remarquerons de nombreuses différences. Il nous faut dès maintenant en signaler une, la plus importante. La matière se présente à nous sous trois états différents : l'état solide, l'état liquide, l'état gazeux.

Les corps solides, comme le bois, le verre, la pierre, ont une forme qui leur est propre, et qui ne peut être modifiée sans un certain effort. Les différentes parties qui constituent le solide sont comme fixées les unes aux autres : on ne peut les séparer sans modifier profondément le solide, sans le briser.

Les liquides, tels que l'eau, l'huile, l'alcool, n'ont pas de forme qui leur soit propre : ils se moulent sur le vase qui les renferme. Les parties qui constituent le liquide sont tellement mobiles les unes par rapport aux autres qu'on les sépare sans effort, qu'on les fait glisser les unes sur les autres sans changer l'aspect du liquide, sans le modifier.

Viennent enfin les gaz : comme les liquides, ils se moulent exactement sur les vases qui les renferment ; mais, tandis que les liquides ont un volume fixe, les gaz, au contraire, s'étendent indéfiniment, augmentent ou diminuent très facilement de volume, de manière à remplir toujours complètement l'espace qui leur est abandonné. L'air qui nous entoure, l'acide qui sort de l'eau de Seltz, l'acide si nauséabond qui se dégage des fosses d'aisances, sont des gaz : nous les étudierons avec soin.

Il ne faudrait pas croire cependant qu'entre la substance intime des solides, des liquides et des gaz il y ait des différences essentielles : un même corps peut prendre successivement les trois états. La glace de l'hiver devient de l'eau au printemps ; puis, sous l'action du soleil, elle se réduit en une vapeur invisible, en un gaz qui se mêle à l'air. Cette vapeur reprendra bientôt l'état liquide et tombera en pluie sur le sol ; peut-être reformera-t-elle ensuite un nouveau bloc de glace. Et malgré tant de changements d'aspect, la substance de l'eau aura toujours été la même. L'étude de ces transformations sera l'une des plus attrayantes de notre cours.

PROGRAMME

DU COURS DE PHYSIQUE

Écoles normales primaires d'Institutrices : Deuxième Année.

(*Arrêté du* 10 *janvier* 1889.)

(Une heure par semaine.)

[Les chiffres sont ceux des pages où la question est traitée.]

Les cours de sciences physiques ne commencent que la seconde année dans les Écoles normales primaires d'institutrices.

PHYSIQUE

CHAPITRE PREMIER.

GÉNÉRALITÉS SUR LA PESANTEUR.

irection de la pesanteur. — Énoncé des lois de la chute des corps. — Centre de gravité. — Poids. — Balance.

I. — CHUTE DES CORPS.

1. **Chute des corps.** — Un corps quelconque, d'abord tenu à la main, puis abandonné à lui-même, se net aussitôt en mouvement; il tombe vers la terre usqu'à ce qu'un obstacle vienne l'arrêter. C'est là une loi générale; et si quelques corps, tels que les ballons ou la fumée, semblent y échapper, nous en verrons plus tard la raison. Examinons de près les circonstances de cette chute.

2. **Direction de la chute des corps.** — Prenons entre les doigts l'une des extrémités d'un fil flexible, et à l'autre attachons un corps lourd, une balle de plomb, par exemple : nous aurons ce qu'on nomme un fil à plomb (*fig.* 1).

Par le haut, passons dans le fil un petit anneau et lâchons-le ensuite. Nous le voyons glisser rapidement le long du fil, sans le toucher ni à droite ni à gauche, arriver bientôt à la balle de plomb qui

Fig. 1.

passe au travers, puis continuer sa route jusqu'au sol dans la direction tracée par le prolongement du fil. Si nous répétons notre expérience en remplaçant le premier anneau par un second, puis par un troisième, un quatrième... faits de substances différentes, elle réussira de la même manière.

Tous les corps en tombant suivent donc la même direction, celle du fil à plomb.

Plaçons maintenant notre fil à plomb au-dessus d'un vase plein d'eau. Nous pouvons constater, à l'aide d'une équerre, qu'il ne penche ni d'un côté ni de l'autre, qu'il est perpendiculaire à la surface horizontale de l'eau, c'est-à-dire vertical (*fig.* 2).

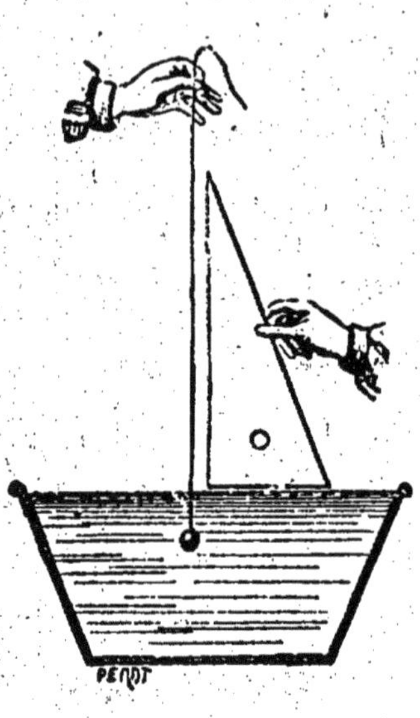

Fig. 2.

Nous pouvons donc énoncer cette première loi : *La chute des corps se fait suivant la direction verticale.*

Nous savons que la verticale prolongée passe par le centre de la terre. Les corps tombent donc vers le centre de la terre, et ils finiraient par y arriver si rien ne les arrêtait en route.

3. Usage du fil à plomb. — Le fil à plomb est fréquemment employé dans les arts pour vérifier la verticalité d'un mur. Il se compose alors d'une ficelle supportant un poids cylindro-conique de plomb ou de fer; une plaque carrée, percée en son centre, ayant la même largeur que le cylindre, peut glisser le long de la ficelle. On applique l'un des côtés de la plaque contre le haut du mur : si celui-ci est vertical, le cylindre inférieur touche exactement le bas, mais sans presser; le fil est parallèle à la surface du mur (*fig.* 3).

Le fil à plomb sert aussi à vérifier l'horizontalité

1.

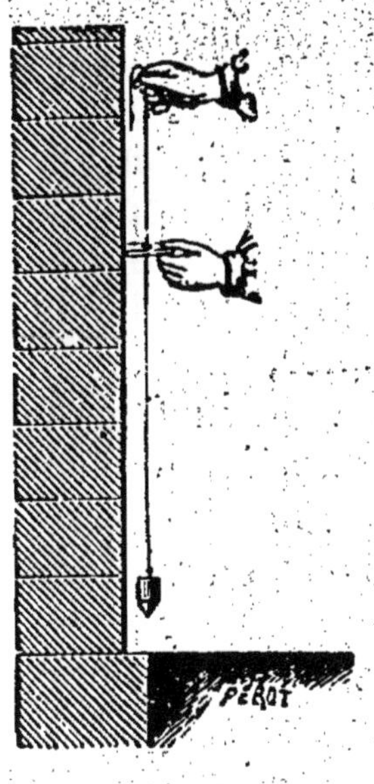

Fig. 3.

d'une ligne. Il est, dans ce cas, fixé à une double équerre, que l'on applique sur la ligne (*fig.* 4). Est-elle horizontale, le fil passe devant le repère A marqué au milieu du pied de la double équerre. N'est-elle pas horizontale, le fil passe à côté du repère A, et s'en écarte d'autant plus que la condition d'horizontalité est plus loin d'être remplie.

4. Chute dans le vide. — Tous les corps tombent avec la même vitesse, quand rien ne vient ralentir leur chute; la lenteur de la descente des corps très légers tient uniquement à la résistance de l'air, qui s'oppose à l'accélération du mouvement.

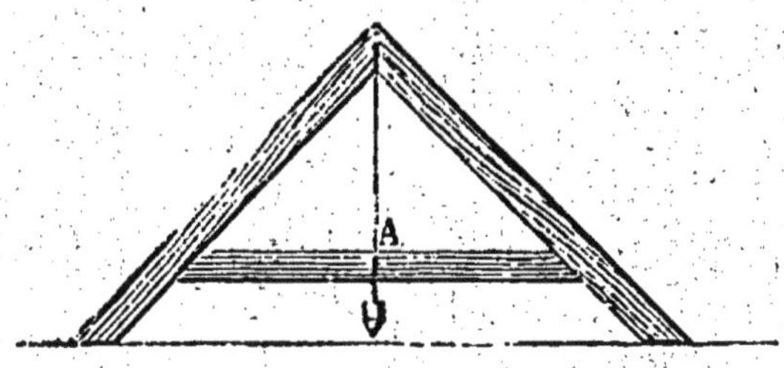

Fig. 4.

Un des plus grands savants du dix-septième siècle, Galilée [1], a, le premier, montré ce fait important. Il a laissé tomber, du haut de la cathédrale de Pise, plusieurs boules de substances différentes, cuivre, plomb, cire... Toutes sont arrivées en bas presque au même moment.

Un siècle après, un savant plus illustre encore,

1. *Galilée* (1564-1642), physicien, astronome et mathématicien italien, a découvert les lois de la chute des corps, les lois des oscillations du pendule, le mouvement de rotation de la terre.

Newton[1], a montré que les corps les plus légers tombent aussi vite que les plus lourds, lorsqu'on les soustrait à l'influence perturbatrice de l'air. Son appareil se compose d'un gros tube de verre, long de 2 à 3 mètres, et fermé à ses deux extrémités. On y introduit des grains de plomb, de petits morceaux de papier, des brins de plume; puis, à l'aide d'un instrument nommé la *machine pneumatique*, on en retire l'air. Qu'on retourne alors vivement le tube bout pour bout, on voit tous les corps qui y sont contenus tomber comme une seule masse, sans se séparer les uns des autres. Si, en ouvrant le robinet, on laisse entrer un peu d'air, et qu'on retourne de nouveau le tube, les brins de plume commencent à prendre quelque retard, retard d'autant plus sensible que l'air est rentré en plus grande quantité (*fig.* 5).

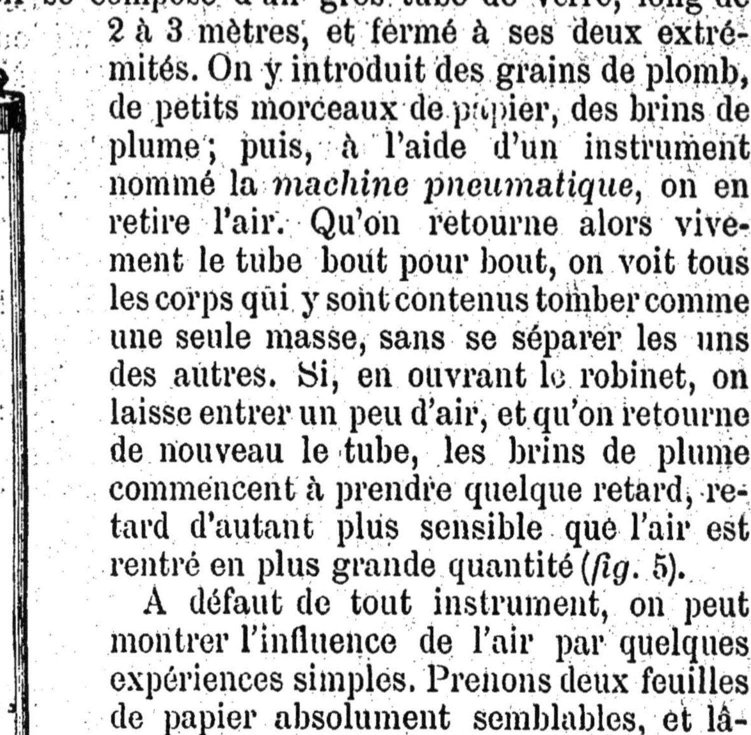

Fig. 5.

A défaut de tout instrument, on peut montrer l'influence de l'air par quelques expériences simples. Prenons deux feuilles de papier absolument semblables, et lâchons-les dans l'air : elles tomberont lentement, oscillant de droite à gauche. Reprenons-les; froissons l'une d'elles de manière à en faire une boule de petit volume, et laissons-les tomber de nouveau. La première tombe encore lentement; la seconde, qui maintenant offre à l'air bien peu de prise, descend aussi vite que le ferait un morceau de plomb.

Voici une pièce de monnaie; taillons dans du papier une rondelle de même

1. *Newton* (1642-1727), grand mathématicien, physicien, astronome et philosophe anglais, a découvert les lois de la gravitation universelle, les lois de la décomposition de la lumière, etc.

randeur, et examinons la chute de nos deux objets, e sou est à terre bien avant le papier. Plaçons en-suite le papier sur le sou, sans cependant l'y coller, t laissons tomber une seconde fois. Le sou écarte 'air; il l'empêche de retarder la chute du papier : es deux corps arrivent sur le sol en même temps.

De ces expériences si variées, nous sommes en droit de tirer la seconde loi de la chute des corps : *Dans le vide, tous les corps tombent avec la même vitesse.*

5. Vitesse pendant la chute. — Considérons un corps mobile qui parcourt régulièrement 2 mètres par seconde. On dit qu'il a un *mouvement uniforme*, et on appelle *vitesse* de ce mobile l'espace parcouru pendant chaque seconde du mouvement.

Si, au contraire, le mobile parcourt dans chaque seconde des espaces différents, c'est-à-dire si son mouvement est varié, il faut donner une autre définition de la vitesse : il n'y a plus, en effet, une seule vitesse, la même pour toutes les secondes, mais une vitesse particulière pour chaque seconde. Dans ce cas, l'on dit que la vitesse, à la fin d'une certaine seconde, est égale à l'espace que parcourrait le mobile pendant la seconde suivante, si, à partir du moment considéré, son mouvement devenait subitement uniforme.

Parmi tous les mouvements variés possibles, il en est un qui doit nous occuper particulièrement : c'est le *mouvement uniformément accéléré*. Dans ce mouvement, la vitesse s'accroît, pendant chaque seconde, d'une même quantité qu'on nomme *accélération*. La vitesse, à la fin de la première seconde, sera, par exemple, 10 centimètres : elle sera successivement 20, 30, 40 centimètres à la fin de la deuxième, de la troisième, de la quatrième seconde. L'accroissement de la vitesse sera donc de 10 centimètres par seconde; l'accélération sera égale à 10 centimètres.

Il est évident que, lorsqu'un mobile, partant du repos, se meut d'un mouvement accéléré, *la vitesse, à un moment donné, s'obtient en multipliant l'accélération par la durée du mouvement.*

Nous pouvons maintenant comprendre l'énoncé de la troisième loi de la chute des corps : *Un corps qui tombe a un mouvement uniformément accéléré; et l'accélération de ce mouvement est de* $9^m,8$. Cette loi a été énoncée par Galilée en 1602. Il suffit, du reste, de regarder avec attention un corps qui tombe d'un peu haut, pour remarquer que sa chute est de plus en plus rapide.

Il résulte de nos définitions que lorsqu'un corps est tombé pendant 8 secondes, il a, au bout de ce temps, une vitesse de $8 \times 9,8 = 78^m,4$ par seconde; c'est 40 fois la vitesse de nos trains de chemin de fer.

Cet accroissement rapide de la vitesse pendant la chute explique pourquoi un corps qui tombe frappe le sol d'autant plus fort qu'il vient de plus haut : chacun sait, en effet, que la force d'un choc dépend en grande partie de la rapidité du mouvement du corps qui le produit. Les moutons employés pour enfoncer les pilotis sont une application directe de cette troisième loi.

6. Espaces parcourus. — Enfin, la chute des corps obéit à une quatrième loi, qu'on énonce ainsi : *Quand un corps tombe, l'espace qu'il parcourt est proportionnel au carré du temps employé à le parcourir.*

On obtient cet espace en multipliant le carré du temps par la moitié de l'accélération. Si la chute dure 5 secondes, l'espace parcouru sera $5^2 \times \frac{9,8}{2} = 122^m,5$.

Application numérique. — Une pierre tombe verticalement d'une hauteur de $78^m,4$; combien de temps durera sa chute?

En divisant $78^m,4$ par la moitié de l'accélération, on aura le carré du temps cherché. Ce quotient est 16, dont la racine carrée est 4 : donc la pierre touchera le sol 4 secondes après le commencement de la chute.

7. **En résumé** : la chute des corps obéit aux quatre lois suivantes :

1° La chute des corps se fait suivant la direction verticale; 2° dans le vide, tous les corps tombent avec la même vitesse; 3° un corps qui tombe a un mouvement uniformément accéléré, et l'accélération de ce mouvement est de 9m,8; 4° quand un corps tombe, l'espace qu'il parcourt est proportionnel au carré du temps employé à le parcourir.

II. — PESANTEUR.

8. **Pesanteur.** — On appelle *pesanteur* la cause qui fait tomber les corps. De ce que les corps tombent dans une direction verticale, on conclut que *la pesanteur agit dans une direction verticale, qu'elle est dirigée vers le centre de la terre.*

Prenons maintenant un corps solide quelconque, et réduisons-le en morceaux. Ces morceaux, abandonnés à eux-mêmes, tomberont tous, comme le corps primitif : la pesanteur agit donc sur chaque fragment comme elle agissait sur le corps entier. Et quand bien même les fragments seraient en nombre immense, aussi ténus que la plus fine poussière, ils ne cesseraient pas pour cela de tomber. Nous devons, par conséquent, nous représenter l'action de la pesanteur sur un corps comme la somme d'une infinité d'actions exercées sur toutes les particules du corps. Toutes ces forces, appliquées aux différentes particules, sont égales entre elles, puisqu'elles feraient tomber toutes ces particules avec la même vitesse (§ 4), et elles sont toutes verticales, toutes dirigées vers le centre de la terre.

9. **Centre de gravité.** — Considérez un corps dont les diverses particules soient indépendantes les unes

des autres, capables de se séparer sans effort les unes des autres. Il faudra, pour empêcher le corps de tomber, soutenir séparément chacune des particules : celles qui ne seraient pas directement soutenues tomberaient sous l'action de la pesanteur, se séparant ainsi des autres.

Imaginez, au contraire, un corps solide, formé de particules agglomérées solidement les unes aux autres, comme cela a lieu dans une pierre, dans un morceau de bois ou de carton. Pour empêcher ce solide de tomber, il suffira de le soutenir en un point avec assez de force : on pourra, par exemple, l'attacher à une ficelle, comme on le fait dans le fil à plomb. Pour fixer les idées, prenez une planchette ayant la forme d'un polygone, et suspendez-la à un fil par le sommet A. Elle se tiendra immobile dans la position ABCDE, soutenue par la résistance du fil, et le fil sera tendu comme si l'action de la pesanteur sur toutes les particules de la planchette se trouvait concentrée en un point quelconque de son prolongement AF (*fig.* 6).

Suspendez maintenant la planchette par le sommet B : elle prendra une nouvelle position, et le fil sera tendu comme si l'action de la pesanteur était concentrée en un point du prolongement BH.

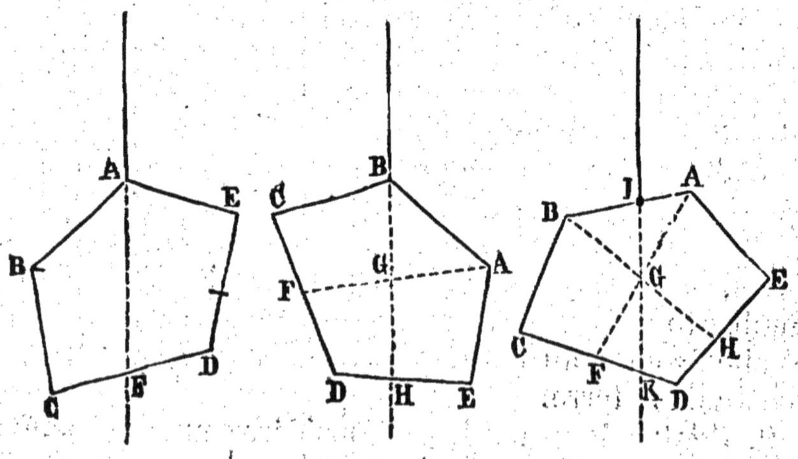

Fig. 6.

Les deux lignes AF et BH, que vous avez ainsi tracées sur la planchette, se rencontrent en un point G, qu'on nomme *centre de gravité* du corps.

Si vous suspendez la planchette à une ficelle fixée en un point quelconque I de l'un des côtés, ou même en un point quelconque de l'intérieur du polygone, vous observerez que le prolongement LK du fil passera toujours par le point G. Quel que soit le point de suspension choisi, tout se passe comme si toutes les actions de la pesanteur étaient concentrées en ce point G; et, dès lors, si le corps est suspendu par le point G lui-même, il restera immobile dans quelque position qu'il soit placé.

10. En résumé : on nomme centre de gravité d'un corps un point tel que si l'on suspend le corps par ce point, ce corps reste immobile, en équilibre, dans quelque position qu'il soit placé. Dans la pratique, on détermine le centre de gravité en suspendant successivement le corps à un fil par deux de ses points, et en déterminant le point de rencontre des verticales menées par les points de suspension. Ce procédé est le plus souvent d'une application difficile.

11. Équilibre des corps. — Reprenez votre planchette polygonale, suspendez-la à un fil attaché en un point quelconque I, et abandonnez l'appareil à lui-même. Vous le voyez osciller de droite à gauche jusqu'à ce que le fil soit devenu immobile, et que le point G soit sur le prolongement vertical IK du fil de suspension. Appuyez à ce moment sur l'un des côtés du polygone, de façon à déplacer son centre de gravité : le balancement du corps recommencera et durera jusqu'à ce que le point G soit revenu dans le prolongement du fil.

Cette expérience vous montre qu'un corps suspendu à un fil ne peut pas demeurer immobile, en équilibre, si son centre de gravité n'est pas situé sur la verticale IK menée par le point I de suspension.

Il en est de même quand le corps repose sur un plan

horizontal. Pour que l'équilibre ait lieu, il faut que la verticale menée par le centre de gravité passe par le point d'appui. Supposez qu'une pyramide de bois repose sur une table par sa pointe (*fig.* 7) : elle ne se tiendra immobile que si la verticale menée par le centre de gravité G passe juste par la pointe. Comme cette condition est difficile à réaliser, on n'arrivera qu'avec peine à faire tenir la pyramide sur sa pointe. En admettant qu'on y arrive, il suffira du moindre mouvement pour rompre l'équilibre et déterminer la chute du corps : *l'équilibre sera dit instable.*

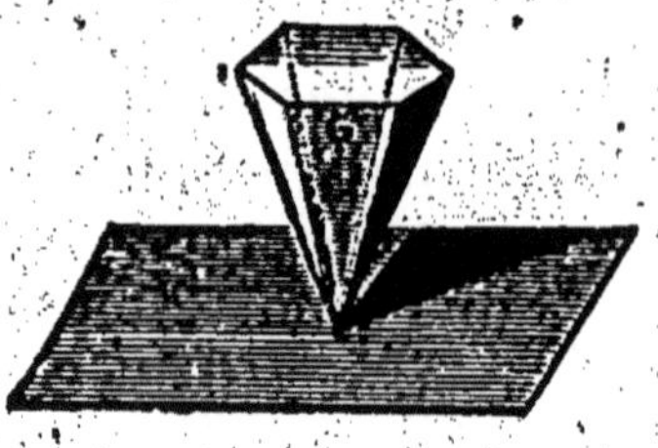

Fig. 7.

Mais que la pyramide repose, au contraire, sur sa base (*fig.* 8) : la verticale menée par le centre de gravité tombera forcément dans l'intérieur du polygone d'appui ; et l'équilibre sera assuré, en même temps qu'il sera *stable.*

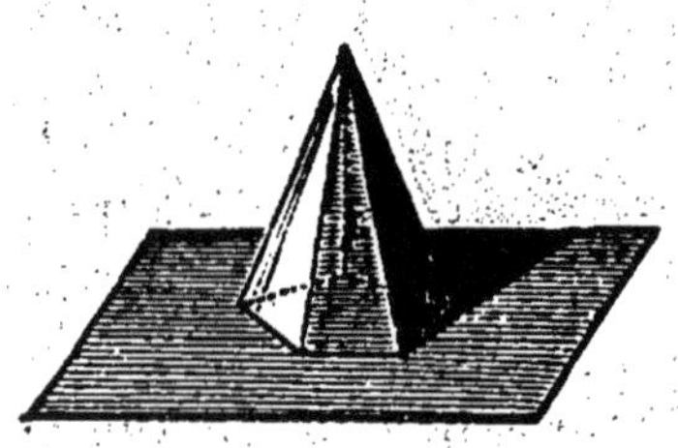

Fig. 8.

Ainsi, pour qu'un homme soit en équilibre sur ses pieds, il faut que la verticale menée par son centre de gravité tombe dans le polygone formé par les deux pieds et l'espace qu'ils laissent entre eux.

La considération du centre de gravité joue un rôle essentiel dans les constructions, le chargement des voitures, les différentes positions que peut prendre notre corps. — Une voiture, par exemple, est sur un terrain horizontal : la verticale abaissée du centre de gravité tombe entre les roues, la voiture est en équilibre. Que l'une des roues monte sur un talus élevé : la verticale passant par le centre de gravité tombe en dehors de l'espace que comprennent les roues entre elles, l'équilibre n'est plus possible, la voiture verse.

III. — BALANCE.

12. Poids. — Puisque tous les corps tombent avec la même vitesse, nous devons admettre que la pesanteur agit de la même manière sur tous les corps : elle agit autant sur un brin de plume que sur une balle de plomb. Cependant, lorsque nous soutenons de la main droite le brin de plume, et de la gauche la balle de plomb, nous voyons bien qu'il nous faut faire de la main gauche un plus grand effort que de la droite : nous disons que la balle de plomb est plus lourde que le brin de plume. Cela ne veut pas dire que la pesanteur agisse différemment sur la plume et sur le plomb. Nous pouvons, en effet, supposer que l'on divise la balle de plomb en morceaux assez petits pour que chacun pèse justement autant que le brin de plume ; il y aura un grand nombre de ces morceaux, et sur chacun d'eux la pesanteur agira comme sur la plume ; nous ne serons pas étonnés de voir ces morceaux tomber avec la même vitesse que la plume. Supposons-les maintenant réunis de nouveau pour former la balle : l'action de la pesanteur n'en sera pas changée ; chaque petit morceau n'en tombera pas plus vite que s'il était isolé, et par conséquent la balle entière, quoique plus lourde que la plume, ne devra pas tomber plus vite.

La pesanteur agit sur chacune des particules qui constituent la balle de plomb, et c'est la somme de ces actions qui constitue le *poids*. — Il faut donc bien distinguer la *pesanteur*, cause de la chute, qui est la même pour tous les corps, du *poids*, variant d'un corps à l'autre, *somme des actions de la pesanteur sur les différentes particules du corps.*

Nous avons vu que si un corps est attaché à une ficelle, tout se passe comme si toutes les particules étaient réunies au *centre de gravité*, et que la somme des actions de la pesanteur sur chacune d'elle fût appliquée en ce point. C'est cette somme des actions de la pesanteur, appliquée au centre de gravité, qui constitue le poids. Le poids est variable d'un corps à l'autre, comme le nombre des particules. Il est mesuré par l'effort que l'on doit faire pour empêcher le corps de tomber.

13. Balance. — La balance a pour but de comparer les poids des différents corps avec celui d'un autre, conventionnellement choisi. Nous savons que l'unité adoptée est le poids d'un centimètre cube d'eau pure : on la nomme *gramme*. Le gramme, ses différents multiples et sous-multiples, sont, dans la pratique, exécutés en laiton ou en fonte, et portent le nom de *poids marqués* ou simplement de *poids*.

Il importe de bien connaître le principe et l'usage de la balance, qui est partout et à chaque instant employée.

14. Principe de la balance. — Une expérience, que chacun peut aisément exécuter, va nous faire comprendre sur quel principe sont fondées toutes les balances.

Prenons une barre de bois de 50 à 60 centimètres de longueur, assez épaisse pour être bien rigide.

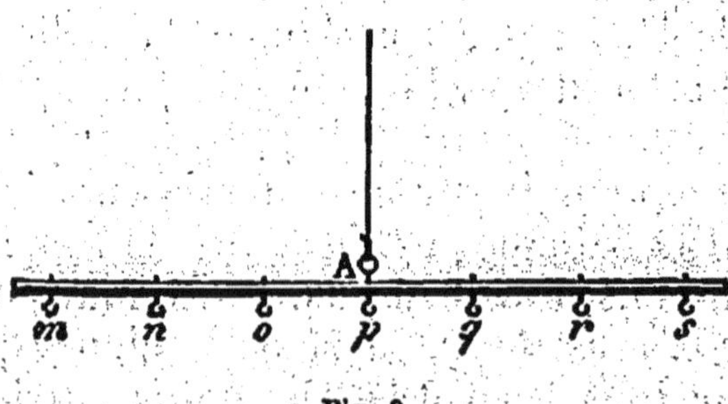

Fig. 9.

Divisons-la en six parties égales, et à chacun des points de division ainsi obtenus enfonçons un petit piton. En face du piton *p*, qui est celui du milieu, plaçons-en un autre, A, et, au moyen de ce dernier piton, suspendons le tout par l'intermédiaire d'une ficelle. La barre *ms* se nomme un levier ; le piton A est le point de suspension ou point d'appui ; les deux portions de la barre, situées de part et d'autre du point A, sont les bras du levier (*fig.* 9).

Ce levier, ainsi soutenu par son milieu, restera dans une position horizontale, car il n'a aucune raison pour pencher vers la droite plutôt que vers la gauche. Nous disons que le levier est en équilibre dans la position horizontale, ou, tout simplement, qu'il est en équilibre.

Première expérience. — Aux deux pitons extrêmes *m* et *s*, qui déterminent des bras de levier égaux A*m* et As, suspendons des poids marqués. S'ils sont égaux, nous verrons le levier rester en équilibre dans la position horizontale, comme auparavant. Si, au contraire, ils sont inégaux, la barre s'inclinera du côté du poids le plus lourd : il n'y aura plus équilibre. Donc, pour qu'un levier dont les bras sont égaux se mette en équilibre dans la position horizontale, il est nécessaire et suffisant que les poids suspendus aux extrémités des deux bras soient égaux.

Seconde expérience. — Laissons un poids en *m* et transportons l'autre en *q*, de façon que les deux bras de levier A*m* et A*q* ne soient plus égaux, que le premier soit trois fois plus long que le second. L'équilibre n'aura plus lieu : le levier s'inclinera du côté du bras le plus long. Pour rétablir l'équilibre, il faudra ajouter en *q*, à côté du poids qui s'y trouve déjà, deux autres poids égaux aux premiers. Alors l'équilibre aura lieu de nouveau dans la position horizontale. Nous voyons que, pour faire équilibre à un poids placé en *m*, il faut trois poids placés en *q*. Donc, quand un des bras du levier est *deux*, *trois*, *quatre fois plus petit que l'autre*, il faut, pour que l'équilibre ait lieu, que les poids suspendus à l'extrémité du petit bras soient *deux*, *trois*, *quatre fois plus lourds que ceux suspendus à l'extrémité du grand.*

15. Balance ordinaire. — La balance ordinaire se compose d'un levier AB (*fig.* 10), dont les deux bras *m*A et *m*B sont égaux. Ce levier porte le nom de *fléau de la balance.* Il est traversé en son milieu par

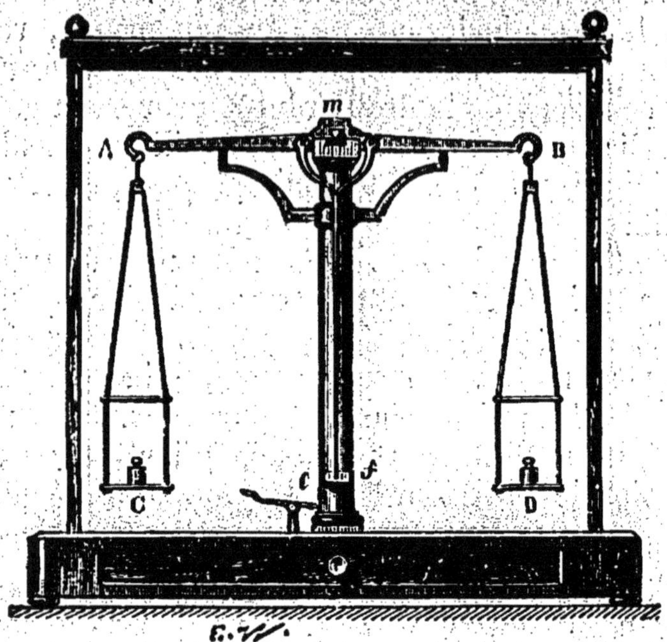

Fig. 10.

une barrette d'acier nommée *couteau.* L'arête du couteau repose sur un plan d'acier poli, porté par le pied de l'appareil. C'est autour de cette arête qu'oscillera le fléau pour se mettre en équilibre. Aux deux extrémités du fléau sont suspendus les plateaux dans lesquels seront placés les objets à peser. La première expérience du paragraphe précédent démontre que des poids égaux placés dans les plateaux mettront la balance en équilibre dans la position horizontale. Pour qu'on puisse voir bien exactement quand le fléau est horizontal, on a ajouté en son milieu une longue aiguille, qui descend le long du pied (ou qui s'élève au-dessus). Cette aiguille suit les mouvements du fléau, en parcourant les divisions d'un cadran immobile fixé au pied de l'appareil. Pour que le fléau soit horizontal, il faut que l'aiguille s'arrête devant la division marquée zéro sur le cadran.

16. Usage de la balance. — Supposons que nous voulions peser un morceau de sucre : nous le plaçons dans l'un des plateaux, et dans l'autre nous ajoutons successivement des poids marqués, jusqu'à ce que le fléau soit devenu horizontal : les poids qui sont alors sur le plateau représentent le poids du morceau de sucre. Nous voulons maintenant avoir 225 grammes de sucre : dans un plateau mettons 225 grammes de poids marqués, et dans l'autre ajoutons peu à peu les morceaux de sucre : au moment de l'équilibre, nous aurons nos 225 grammes de sucre dans le plateau.

17. Justesse de la balance. — Mais ceci suppose que la balance est juste.

On dit qu'une balance est *juste* lorsqu'elle se tient en équilibre dans la position horizontale avec des poids égaux placés dans les deux plateaux. Les principes que nous avons commencé par établir montrent que la balance sera juste toutes les fois que les deux bras du fléau seront rigoureusement de même longueur et de même poids, et que les plateaux seront eux-mêmes de même poids.

Mais, dans la pratique, il est impossible de mesurer exactement la longueur des bras du fléau pour voir s'ils sont égaux. On ne peut pas non plus placer dans les plateaux des poids égaux pour voir s'il y a équilibre, car on n'a pas plus de raison d'avoir confiance dans l'égalité des poids marqués que dans la justesse de la balance. On opère autrement.

Assurons-nous d'abord que, les plateaux n'étant pas chargés, la balance se met en équilibre dans une position horizontale. Plaçons maintenant dans les deux plateaux des objets quelconques, par exemple de la grenaille de plomb, de manière que l'équilibre ait encore lieu ; puis changeons de côté les deux plateaux ainsi chargés, mettant à droite celui qui était à gauche, à gauche celui qui était à droite. Si la balance est juste, l'équilibre persistera; si elle est fausse, l'équilibre n'aura plus lieu.

Pourquoi cela? Le voici. Supposons la balance juste: ses deux bras de levier sont égaux; les deux poids de grenaille qui chargent les plateaux le sont aussi; rien ne sera changé dans l'appareil quand on changera les plateaux de place, et l'équilibre persistera.

Supposons la balance fausse : c'est que les deux bras du levier sont inégaux, et par conséquent les deux poids de grenaille qui chargent les plateaux le sont aussi; du côté du bras le plus court se trouve le plateau le plus chargé (*seconde expérience du paragraphe précédent*). Dès lors, en changeant les plateaux de place, nous transporterons celui qui est le plus chargé du côté du bras le plus long, et l'équilibre se trouvera rompu.

Quand on se sera assuré que la balance est juste, on l'emploiera pour vérifier la justesse des poids marqués dont on doit se servir. On constatera que les deux poids de 10 grammes font bien équilibre à celui de 20 grammes, que les deux poids de 100 grammes font exactement équilibre à celui de 200, et ainsi de suite pour tous les poids de la boîte. Il ne faut jamais oublier de faire ces vérifications, car les mauvais poids et les mauvaises balances ne sont pas rares.

18. Sensibilité de la balance. — Les chimistes, les physiciens, les pharmaciens, tous ceux, en un mot, qui ont besoin de peser très exactement de très petits poids, demandent à une balance autre chose que de la justesse : ils exigent en outre qu'elle soit *sensible*. Voici une grosse balance de ménage en équilibre; dans l'un des plateaux mettons un poids d'un gramme : l'équilibre ne sera pas rompu, le poids ajouté n'aura produit aucun effet sensible. On dit que la balance n'est pas *sensible au gramme*. Il est clair que ce n'est pas avec un semblable instrument qu'on pèsera les médicaments qui s'administrent par centigrammes.

Nous n'avons pas à rechercher ici quelles conditions doit remplir une balance pour être sensible : nous ne serions pas en état de le comprendre ; mais il est bon de savoir mesurer la sensibilité d'une balance. Pour le faire, on charge une balance de manière que l'équilibre ait lieu bien exactement. Puis, dans l'un des plateaux, on ajoute peu à peu des poids très petits, des centigrammes, par exemple, jusqu'à ce que l'aiguille se soit éloignée du zéro d'une quantité appréciable. Si, pour obtenir ce résultat, on a ajouté 50 centigrammes, on dit que la balance est sensible à 50 centigrammes ou au demi-gramme.

Une balance de ménage ou de commerce qui est sensible au gramme est une bonne balance. Les chimistes sont plus exigeants : on construit pour eux des balances dites de précision, qui sont sensibles au milligramme, et même au cinquième de milligramme.

19. Double pesée de Borda. — Ces balances si sensibles ne sont pas toujours rigoureusement justes. On peut les employer cependant en se servant, pour peser, d'une méthode appelée méthode de Borda[1] ou méthode des *doubles pesées.*

Dans l'un des plateaux, on met le corps à peser, et dans l'autre on ajoute de la grenaille de plomb jusqu'à ce qu'il y ait équilibre. Puisque la balance est fausse, la grenaille de plomb n'a pas le même poids que le corps, mais cela importe peu. On enlève alors le corps et on le remplace par des poids marqués, ajoutés peu à peu, jusqu'à ce que l'équilibre se trouve rétabli. Ces poids, qui ont remplacé le corps, qui sont là où il se trouvait quelques instants auparavant, qui font, comme le corps, équilibre à la grenaille de plomb, donnent évidemment *son poids exact*, que la balance soit juste ou fausse.

Cette manière de peser exactement avec une ba-

1. *Borda* (1733-1799), savant français, l'un de ceux qui mesurèrent un arc de méridien pour l'établissement du système métrique.

lance n'est guère employée dans le commerce; il est bon cependant de la connaître.

20. Balance de Roberval [1]. — La balance ordinaire n'est pas la seule employée. Nous allons rapidement passer en revue quelques-unes des autres.

La *balance de Roberval* tend à remplacer de plus en plus, dans les usages journaliers, la balance ordinaire. Elle a sur celle-ci l'avantage d'avoir des plateaux complètement libres, sans ces cordons de suspension qui, dans bien des cas, sont très gênants. C'est une simple modification de la balance ordinaire (*fig.* 11) : les plateaux, au lieu d'être suspendus au-dessous du fléau, sont posés sur les extrémités des bras de levier. Des articulations convenablement disposées leur permettent de rester horizontaux pendant les oscillations du fléau.

Les vérifications de sensibilité et de justesse se font comme dans la balance ordinaire.

Fig. 11.

21. Bascule. — La *bascule* (*fig.* 12) est encore fondée sur le principe du levier, mais du levier dont les deux

1. *Roberval* (1602-1675), mathématicien français, célèbre surtout par ses discussions scientifiques avec Descartes. La balance qui porte son nom est fondée sur une disposition du levier qu'avait imaginé Roberval, mais dont l'application est toute récente.

Fig. 12.

bras sont inégaux (*seconde expérience sur le levier*). Le fléau est constitué par un levier très résistant, dont les deux bras IE et IM sont entre eux dans le rapport de 1 à 10 (*fig.* 13). Le plateau AR, sur lequel on place

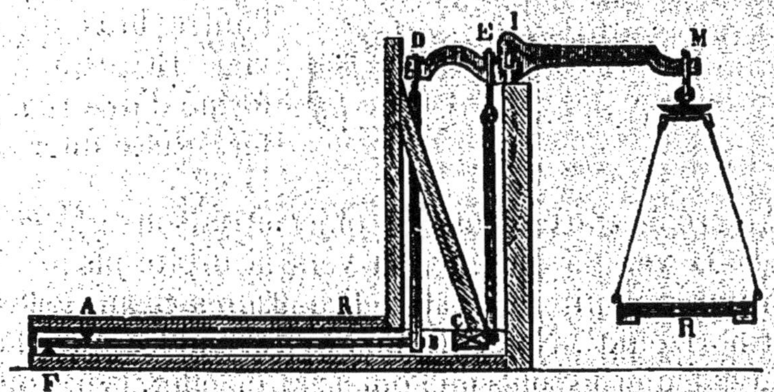

Fig. 13.

le corps à peser, est soutenu de telle sorte que le poids total de ce corps se transmette à l'extrémité E du petit bras de levier. Le plateau H qui reçoit les poids est accroché à l'extrémité M du bras de levier le plus long. Grâce à cette disposition, le rapport entre le poids du corps et celui des poids marqués sera, au moment de l'équilibre, de 10 à 1. Pour avoir le poids d'un corps à l'aide de la bascule, il faut donc multiplier par 10 la valeur des poids marqués qui lui font équilibre.

La bascule permet de peser des corps assez lourds avec un assez petit nombre de poids ; c'est là son principal avantage. Elle est généralement peu sensible.

22. Balance romaine. — La *balance romaine* est la plus simple de toutes les balances. L'axe de suspension B (*fig.* 14) est tenu à la main par l'intermédiaire d'un anneau. A l'extrémité du bras de levier BA, dont la longueur est invariable, est fixé un crochet ou un plateau destiné à supporter les objets à peser. Le long de l'autre bras du levier BC, qui est formé d'une tige de fer, glisse un poids D.

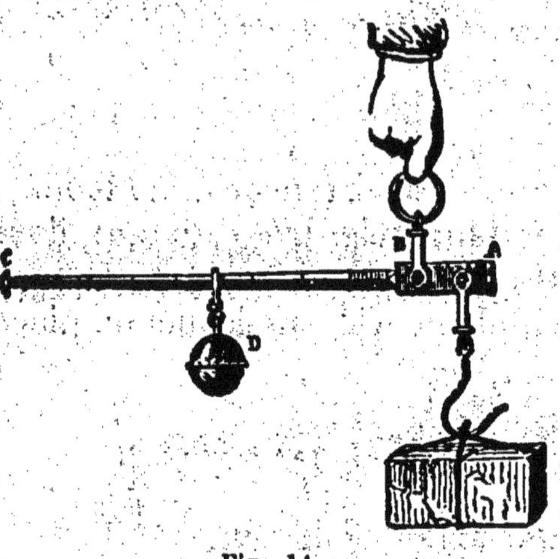

Fig. 14.

Au crochet attachons un objet et faisons glisser le poids D vers la gauche ou vers la droite jusqu'à ce qu'il y ait équilibre, c'est-à-dire jusqu'à ce que le fléau soit horizontal. Nous aurons alors tout ce qu'il faut pour calculer le poids de l'objet : si, en effet, la distance du couteau B au poids D est 13 fois plus grande que la distance AB, nous en conclurons (*seconde expérience sur le levier*) que l'objet pèse 13 fois plus que le poids D. Pour que l'on n'ait pas à faire ce petit calcul, le constructeur a tracé, sur le bras de levier BC, des divisions avec des numéros qui donnent immédiatement le poids du corps. La romaine, malgré son peu de sensibilité, est très employée à cause de sa simplicité. Elle ne coûte pas cher et n'exige pas que l'on ait une boîte de poids, puisque le poids D, à lui seul, suffit à tout.

La *bascule des chemins de fer* réunit en un seul appareil la bascule ordinaire et la romaine.

23. Dynamomètre. — On peut aussi peser les corps avec des instruments nommés *dynamomètres*, complètement différents des balances.

Le *peson à ressort* est un dynamomètre. Il se compose d'un ressort d'acier ABC recourbé en B. En C est attaché un arc de fer, qui s'élève, passe dans une ouverture pratiquée en A, et se termine par un anneau qu'on tient à la main. En A est fixé un second arc ME, qui s'abaisse et se termine par un crochet, auquel on suspend le corps à peser. Le poids du corps, faisant fléchir le ressort, rapproche ses deux extrémités. Ce rapprochement est mesuré sur l'arc AC, que l'on a gradué en suspendant successivement au crochet divers poids marqués. Le nombre qui indique la flexion du ressort donne le poids du corps suspendu (*fig* 15).

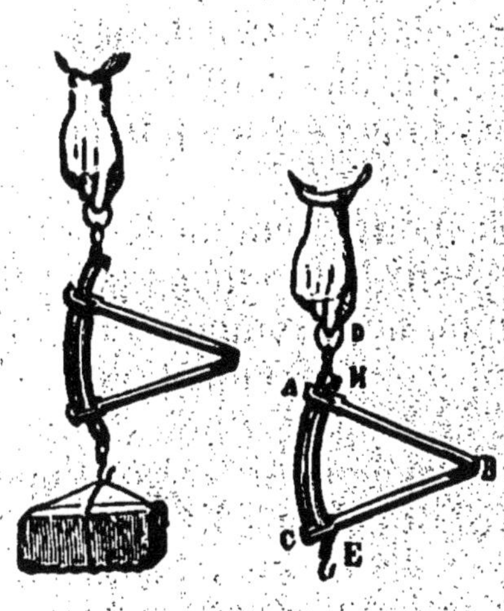

Fig. 15.

Le dynamomètre peut servir à d'autres usages qu'à des pesées. Prenons l'anneau D d'une main, le crochet E de l'autre, et tirons aussi fort que possible. La flexion du ressort nous donnera, à l'aide de la graduation de l'arc AC, l'effort exercé dans cette traction. Nous connaîtrons ainsi la force de notre bras.

CHAPITRE II.

NOTIONS DE MÉCANIQUE PHYSIQUE.

Mouvement, inertie, force.

I. — FORCE ET TRAVAIL.

24. Mouvement. — Lorsqu'un corps occupe successivement différentes positions dans l'espace, on dit qu'il est en *mouvement* ; on dit, au contraire, qu'il est en *repos* lorsqu'il conserve dans l'espace une position fixe.

Nous reconnaissons l'état de mouvement ou de repos d'un corps en rapportant sa position à celle de points de repère fixes. Si, par exemple, nous sommes immobiles, et que nous voyions un corps occuper successivement diverses positions par rapport à nous, nous en concluons qu'il est en mouvement ; si sa position par rapport à la nôtre est invariable, nous disons qu'il est en repos.

En réalité, le repos absolu n'existe pas dans l'univers, car tous les astres se meuvent constamment les uns par rapport aux autres. La terre, notamment, tourne autour de la ligne des pôles, en même temps qu'elle décrit autour du soleil son orbite elliptique. Mais si nous faisons abstraction de ces mouvements de notre planète, nous jugerons l'état de mouvement ou de repos relativement à la terre en prenant sur le sol des repères fixes.

Nous n'observons donc ni le mouvement réel des corps ni leur repos absolu, mais seulement le *mouvement* ou le *repos* relatifs.

Si l'on se représente par la pensée la suite des positions que le corps occupe successivement pendant son mouvement, on a ce qui est nommé sa *trajectoire.*

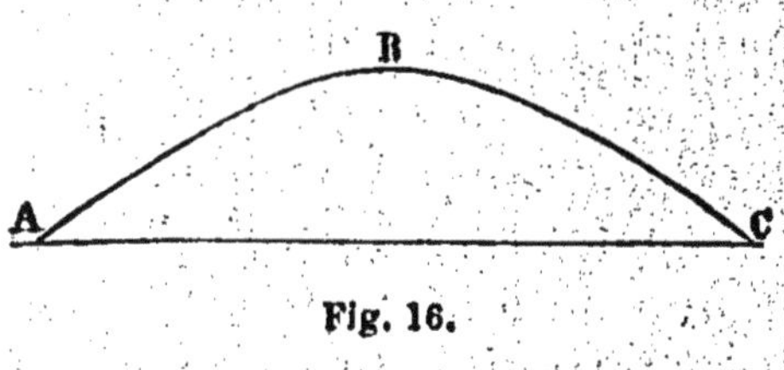

Fig. 16.

Ainsi, un corps qui tombe verticalement, sollicité par la pesanteur, suit une trajectoire *rectiligne*; une pierre qu'on lance obliquement suit, au contraire, une trajectoire *curviligne, parabolique* (*fig.* 16).

Il ne suffit pas de connaître la trajectoire d'un *mobile* pour être complètement renseigné sur son mouvement; il faut encore savoir quel temps il a mis à parcourir les différentes parties de cette trajectoire. Nous avons vu (§ 5) que la trajectoire peut être parcourue d'un *mouvement uniforme*, ou d'un *mouvement varié*, et nous savons ce qu'on appelle *vitesse* dans chacun de ces mouvements.

Pour prendre un exemple, nous connaissons très bien le mouvement d'un corps qui tombe, puisque nous savons : 1°. que sa trajectoire est une ligne droite verticale; 2° que le mouvement sur cette trajectoire est un mouvement uniformément accéléré, dont l'accélération a pour valeur $9^{m},8$ (§ 7).

25. Inertie. — La matière est *inerte*, *c'est-à-dire qu'elle est impuissante à changer d'elle-même son état de repos ou de mouvement.*

Un corps en repos restera indéfiniment en repos si aucune cause extérieure ne vient agir sur lui. Il nous suffit de jeter un regard autour de nous pour nous convaincre de la vérité de ce principe. Les corps doués de la vie peuvent seuls se mettre d'eux-mêmes en mouvement; les autres ne sortent du repos que lorsqu'une action étrangère s'exerce sur eux. Lorsque nous ne voyons pas immédiatement la cause du mouvement, un peu de réflexion nous la fait bientôt découvrir : le vent doit son mouvement à l'action de la chaleur solaire, comme la locomotive doit le sien à la combustion de la houille dans son foyer ; le corps qui tombe dès qu'on cesse de le soutenir, doit son mouvement à l'action de la pesanteur, qui agit sur lui.

De même, lorsqu'un corps a été mis en mouvement, il ne peut de lui-même modifier son mouvement, et il continue à marcher en ligne droite, avec une vitesse uniforme, jusqu'à ce qu'une action étrangère intervienne. En réalité, cette continuité du mouvement rectiligne et uniforme ne se rencontre pas dans la nature, pas plus que le repos absolu, parce que les différents astres réagissent constamment les uns sur les autres pour modifier leurs mouvements réciproques. A la surface de la terre, il faudrait pouvoir, ce qui est impossible, soustraire un corps à l'action de la pesanteur et à tout frottement pour le voir conserver un mouvement rectiligne et uniforme.

26. Force. — On donne le nom de *force* à toute cause capable de mettre un corps en mouvement ou de modifier le mouvement qu'il possède. La pesanteur, qui fait tomber les corps, est une force ; l'action musculaire exercée par un être vivant en est une autre ; la force expansive de l'air comprimé ou de la vapeur est aussi une force, de même que l'action attractive qui s'exerce entre un aimant et un morceau de fer. Nous avons étudié la première de ces forces, la pesanteur ; nous examinerons plus tard les autres.

Une force est déterminée quand on connaît : 1° *son point d'application :* nous savons que la pesanteur est appliquée à toutes les particules du corps pesant (§ 8) ; 2° *sa direction :* nous savons que la pesanteur agit verticalement ; 3° *son intensité :* l'intensité de la pesanteur se mesure par l'effet qu'elle produit ; elle est la même pour tous les corps (§ 12) et suffisante pour communiquer au mouvement une accélération constante de 9^{m}, 8 par seconde.

Les autres forces se mesurent par comparaison

avec celle-là. On dit qu'une force quelconque, celle par exemple qui résulte d'un effort musculaire ou de l'attraction d'un aimant, est égale à 2, 3, 4 kilogrammes, quand elle est capable de faire équilibre à un poids de 2, 3, 4 kilogrammes. La mesure de l'intensité des forces se fait dans un grand nombre de cas à l'aide du dynamomètre (§ 23).

27. Travail des forces. — Quand une force agit sur un corps pour le déplacer en totalité ou en partie, elle accomplit ce qu'on appelle un *travail mécanique*.

Supposons qu'un meunier soit occupé à monter des sacs de blé au grenier de son moulin, il exécute un *travail*, dans le sens ordinaire du mot. L'ouvrage fait à la fin de la journée sera évidemment d'autant plus grand que le meunier aura monté plus de sacs, d'autant plus grand aussi qu'il les aura montés plus haut : de telle sorte qu'on aura une idée très exacte du travail de l'ouvrier en multipliant le nombre des sacs par la hauteur à laquelle se trouve le grenier.

On évalue exactement de la même manière le travail accompli par une force. *Il est égal à l'intensité de la force multipliée par le déplacement de son point d'application.*

Prenons d'abord une force capable de soulever verticalement un poids d'un kilogramme : quand elle aura élevé ce poids à un mètre de hauteur, elle aura exécuté un travail égal à 1×1. Ce travail est pris pour unité dans la mesure des travaux des forces ; on le nomme *kilogrammètre*.

Le kilogrammètre est donc le travail effectué quand un kilogramme a été soulevé à un mètre de hauteur.

Si l'intensité de la force est telle qu'elle puisse soulever 25 kilogrammes, elle effectuera un travail de 25 kilogrammètres, chaque fois qu'elle soulèvera ce poids à un mètre de hauteur, et un travail de

25 × 33 = 825 kilogrammètres, quand elle aura soulevé ce poids à 33 mètres de hauteur.

Toutes les forces ne sont pas employées à soulever des poids; mais le travail peut toujours cependant être évalué en kilogrammètres. Voici, par exemple, un pressoir qui comprime des raisins pour en exprimer le jus : il exerce sur la vendange un certain effort, qu'on peut évaluer en kilogrammes, 852 kilogrammes, par exemple. Sous cet effort, le raisin s'affaisse, et la plaque supérieure du pressoir descend de $0^m,25$, c'est-à-dire que le point d'application de la force est descendu de $0^m 25$. Le travail effectué par le pressoir est donc 852 × 0,25 = 213 kilogrammètres.

Nous voyons donc que dans tous les cas *on aura l'évaluation du travail d'une force en multipliant la force exprimée en kilogrammes par le déplacement de son point d'application exprimé en mètres et compté dans la direction de la force.*

28. Cheval-vapeur. — Pour évaluer, non plus le travail d'une force, mais le travail d'un homme, d'une machine, il faut faire intervenir un élément de plus, le temps. Il est certain, en effet, que l'homme capable d'effectuer en une heure un travail de 25000 kilogrammètres est deux fois plus vigoureux que celui qui met deux heures pour effectuer le même travail.

L'unité qui sert à mesurer la puissance des machines est encore le *kilogrammètre* : une machine de la puissance d'un kilogrammètre est celle qui peut accomplir *en une seconde* un travail d'un kilogrammètre. Dans les machines un peu puissantes, on remplace le kilogrammètre par une unité plus grande, le *cheval-vapeur*. Le cheval-vapeur est la puissance nécessaire pour effectuer, en une seconde, un travail de 75 kilogrammètres. Une machine à vapeur de la force de 84 chevaux-vapeurs est celle qui peut élever en une seconde un poids de 75 × 84 = 6300 kilogrammes à un mètre de hauteur.

L'expression de *cheval-vapeur* vient d'une comparaison faite au dix-huitième siècle entre la puissance des chevaux et celle des machines à vapeur. On a reconnu qu'un bon cheval peut accomplir un travail régulier et continu de 75 kilogrammètres par seconde, et on a donné dès lors à une machine capable d'effectuer le même travail le nom de *cheval-vapeur*. En réalité, une semblable machine, pouvant travailler vingt-quatre heures par jour, remplace trois chevaux, car un cheval ne peut guère travailler que huit heures par jour.

II. — MACHINES SIMPLES.

*29. **Machines simples.** — Si l'homme était réduit à sa seule force musculaire, il serait bien faible en face des résistances qui l'entourent. Mais il a su imaginer un grand nombre de machines, qui lui permettent d'employer à son service les diverses forces de la nature, et souvent aussi de multiplier leur action.

Pour n'en citer que quelques exemples, il utilise, avec la voiture et la charrue, la force musculaire des animaux domestiques ; avec la roue hydraulique, la force des eaux courantes ; avec le moulin à vent, la force des courants atmosphériques ; avec la machine à vapeur, la force expansive de la vapeur d'eau.

Parmi ces machines, il en est qui lui fournissent la possibilité de vaincre des résistances considérables avec sa seule force musculaire. Ce sont des instruments de travail plutôt que des machines. Nous allons en passer en revue quelques-unes.

*30. **Levier.** — Le levier, réduit à sa plus simple expression, se compose d'une barre inflexible, destinée à vaincre une résistance considérable, à soulever un corps très lourd. La barre étant appuyée en E sur l'arête d'un support, autour de laquelle elle peut tourner, on applique à l'une des extrémités C la *résistance* A à vaincre, et à l'autre extrémité C on exerce un effort, ou *puissance*, suffisant pour vaincre la résistance.

Les expériences que nous avons exécutées à propos de la balance (§ 14) nous montrent que *la puissance fera équilibre à la résistance quand ces deux forces seront entre elles dans le rapport inverse de celui des bras de levier EB et EC*. Si le bras de levier EB est 10 fois plus grand que le bras EC, il suffira d'un effort de 25 kilogrammes, exercé verticalement en B, pour soulever une pierre du poids de 250 kilogrammes.

Fig. 17.

Il ne faudrait pas conclure de là que le levier nous fournit le moyen d'effectuer un grand travail avec une petite dépense de force. Nous soulevons, il est vrai, un poids considérable, mais nous le soulevons d'une très petite quantité ; pour que l'extrémité C du levier s'élève de $0^m,05$, il faut que l'extrémité B s'abaisse exactement dix fois plus, ou de $0^m,50$. Le *travail moteur* accompli par le bras est de $25 \times 0,50 = 12,5$ kilogrammètres ; le *travail résistant* effectué est de $250 \times 0,05 = 12,5$ kilogrammètres. Dans cette machine, pas plus que dans aucune autre, il n'y a de travail de gagné ; *ce qu'on gagne en force, on le perd en vitesse ou en chemin parcouru, de telle sorte que le travail moteur soit toujours égal au travail résistant.*

1. *Levier du premier genre.* — Le levier dont nous venons de parler est dit du premier genre; dans ce levier, la puissance P et la résistance R agissent dans le même sens, et le point d'appui C est entre les deux (*fig.* 18).

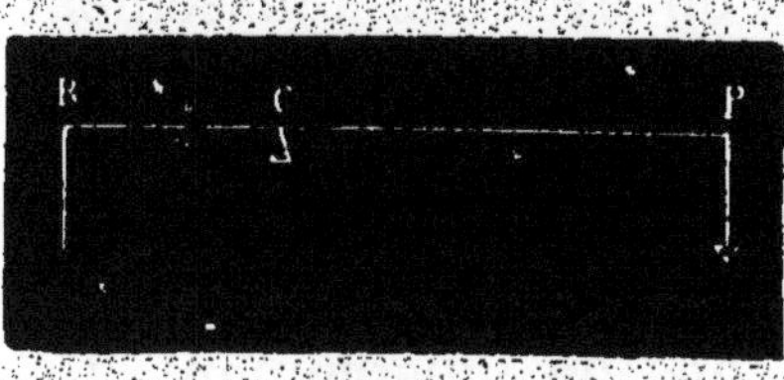

Fig. 18.

Les diverses balances dont nous avons donné la description sont des leviers du premier genre. Les ciseaux (*fig.* 19) nous offrent un autre exemple de ce levier.

Fig. 19.

2. *Levier du second genre.* — Dans le levier du second genre (*fig.* 20), le point d'appui C est à l'une des extrémités; la résistance R est au milieu, et la puissance P est à l'autre extrémité. La résistance à vaincre étant, par exemple, le poids d'un corps, dirigé de haut en bas, il faut que l'effort, ou puissance, soit dirigé de bas en haut. Le rapport de la puissance à la résistance doit être l'inverse du rapport des deux bras de levier CP et CR.

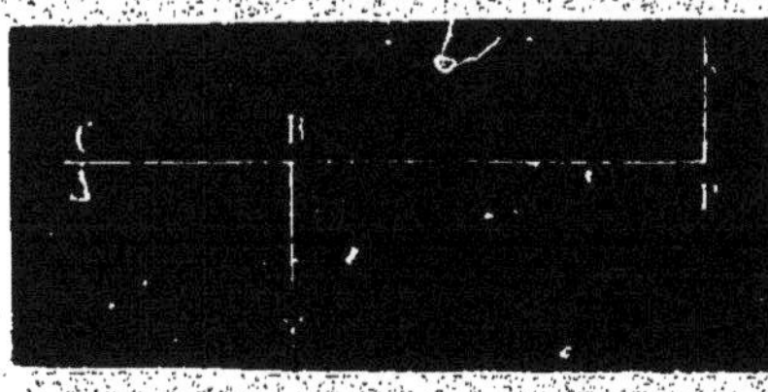

Fig. 20.

Fig. 21.

La brouette (*fig.* 21), dont on attribue faussement l'invention à Pascal, est une application extrêmement ingénieuse du levier du second genre. Le point d'appui est l'axe de la roue, la résistance est le poids du corps placé dans la brouette, la puissance s'exerce de bas en haut à l'extrémité des manches de l'instrument. Le casse-noisette est aussi un levier du second genre.

3. *Levier du troisième genre.* — Dans ce levier, le point d'appui est encore à une extrémité (*fig.* 22), mais la résistance est à l'autre, et la puissance au milieu. Ici le bras du levier CP de la puissance est plus petit que celui CR de la résistance : l'effort à faire sera toujours plus grand que le poids à soulever.

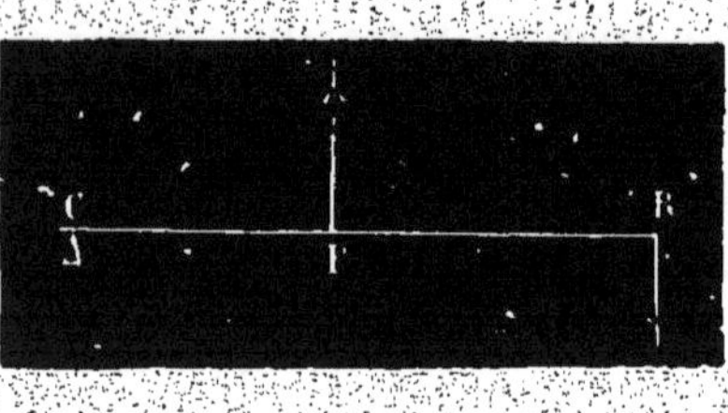

Fig. 22.

On emploie ce levier uniquement quand on veut non pas *gagner de la force*, mais *gagner de la vitesse :* nous voyons, en effet, que le déplacement du point R est toujours plus grand que le déplacement du point P.

Fig. 23.

La pincette (*fig.* 23) est un levier, ou plutôt la réunion de deux leviers du troisième genre.

***31. Poulie.** — Une *poulie* est formée d'un disque circulaire, creusé, tout autour de sa tranche, d'une *gorge* dans laquelle s'engage une corde. La poulie est mobile autour de l'axe qui la traverse en son milieu, et qui est porté par une *chape.*

Supposons la chape fixe (*fig.* 24). La poulie ne pourra que tourner sur elle-même, et les deux forces appliquées aux extrémités de la corde devront être égales pour se faire équilibre. Si la poulie est employée à tirer l'eau d'un puits, l'effort à exercer pour élever un seau sera justement égal à son poids.

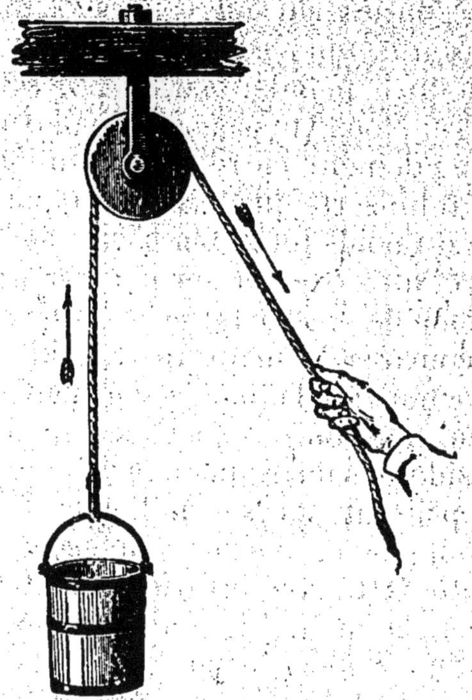

Fig. 24.

Fig. 25.

Si, au contraire, l'une des extrémités de la corde est fixe (*fig.* 25) et la chape mobile, la poulie s'élève en même temps que le corps qui y est attaché. La tension exercée par ce corps se répartit également entre les deux parties de la corde, et, pour le soulever, on n'a qu'à exercer un effort égal à la moitié de son poids. Mais, par contre, le chemin parcouru par la main qui effectue le travail moteur est double de la hauteur à laquelle on élève le poids. Ici, comme dans le levier, on perd en vitesse ce qu'on gagne en force.

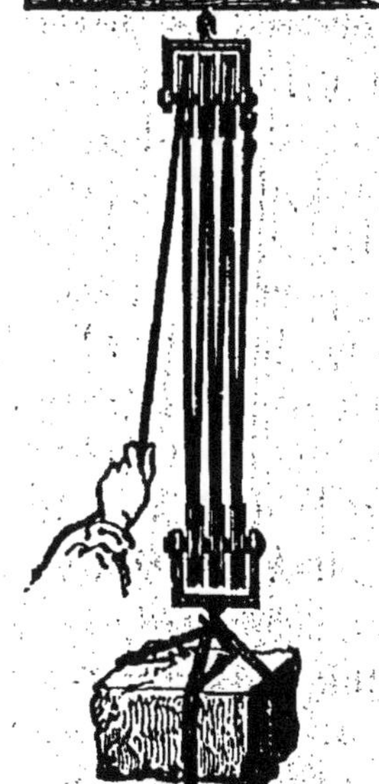

Fig. 26.

La *moufle* est formée par la

réunion de plusieurs poulies sur une même chape. La figure 26 représente un assemblage de deux moufles, l'une fixe, l'autre mobile, employé à soulever une grosse pierre. Nous voyons que le poids de la pierre se répartit également entre les six cordons qui la supportent, de telle sorte que chacun supporte seulement le sixième du poids total. On n'aura donc, pour soulever la pierre, qu'à exercer sur la corde une traction égale au sixième de son poids; mais on devra, par contre, faire parcourir à la main un chemin six fois plus grand que celui de la pierre. On soulève ainsi un lourd fardeau, mais on le soulève lentement.

***32. Treuil.** — Considérons un disque mobile autour d'un axe horizontal passant par son milieu O. Une corde, enroulée autour de ce disque, supporte un poids P; une *manivelle* OB, fixée invariablement au disque, est tenue avec la main par son extrémité B (*fig.* 27). L'effort exercé normalement en B, suivant BC, et le poids P, qui agit à l'extrémité du rayon OA, sont dans les mêmes conditions que la puissance et la résistance appliquées aux deux extrémités B et A des bras d'un levier coudé BOA, dont le point d'appui serait O. Pour qu'il y ait équilibre, il faut que le poids P et l'effort BC soient entre eux dans le rapport inverse de celui des bras de levier OA et OB; si OB est trois fois grand comme OA, on fera équilibre au poids P de 150 kilogrammes, avec une force BC de 50 kilogrammes seulement.

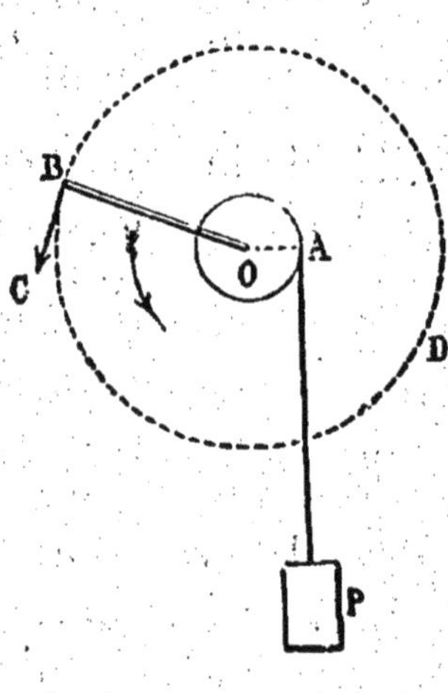

Fig. 27.

Que cet effort soit exercé en B d'une manière continue, et le disque, entraîné par la manivelle, tournera dans le sens de la flèche; la corde s'enroulera sur lui et le poids sera élevé. Mais, pendant que la main aura décrit la grande circonférence BD, de rayon OB, la corde se sera enroulée sur la circonférence OA, trois fois plus petite ; le chemin parcouru par la main sera donc trois fois plus grand que celui parcouru par le poids.

C'est là le principe du *treuil*, ou *tour*, auquel on donne diverses formes suivant l'usage auquel on le destine. Il se compose toujours d'un cylindre en bois, appuyé par deux tourillons A et B, qui terminent son axe, sur deux *coussinets fixes* (*fig.* 28). A cet axe

Fig. 28.

est fixée une manivelle, qui se compose tantôt d'une ou plusieurs barres inflexibles, à l'extrémité desquelles

Fig. 29.

s'exercera l'effort de l'ouvrier (*fig.* 29 et 30), tantôt d'une grande roue (*fig.* 28) à chevilles. Dans ce dernier cas, l'ouvrier monte sur les chevilles comme sur une échelle, et fait tourner la roue sous le poids de son corps.

Fig. 30.

La (*fig.* 28) représente le treuil des carrières, très fréquent aux environs de Paris; le *cabestan*, figuré en 29, est un treuil à axe vertical fort employé dans les ports de mer pour traîner à terre les gros ballots; la *chèvre* ou *grue* (*fig.* 30) est formée par la réunion d'un treuil et d'une poulie fixe; elle sert surtout à élever les matériaux au sommet des constructions. Toutes les gares de chemin de fer possèdent, pour charger les marchandises, des grues de grande puissance.

***33. Engrenage.** — Supposons que deux roues voisines, mobiles chacune autour d'un axe horizontal passant par son centre, soient munies de *dents* qui *engrènent* les unes dans les autres. On aura ce qu'on nomme un engrenage. Si la première roue est mise en mouvement par une manivelle, comme dans le treuil, l'autre tournera aussi et pourra soulever dans son mouvement un poids attaché à l'extrémité d'une corde enroulée sur le moyeu A.

Supposons la circonférence de la première roue quatre fois plus petite que celle de la seconde : la grande roue fera seulement un tour quand la petite en fera quatre, la corde fera un tour de moyeu quand la manivelle effectuera quatre rotations complètes. Si donc la circonférence décrite par la manivelle est cinq fois plus grande que la circonférence du moyeu, le chemin parcouru par le poids dans son ascension sera vingt fois plus petit que le chemin parcouru par la main de l'ouvrier. Le principe que nous avons si souvent posé nous montre que, dès lors, il suffira d'un effort de 1 kilogramme, pour soulever un poids de 20 kilogrammes; un homme, en exerçant l'effort peu pénible de 20 kilogrammes, soulèvera une pierre du poids de 400 kilogrammes.

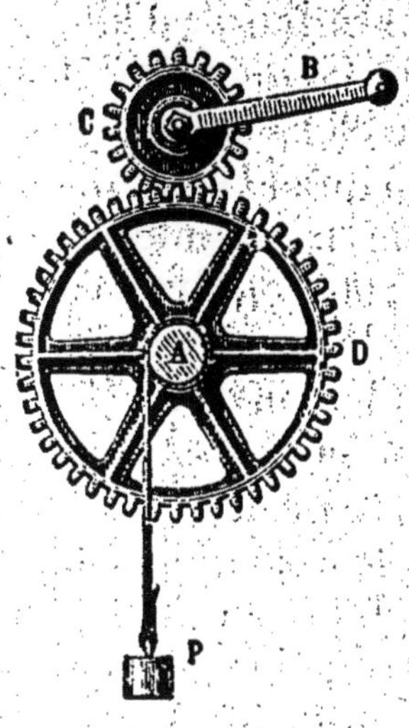

Fig. 31.

Les treuils portent souvent un engrenage au lieu d'une manivelle simple. Certaines grues à engrenage, dans lesquelles la poulie simple est remplacée par une moufle, permettent à un homme seul de soulever, avec une extrême lenteur, un poids de 3 000 kilogrammes.

Les *cric* des maçons et des charrons est un engrenage de même genre, dans lequel la grande roue dentée est remplacée par une *crémaillère* droite M. Si la petite roue dentée C a 8 dents, la crémaillère s'élève de huit dents pour un tour de la manivelle.

Fig. 32.

***34. Vis.** — La *vis* peut aussi être employée à vaincre une résistance considérable, par exemple à exercer une forte pression. Elle est employée à cet usage dans la presse des relieurs (*fig.* 33) et dans le pressoir à vin.

Quand on fait tourner la tête de la vis à l'aide de leviers, tels que C, celle-ci tourne dans *l'écrou* fixe B et s'enfonce d'un *pas* pour chaque tour de la tête. Si la circonférence décrite par l'extrémité C de la manivelle est de 200 centimètres, et que le pas de la vis soit de 1 centimètre, on exercera avec cet instrument une pression égale à 200 fois l'effort appliqué en C.

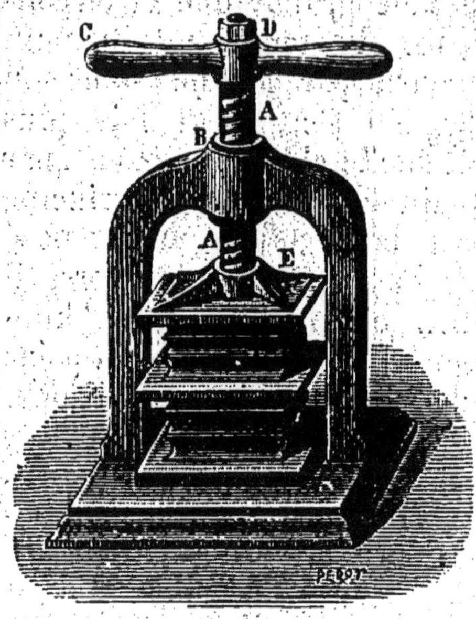

Fig. 33.

Au point de vue de la multiplication de l'effort exercé, la vis est bien supérieure aux machines précédentes; mais elle ne peut jamais produire que des déplacements très petits.

CHAPITRE III.

PROPRIÉTÉS DES CORPS A L'ÉTAT LIQUIDE.

Surface libre des liquides en équilibre. — Vases communiquants. Applications. — Presse hydraulique. — Pressions exercées par les liquides sur les parois des vases. — Principe d'Archimède. Poids spécifique des solides et des liquides. — Aréomètres usuels à poids constant.

I. — ÉQUILIBRE DES LIQUIDES.

35. Mobilité des liquides. — Nous avons vu (voir l'Introduction) que les liquides, aussi bien que les solides, ont un volume déterminé, mais que leur forme est essentiellement variable. Les parties très petites qui les constituent, parties que nous nommerons les *molécules* du liquide, glissent les unes sur les autres avec une extrême facilité, sans le moindre effort. Cette mobilité n'est pas la même pour tous les liquides : elle est moindre dans l'huile que dans l'eau, moindre dans la mélasse que dans l'huile. Les liquides peu mobiles sont appelés *visqueux* ; ils se rapprochent des solides mous comme la cire, le beurre. Ces corps intermédiaires forment comme une chaîne non interrompue, qui s'étend du solide le plus dur au liquide le plus mobile : nous ne nous en occuperons pas ici. Il ne sera question dans ce chapitre que des liquides parfaitement mobiles, comme l'eau et l'éther ; tout ce que nous dirons de leurs propriétés ne s'appliquera qu'imparfaitement aux liquides visqueux.

Malgré leur grande mobilité, les molécules des liquides sont toujours en repos les unes par rapport aux autres quand aucune cause n'intervient pour les mettre en mouvement. On dit alors que le liquide est en *équilibre*. L'*hydrostatique*, la partie de la physique dont nous commençons ici l'étude, a pour but de rechercher quelles conditions doivent remplir les liquides, et aussi les gaz, pour être dans cet état d'équilibre. L'hydrostatique des liquides et l'hydrostatique des gaz (ou *pneumatique*) sont des chapitres particuliers de l'étude de la *pesanteur* : car les conditions d'équilibre résultent en grande partie de l'action de la pesanteur sur les molécules des liquides et des gaz.

36. Surface libre des liquides en équilibre. — Quand on verse un liquide dans un vase, il se moule sur la forme du vase et se termine par une surface libre. L'expérience nous montre que cette surface libre est plane et horizontale, perpendiculaire en chacun de ses points à la direction de la pesanteur, qui est verticale. C'est là un fait d'expérience. On en trouve aisément l'explication quand on songe à la mobilité des molécules des liquides les unes par rapport aux autres. Supposons, en effet, que la surface terminale du liquide ne soit pas plane et horizontale : elle présentera une pente plus ou moins irrégulière (*fig.* 34), et toutes les molécules, telles que M, qui sont vers le haut, glisseront à la partie inférieure, à cause de leur mobilité et de leur poids. Le liquide ne sera donc pas en repos. Le mouvement de descente ne s'arrêtera que lorsque la pente aura disparu : à ce moment, le liquide sera en équilibre, et la surface libre, plane et horizontale. Donc, *quand un liquide est en repos, sa surface libre est plane et horizontale.*

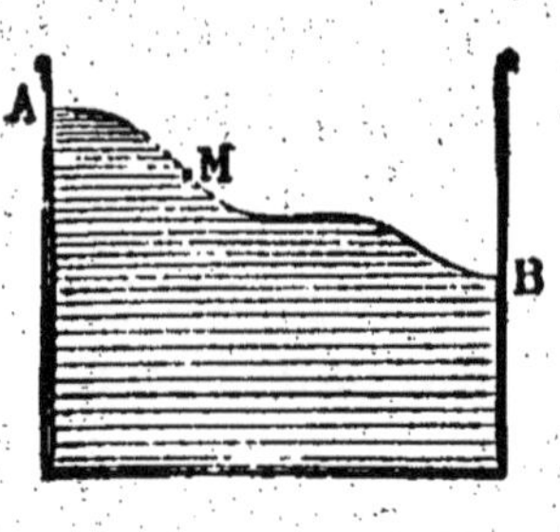

Fig. 34.

Si la surface libre avait une très grande étendue, comme cela a lieu pour les eaux de la mer, elle ne serait plus plane et horizontale, mais perpendiculaire en chaque point à la verticale déterminée par le fil à plomb : elle aurait une forme sphérique. C'est à cause de cette forme courbe de la surface de la mer, qu'on voit les vaisseaux qui s'éloignent du port émerger peu à peu au-dessus de l'horizon pour s'enfoncer ensuite et disparaître enfin.

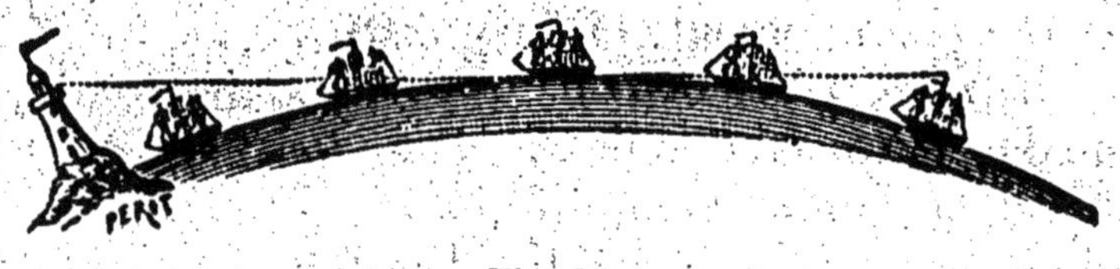
Fig. 35.

37. Vases communiquants. — Quand deux vases communiquent par leur partie inférieure, la surface libre du liquide est plane et horizontale dans chacun des vases, et, de plus, le liquide s'élève à la même hauteur dans les deux. L'observation journalière montre la vérité de ce fait. Un appareil de physique

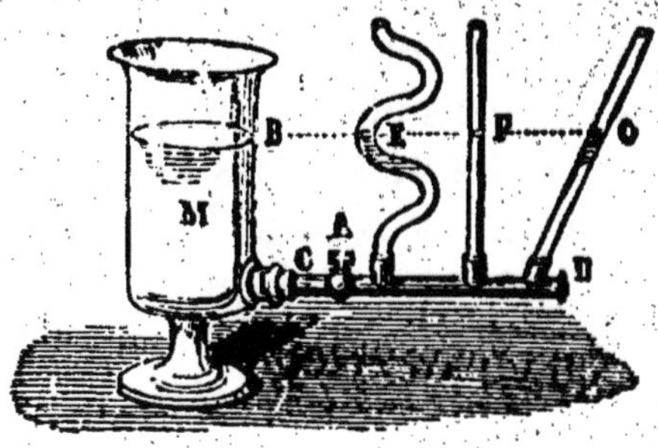

Fig. 36.

le met aussi en évidence. Un vase de verre M porte à sa partie inférieure un tuyau CD, auquel sont ajustés divers tubes, qui constituent autant de vases communiquant avec le premier. Celui-ci étant rempli d'eau, on ouvre le robinet A, et l'on voit aussitôt le liquide s'élever en E, F, G, jusqu'à ce qu'il soit à la même hauteur dans tous les vases.

38. Équilibre des liquides superposés. — Quand on verse dans un vase deux ou plusieurs liquides non susceptibles de se mélanger, par exemple, du mercure, de l'eau et de l'huile, on les voit se superposer dans un ordre tel que le plus lourd aille au fond, et le plus léger en haut. La surface de séparation de chaque liquide avec celui qui est au-dessus ou au-dessous de lui est plane et horizontale. Qu'on agite les liquides de façon à troubler cet état d'équilibre, ils y reviendront bientôt, aussitôt qu'on aura cessé l'agitation.

L'expérience peut se faire même avec des liquides susceptibles de se mélanger ; mais alors il faut prendre quelques précautions.

Dans un verre à moitié plein d'eau, versons du vin, qui est plus léger : si nous le versons très doucement, en le faisant couler, par exemple, sur un petit morceau de liège flottant sur l'eau, le vin surnagera, et les deux couches seront parfaitement distinctes. Mais nous nous garderons bien, dans ce cas, de mélanger les liquides en les agitant, car ils ne se sépareraient plus.

Deux liquides différents peuvent aussi être placés dans deux vases communiquants. Par l'ouverture A du premier (*fig.* 37), versons du mercure : il s'élèvera à la même hauteur dans les deux vases. Par l'ouverture B

Fig. 37.

du second, ajoutons de l'eau, elle pressera sur le mercure N, le fera un peu descendre, et, dès lors, le mercure s'élèvera plus haut en M qu'en N. Si nous mesurons les hauteurs OM du mercure et NC de l'eau au-dessus du plan horizontal ON de séparation, nous verrons que ces deux hauteurs sont en raison inverse des densités[1] du mercure et de l'eau. La densité du mercure est 13 fois $\frac{1}{2}$ plus grande que celle de l'eau : la hauteur de l'eau sera 13 fois $\frac{1}{2}$ plus grande que celle du mercure. Il importe de bien retenir ce fait, dont nous aurons besoin par la suite, et qui peut s'énoncer d'une manière générale dans les termes suivants : *Lorsque, dans des vases communiquants, on introduit des liquides de densités différentes, les hauteurs de ces liquides, au-dessus de leur surface commune de séparation, sont en raison inverse de leurs densités respectives.*

Application numérique. — Problème. — Deux vases communiquants renferment, l'un de l'eau, l'autre de l'huile. La hauteur de l'eau, mesurée verticalement au-dessus de la surface de séparation des deux liquides est de 75 centimètres. Quelle est la hauteur de l'huile au-dessus de cette même surface? On sait que la densité de l'huile est 0,89, et que celle de l'eau est 1.

Solution. — Remarquons d'abord que l'eau, ayant une densité plus forte que celle de l'huile, occupera la partie inférieure des deux vases, comme le mercure dans le cas du paragraphe précédent. Quant aux deux hauteurs au-dessus de la surface ON de sépara-

1. On appelle, comme nous le verrons, *densité* d'un corps, le poids d'un décimètre cube de ce corps. Un décimètre cube ou un litre de mercure pèse $13^{kil},5$: la densité du mercure est donc 13,5. De même, celle de l'eau est 1 ; celle de l'huile 0,89 ; celle du fer 7,8.

tion (*fig.* 37), elles seront entre elles dans le rapport inverse des densités : on aura donc, en appelant x la hauteur de l'huile :

$$\frac{x}{75}=\frac{1}{0,89}, \quad x=\frac{75}{0,89}=84 \text{ centimètres.}$$

La hauteur de l'huile sera de 84 centimètres.

39. Applications du principe des vases communiquants. — On trouve à chaque instant, dans la nature et dans les arts, l'occasion d'appliquer le principe des vases communiquants pour le cas d'un liquide unique (37).

1° *Eaux courantes.* — C'est parce que la surface libre des liquides tend toujours à devenir horizontale, que les eaux de pluie coulent constamment le long des pentes des collines, descendent au fond des vallées pour former les ruisseaux, les rivières, les fleuves. Ceux-ci, qui sont eux-mêmes au-dessus de la surface de la mer, descendent à leur tour pour arriver au niveau du grand réservoir commun.

2° *Niveau des mers.* — Les mers, qui presque toutes communiquent entre elles, ont aussi le même niveau, c'est-à-dire que leur surface terminale forme une sphère à peu près parfaite. Le percement de l'isthme de Suez a montré que le niveau de la mer Rouge est le même que celui de la Méditerranée. Le percement de l'isthme de Panama fera la même démonstration pour l'Océan Atlantique et l'Océan Pacifique. Seules, les mers intérieures, comme la mer Caspienne, peuvent avoir un niveau différent de celui des autres. C'est à cause de cette constance du niveau des mers qu'on a pris l'habitude d'y rapporter l'altitude des différents points des continents.

3° *Sources.* — Pour la même raison, l'eau de pluie, qui s'est infiltrée à travers les couches perméables du sol, descend lentement entre ces couches pour sourdre ensuite dans les vallées, là où elle trouve une issue. Telle est l'origine des *sources*.

4° *Sources jaillissantes.* — Si l'eau d'infiltration n'a pour s'échapper qu'un chemin trop étroit, elle est forcée de s'accumuler dans les couches supérieures, ou même de rester à la surface des plateaux. L'eau qui s'échappe alors à l'ouverture inférieure tend à s'élever jusqu'au niveau supérieur duquel elle est partie : la source est jaillissante.

5° *Fontaines jaillissantes artificielles.* — Les fontaines jaillissantes naturelles se reproduisent tous les jours artificiellement dans les jardins. Un réservoir (*fig.* 38), placé à une certaine hauteur et rempli

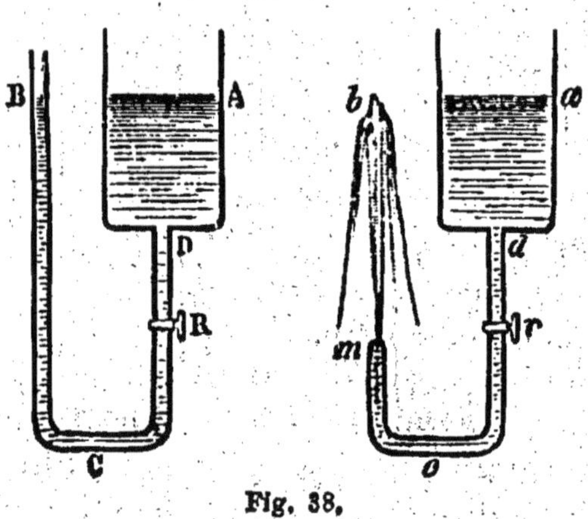

Fig. 38.

d'eau, porte à sa partie inférieure un tuyau qui s'abaisse, entre dans le sol, et vient s'ouvrir au centre d'un bassin. Si de là le tuyau s'élevait verticalement jusqu'à la hauteur du réservoir, l'eau y monterait jusqu'au niveau de celui-ci. Mais le tuyau s'arrête au niveau du sol : l'eau va donc s'élever en une gerbe verticale et retomber dans le bassin.

6° *Distribution de l'eau dans les villes.* — Dans certaines grandes villes, l'eau est distribuée aux habitants à tous les étages des maisons. C'est encore le principe des vases communiquants qui va nous faire comprendre par quel procédé. L'eau de la ville est conduite, soit naturellement, soit au moyen de grandes pompes à vapeur, dans un immense réservoir central, placé plus haut que le toit des maisons les plus élevées. De là partent des tuyaux de conduite qui se rendent à tous les étages : l'eau monte dans ces tuyaux pour prendre le niveau du réservoir central, et l'on n'a qu'à ouvrir un robinet pour la voir couler en abondance.

7° *Puits artésiens.* — Les *puits artésiens* ne sont autre chose que d'immenses fontaines jaillissantes à moitié naturelles, à moitié artificielles.

Nous savons que la croûte terrestre est formée, en grande partie, de couches parallèles de terrain, couches qui suivent les sinuosités de la surface. Il est impossible de voyager en chemin de fer, sans remarquer ce fait dans les nombreuses tranchées qu'on rencontre sur sa route.

Admettons qu'une couche de sable AB (*fig.* 39), parfaitement perméable à l'eau, soit comprise entre

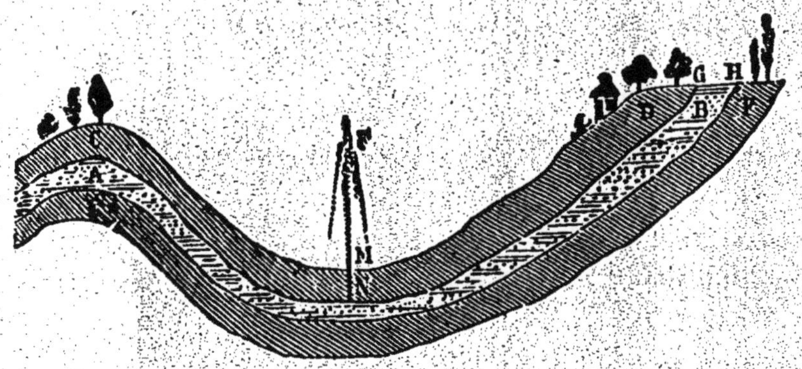

Fig. 39.

deux couches d'argile CD et EF, absolument imperméables. L'eau de pluie qui tombe sur le plateau entre dans la couche de sable par sa partie supérieure GH ; elle s'y accumule, empêchée qu'elle est de sortir par la présence des couches d'argile. On a alors comme un grand réservoir d'eau, un réservoir de forme singulière, plein de sable, mais de sable mouillé jusqu'au bord GH. Il est clair que si on perce la couche supérieure d'argile d'un trou de sonde MN, l'eau emprisonnée jaillira par l'ouverture, et on pourra, soit la laisser librement s'élever en jet d'eau, soit la conduire par un tuyau MP jusqu'à une hauteur presque égale à la hauteur du niveau GH. On a un *puits artésien*, ainsi nommé parce que le premier puits de ce genre fut creusé dans la province française de l'Artois.

Cette disposition du sol que nous venons d'imaginer pour faire comprendre ce que sont les puits artésiens, est, en réalité, très fréquente. En quelque point d'une vallée que l'on creuse un trou de sonde, on est presque assuré, si l'on va assez profondément, de rencontrer une source jaillissante. A Paris, le puits artésien de Grenelle, qui a une profondeur de 546 mètres, élève ses eaux, dans un tuyau, à une hauteur de 37 mètres au-dessus du sol (*fig.* 40); le puits

Fig. 40.

artésien de Passy a une profondeur de 570 mètres, et donne 16 000 mètres cubes d'eau par jour. Dès la plus haute antiquité, les puits artésiens étaient connus des Égyptiens et des Chinois. Actuellement ils rendent les plus signalés services. On en a creusé un grand nombre dans l'immense plaine sablonneuse du Sahara.

8° *Écluses.* — Les canaux de navigation sont formés de parties successives nommées *biefs*, dans chacune desquelles le niveau de l'eau est horizontal ; d'un bief au suivant le niveau n'est pas le même. Les biefs sont mis en communication les uns avec les autres au moyen d'*écluses* destinées à faire passer les bateaux d'un niveau à un autre.

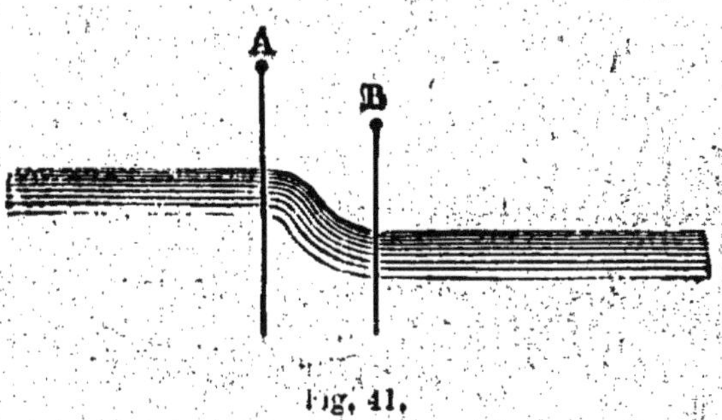

Fig. 41.

L'écluse n'est autre chose qu'une portion de canal fermée par deux portes A et B. Quand les deux portes sont ouvertes (*fig.* 41), l'eau coule du bief supérieur dans le bief inférieur à cause de la différence de niveau. Que la porte B se ferme, l'écluse se remplira, et le bateau venant du bief supérieur y entrera aisément (*fig.* 42). Qu'on ferme alors la porte A, et qu'on laisse partir l'eau de l'écluse par une petite ouverture pratiquée dans la porte B, le niveau dans l'écluse deviendra le même que celui du bief inférieur, et le bateau pourra passer dans ce second bief

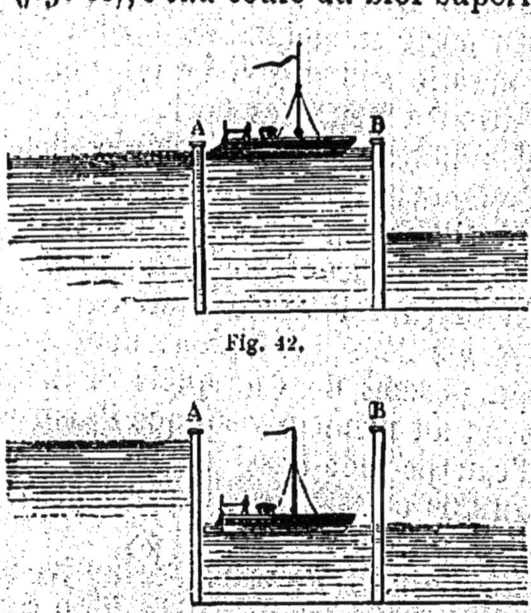

Fig. 42.

Fig. 43.

aussitôt qu'on aura ouvert la porte B (*fig.* 43). Pour la montée, la manœuvre serait inverse.

9° *Niveau d'eau.* — Le niveau d'eau, si fréquemment employé par les géomètres pour les opérations de nivellement, est fondé sur le principe des vases communiquants. Il se compose (*fig.* 44) de deux fioles

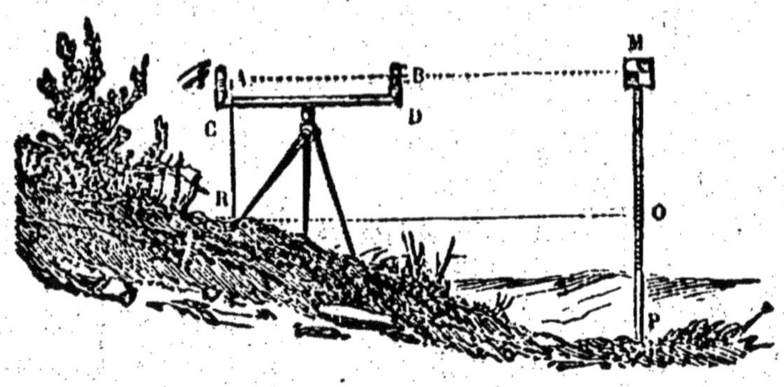

Fig. 44.

de verre A et B, mises en communication à leur partie inférieure par un tube en fer-blanc de $1^m,20$ de longueur. Ce tube est porté en son milieu par un trépied articulé, qui s'appuie sur le sol. Le tube étant placé dans une position à peu près horizontale, on verse dans l'une des fioles de l'eau colorée (pour qu'elle soit plus facilement visible). Lorsque l'eau s'est mise en équilibre dans les deux fioles, on peut être assuré que les deux surfaces libres sont dans un plan horizontal. En plaçant l'œil de manière à les viser à la fois toutes les deux, on obtient donc une ligne horizontale qui permet de voir quels sont les points du sol qui sont au même niveau que l'instrument. Le niveau d'eau permet aussi de mesurer la différence du niveau OP qui existe entre les points R et P, pris sur le terrain.

10° *Niveau à bulle d'air.* — Le principe du niveau à bulle d'air est différent : quand un liquide et un gaz sont enfermés dans un vase, le liquide, plus dense, occupe la partie inférieure, et sa surface libre est horizontale.

Le niveau à bulle d'air se compose (*fig.* 45) d'un tube de verre légèrement courbé ; on l'a presque rempli de liquide, de façon à n'y laisser qu'une bulle d'air, puis on l'a absolument fermé et fixé dans une garniture de laiton. Quand on le place sur une ligne horizontale, la bulle d'air vient se loger au milieu du tube, entre deux traits de repère *m* et *n*. Si, au contraire, la ligne n'est pas horizontale, la bulle d'air se porte vers l'une des extrémités, à droite ou à gauche des repères. En soulevant peu à peu la ligne, si elle est mobile, on finira par faire venir la bulle dans sa position normale : on aura alors obtenu l'horizontalité cherchée.

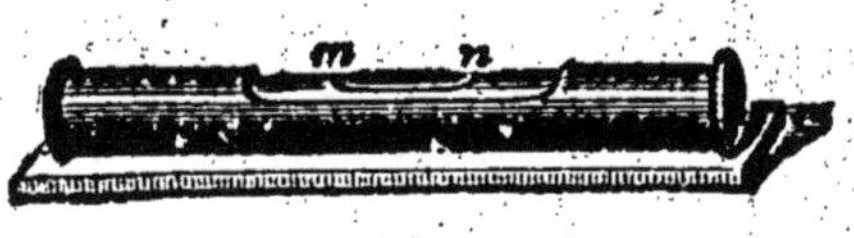

Fig. 45.

***40. Exception présentée par les tubes capillaires.** — Dans certains cas, les principes que nous avons posés aux paragraphes 36 et 37 semblent être en défaut.

Prenez un verre plein d'eau et considérez attentivement la surface de niveau. Elle est plane et horizontale dans presque toute son étendue ; mais dans le voisinage immédiat des bords vous remarquez que le niveau s'élève et prend une courbure concave. Si le verre renferme du mercure, le phénomène est inverse : sur les bords le niveau s'abaisse et prend une courbure convexe.

Dans le vase plein d'eau plongez un tube de verre de petit diamètre ; le liquide, au lieu de rester au

Fig. 46.

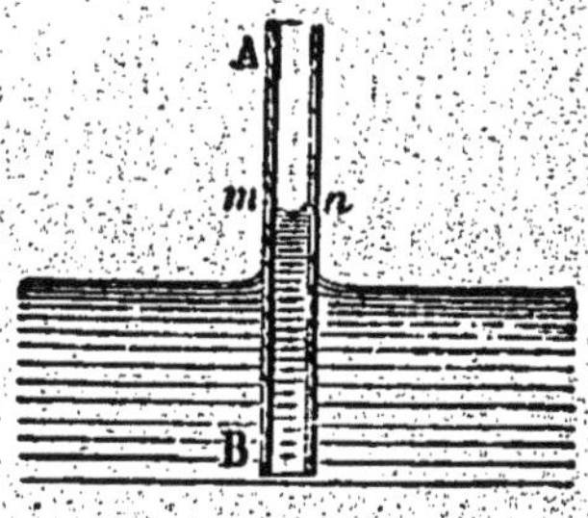

Fig. 47.

même niveau à l'intérieur et à l'extérieur, s'élèvera d'une notable quantité dans le tube. Dans le mercure le niveau intérieur s'abaisse, au contraire, au-dessous du niveau intérieur.

La figure 46 montre à la fois la courbure concave et l'ascension qui se produit avec l'eau, tandis que la figure 47 représente la courbure convexe et la dépression qu'on observe avec le mercure.

Ces phénomènes sont généraux ; ils se produisent toujours aux surfaces de contact des solides et des liquides. On les désigne sous le nom de *phénomènes capillaires*, parce qu'ils sont surtout manifestes dans les tubes très étroits, dont le diamètre est comparable à celui d'un cheveu.

Les phénomènes capillaires obéissent à des lois assez nombreuses, dont voici les principales :

1° Quand le liquide mouille le vase, comme le fait l'eau, il y a ascension sur les bords et courbure concave ;

2° Quand le liquide ne mouille pas le vase, comme le mercure, il y a dépression sur les bords et courbure convexe ;

3° L'ascension et la dépression qu'on observe dans les tubes étroits sont sensiblement en raison inverse des diamètres de ces tubes.

Ainsi, dans un tube de 1 millimètre de diamètre, l'eau s'élève à 30 millimètres au-dessus du niveau extérieur. Dans un tube de $\frac{1}{10}$ de millimètre de diamètre elle s'élèverait donc 10 fois plus, c'est-à-dire à 30 centimètres.

Dès que le diamètre du tube est un peu considérable de deux ou trois centimètres, l'élévation du niveau à la partie centrale devient insensible, et l'on n'observe plus de changement de niveau que sur les bords.

4° L'ascension et la dépression varient d'un liquide à l'autre.

Ainsi, l'ascension de l'eau étant de 30 millimètres

dans un tube de 1 millimètre de diamètre, celle de l'alcool n'est que de 12 millimètres dans le même tube.

Les phénomènes capillaires ne constituent que des exceptions apparentes aux lois de l'hydrostatique. Ils sont dus à des actions attractives ou répulsives qui s'exercent entre les molécules des solides et les molécules des liquides. Ces actions modifient la forme de la surface, là où elles se produisent, suivant des lois qu'il a été possible d'établir par le calcul mathématique. Nous devons nous contenter ici des notions expérimentales qui précèdent.

*41. **Applications des phénomènes capillaires.** — Les actions capillaires donnent l'explication d'un grand nombre de faits qui, au premier abord, semblent en opposition avec les lois de l'équilibre des liquides.

Chaque fois qu'une substance poreuse, c'est-à-dire traversée par un grand nombre de très petits canaux, est en contact par quelque point avec un liquide qui la mouille, on voit le liquide s'élever peu à peu, de manière à imprégner bientôt le corps tout entier. Un morceau de sucre, de craie, de pierre tendre, de bois, une éponge, plongée dans l'eau par un de ses points, est bientôt entièrement mouillée.

Dans les anciens quinquets, l'huile montait dans la mèche par capillarité. Prenez une mèche de coton longue de vingt centimètres, plongez l'une de ses extrémités dans un verre plein d'eau, et laissez pendre l'autre extrémité à l'extérieur jusque dans un second verre placé plus bas que le premier. Le liquide montera lentement dans la mèche par capillarité et s'écoulera goutte à goutte dans le vase inférieur.

La capillarité est une des principales causes de l'ascension de la sève dans les vaisseaux des plantes.

II. — PRINCIPE DE PASCAL.

42. Transmission des pressions dans les liquides. Principe de Pascal[1]. — *Toute pression exercée sur une portion quelconque de la surface d'un liquide se transmet dans tous les sens et avec une égale intensité.*

Tâchons d'abord de bien comprendre la signification de ce principe. Soit un vase de forme quelconque, fermé de toutes parts et parfaitement plein d'eau (*fig.* 48). En différents points de la paroi pratiquons des ouvertures ayant toutes la même section, et fermons ces ouvertures par autant de pistons mobiles. Pour que l'eau ne repousse pas par son poids les pistons qui sont à la partie inférieure, il faudra exercer sur chacun un certain effort, juste assez grand pour le maintenir en place. Chargeons alors le piston supérieur d'un poids de 1 kilogramme ; chacun des autres pistons sera repoussé, et, pour l'empêcher de reculer, il faudra augmenter de 1 kilogramme la valeur de l'effort qu'on exerçait auparavant sur lui. La pression de 1 kilogramme exercée par le premier piston sur le liquide s'est donc transmise à chacun des autres *avec une égale intensité ;* elle s'est transmise à travers le liquide, et, grâce à la parfaite mobilité des molécules, elle s'est transmise dans *tous les sens*, puisque tous les pistons, dans quelque position qu'ils aient été, ont été également poussés. Si l'un des pistons avait été deux, trois, quatre fois plus grand que le premier, il est clair que la pression transmise sur lui aurait été de 2, 3, 4 kilogrammes. Cette expérience

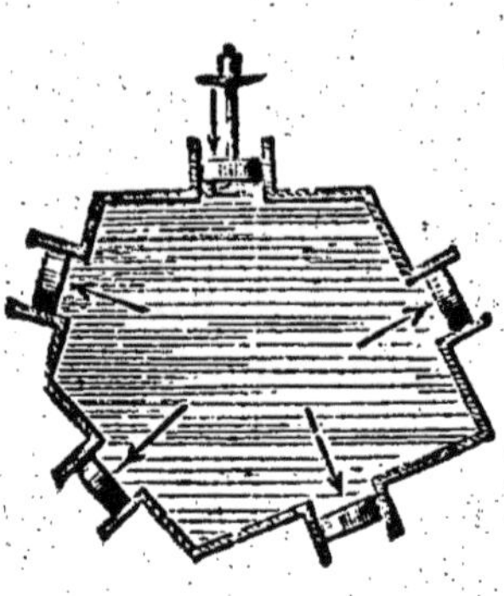

Fig. 48.

1. *Pascal* (1623-1662), l'un des plus grands génies qu'ait produits la France : écrivain, philosophe, mathématicien, physicien. En physique, il a posé les bases de l'hydrostatique des liquides et des gaz.

n'est pas facile à exécuter : aussi ne l'avons-nous indiquée que pour bien montrer le sens du principe de Pascal.

43. Presse hydraulique. — L'expérience peut être faite bien plus simplement, de la manière suivante. Deux tubes cylindriques, l'un gros, l'autre petit, communiquent par leur partie inférieure au moyen d'un canal (*fig.* 49). On y verse de l'eau et on ferme les deux tubes par des pistons bouchant hermétiquement.

Sur le petit piston plaçons un poids de 1 kilogramme : nous verrons aussitôt ce piston descendre, repoussant l'eau, tandis que le second piston, qui bouche le second tube, montera : il n'y aura pas équilibre. Pour contrebalancer la pression qui se transmet par l'eau, du petit au gros piston, il faudra charger ce dernier d'un poids assez fort. Si la surface du gros piston est cinquante fois plus grande que celle du petit, c'est d'un poids de 50 kilogrammes qu'il faudra le charger pour l'empêcher de monter.

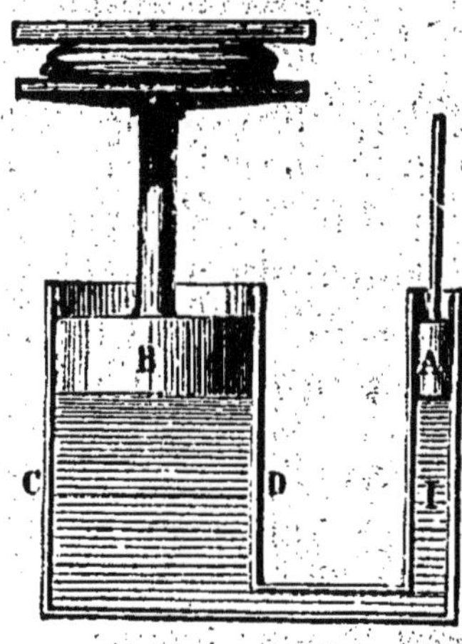

Fig. 49.

C'est bien là une démonstration expérimentale du principe de Pascal. Elle nous montre, de plus, qu'on peut, avec cet appareil, exercer une pression considérable en n'employant qu'un faible effort. Il n'y aura qu'à presser sur le piston A avec une force de 10 kilogrammes pour que le piston B soit capable de soulever un poids de près de 500 kilogrammes, ou de presser fortement, entre une plate-forme mobile et un plafond fixe situé au-dessus, un objet que l'on veut comprimer.

44. Description de la presse hydraulique. — L'appareil que nous venons de décrire a reçu le nom de *presse hydraulique*. Il est très employé dans l'industrie pour produire des pressions considérables : on lui donne alors, le plus souvent, les dispositions suivantes (*fig.* 50).

Un petit cylindre en fonte D communique avec un gros cylindre, également en fonte, A. Le petit piston *p* est mis en mouvement par l'intermédiaire d'un levier FH, qui permet d'exercer sur lui un effort considérable. Le gros piston P est terminé par une plate-forme M, sur laquelle reposera le corps à soulever ou à presser. Des dispositions particulières sont prises pour que l'eau, fortement comprimée dans l'appareil, ne puisse pas s'échapper en passant entre les pistons et les cylindres. De la partie inférieure du cylindre D part un tuyau d'aspiration BR, qui plonge dans un baquet plein d'eau : une soupape B, capable de s'ouvrir de bas en haut, ferme ce tuyau d'aspiration à sa partie inférieure. Une autre soupape B', semblable à la première, ferme le tuyau de communication des deux cylindres.

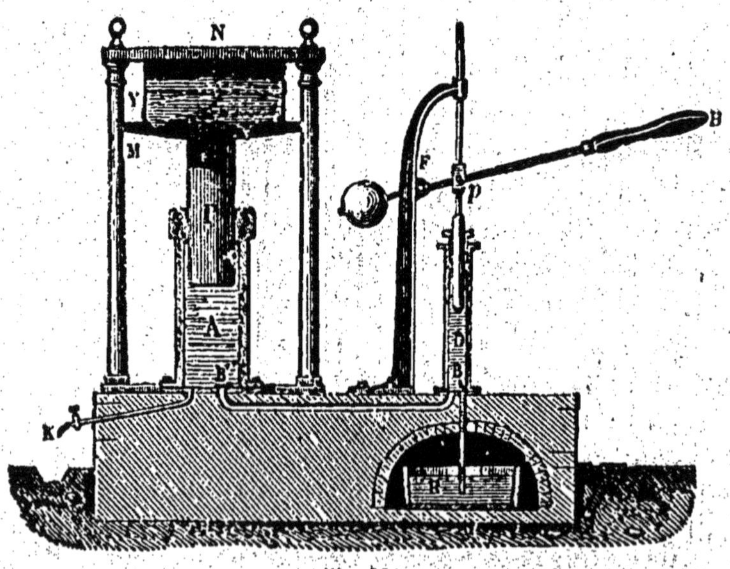

Fig. 50.

Appuyons sur le petit piston : la soupape B se fermera ; la soupape B' s'ouvrira, et la pression sera transmise sur P, qui s'élèvera de quelques millimètres. Soulevons le petit piston : la soupape B' se fermera, empêchant l'eau de sortir de A et le piston P de redescendre; pendant ce temps, le tuyau d'aspiration fonctionnera comme une pompe; B s'ouvrira, et l'eau, venant du baquet, remplira le vide laissé par l'ascension de *p*. On pourra dès lors donner un nouveau coup de piston, qui élèvera de nouveau P de quelques millimètres, et ainsi de suite.

Quand la compression est terminée, on met fin à l'opération en ouvrant le robinet K : l'eau s'écoule, et le piston P redescend.

45. Usages de la presse hydraulique. — La presse hydraulique a une grande importance industrielle. Avec cette presse, en effet, un homme peut aisément exercer une pression de 30 000 kilogrammes; certaines presses hydrauliques sont capables de soulever un poids de plus de 300 000 kilogrammes.

La presse hydraulique est employée pour exprimer l'huile des plantes oléagineuses, pour comprimer le papier, les étoffes, les fourrages, qu'on veut réduire en un petit volume; on la rencontre dans les fabriques de bougies, de vermicelle, de tuyaux de plomb, dans tous les grands ateliers de mécanique, partout, en un mot, où l'on a besoin de grandes pressions.

La presse hydraulique, convenablement modifiée, peut servir aussi à élever des poids considérables à de grandes hauteurs. Les *ascenseurs* sont mis en mouvement par de véritables presses hydrauliques.

46. Pressions sur les parois des vases. — Pour que les parois d'un vase éprouvent des pressions de la part du liquide qu'il renferme, il n'est pas nécessaire d'exercer cette pression par l'intermédiaire d'un piston, comme nous l'avons supposé dans le principe de Pascal. Tout liquide étant pesant, il est clair que les couches supérieures presseront de tout leur poids sur les couches inférieures, aussi bien que le ferait un poids appliqué sur un piston. Cette pression, due aux couches supérieures, se transmettra dans tous les sens, et sans perte, à toutes les portions de la paroi du vase.

Nous nous contenterons d'énoncer la règle qui permet de calculer ces pressions.

1° *Pression sur le fond. — La pression exercée par un liquide sur le fond horizontal du vase qui le renferme est indépendante de la forme du vase; elle est toujours égale au poids d'une colonne de ce liquide ayant pour base le fond, et pour hauteur la distance du fond au niveau.*

Une application numérique de cette règle nous en fera mieux comprendre le sens.

Problème. — Un vase a un fond horizontal de 2 décimètres carrés de superficie; l'eau qu'il renferme s'élève à $3^d,5$ au-dessus du fond : on demande quelle est la pression que supporte ce fond.

Réponse. — Une colonne d'eau qui aurait 2 décimètres de base et $3^d,5$ de hauteur, aurait un volume de $2 \times 3,5$ ou 7 décimètres cubes. Chaque décimètre cube d'eau pesant un kilogramme, la pression sur le fond est de 7 kilogrammes.

Si le vase renfermait non plus de l'eau, mais du mercure, la pression serait plus forte. Un décimètre cube de mercure pesant $13^k,5$, la pression serait $7^k \times 13,5$ ou $94^k,5$.

Nous voyons que, dans cette application, nous ne nous demandons pas quelle est la forme du vase, ni quel volume de liquide il renferme. L'énoncé qui précède nous indique que la pression sur le fond ne dépend pas de tout cela.

2° *Pression sur les parois latérales. — La pression exercée par un liquide contre une portion de la paroi latérale du vase qui le renferme est égale au poids d'une colonne liquide qui aurait pour base cette portion de paroi, et pour hauteur la distance verticale du centre de la portion de paroi au niveau du liquide.*

III. — PRINCIPE D'ARCHIMÈDE.

47. Principe d'Archimède[1]. — Quand un solide est plongé dans un liquide, ce liquide exerce sur tous les points du corps plongé des pressions analogues à celles qu'il exerce sur les parois du vase. Les unes sont dirigées de haut en bas, les autres de bas en haut, les autres, enfin, sont latérales. Ces pressions se contre-balancent en partie, et leur action totale se réduit à une poussée de bas en haut. Tout le monde a observé, en effet, qu'une pierre plongée dans l'eau est plus facilement soulevée que si elle était dehors. Elle semble être devenue plus légère. Un morceau de bois, placé dans les mêmes conditions, semblera avoir perdu tout son poids : au lieu d'aller au fond, il flottera à la surface, où le moindre effort suffira pour le mouvoir, quelque gros qu'il soit.

Archimède a, le premier, énoncé la loi qui préside à ce phénomène.

Un corps plongé dans un liquide subit, de la part de ce dernier, une poussée verticale dirigée de bas en haut et égale au poids du volume de liquide qu'il déplace.

Ce principe s'énonce aussi quelquefois de la manière suivante, plus commode, mais moins correcte : *Un corps plongé dans un liquide perd une partie de son poids égale au poids du liquide déplacé.*

La démonstration expérimentale du principe d'Archimède est facile. Deux petits cylindres de cuivre C et C', l'un massif et l'autre creux, ont des dimensions

1. *Archimède* (287 à 212 av. J. C.), de Syracuse, l'un des plus grands savants de l'antiquité, fut également remarquable comme géomètre et comme mécanicien. Ardent patriote, il défendit pendant trois ans sa ville natale contre les armées romaines, et fut tué le jour où elle succomba. On raconte, sur les circonstances dans lesquelles il découvrit le principe qui porte son nom, une histoire dont la seconde partie, parfaitement ridicule, est entièrement controuvée.

telles que le cylindre massif peut remplir exactement le cylindre creux. On les suspend, l'un au-dessous de l'autre, sous l'un des plateaux d'une balance, et on établit l'équilibre avec des poids placés dans l'autre plateau (*fig.* 51). Puis on enfonce le cylindre massif dans

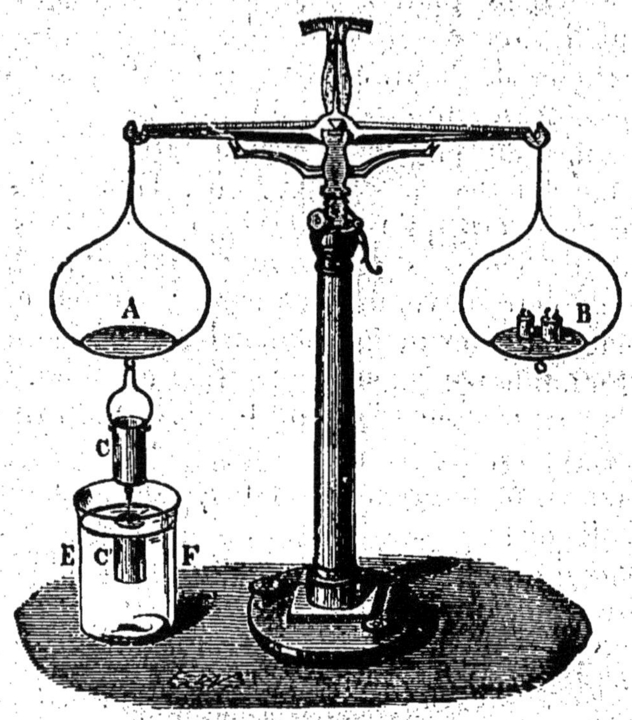

Fig. 51.

un vase plein d'eau : l'équilibre est rompu, par suite de la poussée qu'exerce le liquide. Pour le rétablir, il suffit de remplir d'eau le cylindre creux placé au-dessus; or, l'eau ainsi ajoutée a justement un volume égal à celui du corps plongé; la poussée est donc mesurée par le poids d'un volume d'eau égal à celui du corps plongé.

On peut encore démontrer expérimentalement le principe sans aucun appareil particulier autre qu'une balance. Attachez une pierre à un fil et plongez-la dans un verre plein d'eau, puis retirez-la aussitôt :

pendant l'immersion, l'eau a débordé, et il s'en est écoulé un volume précisément égal à celui de la pierre. Placez ce verre bien essuyé sur le plateau d'une balance et suspendez la pierre sous le même plateau, puis établissez l'équilibre. Si alors vous enfoncez la pierre dans un vase plein d'eau placé au-dessous, l'équilibre sera rompu; mais il vous sera facile de le rétablir en remplissant le verre supérieur, c'est-à-dire en y ajoutant un volume d'eau égal à celui de la pierre.

IV. — POIDS SPÉCIFIQUE.

48. Poids spécifique. — Pesez un morceau de plomb, puis un morceau de bois de même grosseur : le poids du plomb sera beaucoup plus grand que celui du bois. On dit communément, pour exprimer ce fait, que le plomb est *lourd*, et le bois *léger*. Ces mots ne sont pas assez précis, aussi ne les emploie-t-on pas dans le langage scientifique.

Il n'y aura plus de confusion possible si, au lieu de dire : le bois est léger, le plomb est lourd, on dit : un décimètre cube de bois pèse $0^k,657$, et un décimètre cube de plomb pèse $11^k,352$.

Le poids, exprimé en kilogrammes, d'un décimètre cube d'un corps, est ce qu'on nomme son poids spécifique. Ainsi, le poids spécifique du plomb est 11,352, et celui du bois de sapin 0,657.

Pour avoir le poids spécifique d'un corps, il n'est pas nécessaire de peser exactement un décimètre cube de ce corps. Pesez $0^{dc},325$ de plomb, vous trouverez $3^k,6894$; une simple règle de trois vous montrera qu'un décimètre cube de ce plomb pèserait $\frac{3,689}{0,325} = 11,352$.

Le poids spécifique du plomb est donc 11,352.

D'une manière générale, on peut dire que : *l'on obtient le poids spécifique d'un corps en divisant le poids d'un fragment quelconque du corps, par le volume de ce fragment.*

Soit :

P le nombre qui exprime le poids du corps,
V le volume de ce corps,
D son poids spécifique,

on aura :

$$D = \frac{P}{V},$$

formule qui peut aussi s'écrire :

$$P = V \times D.$$

Le poids d'un corps est égal à son volume multiplié par son poids spécifique.

Remarques. — 1. Nous savons que, par définition même, un décimètre cube d'eau pèse un kilogramme : donc, par définition, le poids spécifique de l'eau est égal à l'unité. Dire, par conséquent, que le poids spécifique du plomb est 11,352, c'est dire que le plomb pèse, à volume égal, 11,352 fois plus que l'eau. Le poids spécifique d'un corps peut donc être encore considéré comme : *le rapport qui existe entre le poids de ce corps et le poids d'un égal volume d'eau.*

2. On emploie souvent le mot *densité* à la place du mot *poids spécifique.* Cette substitution n'a aucun inconvénient dans les applications que nous aurons à en faire : aussi nous servirons-nous indifféremment du mot *densité*, ou du mot *poids spécifique.*

3. Il est indispensable que nous soyons en état de résoudre, sans aucune hésitation, toutes les applications numériques relatives aux densités, car elles reviennent fréquemment dans diverses parties de la physique. Dans ces applications, dont nous allons donner des exemples, il faut toujours avoir grand soin d'exprimer les poids et les volumes en unités correspondantes, par exemple les poids en grammes ou kilogrammes, et les volumes en centimètres ou décimètres cubes.

49. Applications numériques. — 1. *Problème.* — Vingt-cinq centimètres cubes de zinc pèsent 170 grammes, quel est le poids spécifique du zinc?

Solution. — Nous obtiendrons ce poids spécifique en divisant le poids par le volume

$$D = \frac{170}{25} = 6,8 :$$ le poids spécifique du zinc est 6,8.

2. *Problème.* — La densité du cuivre est 8,8. On demande quel est le volume occupé par 345 grammes de cuivre.

Solution. — On aura le volume en divisant le poids par la densité.

$$V = \frac{345}{8,8} = 39 ;$$ le volume est 39 centimètres cubes.

3. *Problème.* — La densité du liège est 0,24. Quel est le poids de 431 centimètres cubes de liège?

Solution. — Le poids est égal au volume multiplié par la densité.

$$P = 0,24 \times 431 = 103,44 ;$$ le poids est 103g,44.

50. Détermination des poids spécifiques. — On obtient la densité d'un corps en divisant son poids par son volume. Il est toujours aisé d'avoir exactement le poids d'un corps avec une bonne balance; mais il n'est pas aussi facile de mesurer son volume. Nous allons indiquer la méthode qui permet de faire cette détermination avec le plus de facilité; cette méthode, appelée *méthode de la balance hydrostatique*[1], est fondée sur le principe d'Archimède.

1. *Corps solides.* — On commence par peser le corps par la méthode de la double pesée; soit P le poids obtenu. On suspend alors ce corps au-dessous

1. Une *balance hydrostatique* est une balance dont les plateaux portent, à leur partie inférieure, des crochets auxquels on peut suspendre les corps à peser. Son pied est, de plus, muni d'une crémaillère, qui permet de l'allonger ou de le raccourcir à volonté. La balance de la figure 51 est une balance hydrostatique.

de l'un des plateaux d'une balance hydrostatique et on l'équilibre avec une *tare* placée dans l'autre plateau. A l'aide de la crémaillère, on fait descendre le corps dans un vase plein d'eau, placé au-dessous; l'équilibre est rompu, et, pour le rétablir, il faut ajouter des poids marqués, qui représentent le poids de l'eau déplacée, c'est-à-dire le volume V du corps, puisque 1 gramme d'eau a justement pour volume 1 centimètre cube. Le quotient de P par V est la densité cherchée.

2. *Liquides.* — Une boule de verre, lestée par du plomb et hermétiquement close, est suspendue sous l'un des plateaux de la balance, et équilibrée par une tare. On la fait descendre dans le liquide dont on cherche la densité; le poids P qu'il faut ajouter pour rétablir l'équilibre, représente le poids d'un volume de liquide égal à celui de la boule. On retire la boule du liquide; on l'équilibre de nouveau avec la tare, et on la fait descendre dans de l'eau : le poids V qu'il faut ajouter pour rétablir l'équilibre représente le poids de l'eau déplacée, c'est-à-dire le volume de la boule. En divisant P par V on a la densité du liquide.

Tableau des densités de quelques corps solides et liquides.

CORPS SOLIDES.		CORPS LIQUIDES.	
Platine.	21,15	Mercure.	13,59
Or.	19,26	Acide sulfurique. . . .	1,84
Plomb.	11,35	Chloroforme..	1,48
Argent..	10,45	Surfure de carbone.. .	1,29
Cuivre.	8,79	Acide azotique..	1,22
Fer..	7,79	Lait.	1,03
Étain.	7,29	Eau de mer.	1,03
Zinc.	6,86	Vin.	0,99
Marbre..	2,86	Huile d'olive.	0,91
Soufre.	2,03	Essence de térébentine.	0,87
Houille.	1,33	Esprit de bois..	0,82
Bois de peuplier.	0,38	Alcool.	0,81
Liège..	0,24	Éther.	0,72

51. Corps flottants. — Voici une autre application, plus intéressante encore, du principe d'Archimède.

La poussée qu'exerce un liquide sur un corps plongé peut être plus grande ou plus petite que le poids du corps ; elle peut aussi lui être égale.

1° La densité du corps est supérieure à celle du liquide. La poussée sera inférieure au poids, le corps ira au fond.

2° La densité du corps est égale à celle du liquide. La poussée sera égale au poids, le corps restera en équilibre au sein du liquide, sans monter ni descendre.

3° La densité du corps est inférieure à celle du liquide. La poussée sera supérieure au poids, le corps montera vers la surface. Arrivé en haut, il émergera en partie, jusqu'à ce que la poussée ait assez diminué pour être devenue égale au poids. Donc : *quand un corps flotte à la surface d'un liquide, il déplace un volume de liquide dont le poids est égal au sien.*

On peut réaliser les trois cas possibles au moyen d'un œuf et d'eau salée. Plongé dans l'eau pure, l'œuf ira au fond; dans l'eau saturée de sel il flottera à la surface ; et, en mélangeant en proportions convenables l'eau pure et l'eau salée, on arrivera à maintenir l'œuf en équilibre au sein même du liquide.

Lorsqu'un corps flotte à la surface d'un liquide, il peut être dans un état d'équilibre plus ou moins stable. Quand un bateau flotte sur l'eau, son poids est précisément égal au poids de l'eau déplacée, mais il chavirera plus ou moins aisément, suivant que la charge sera disposée d'une manière ou d'une autre. En général, l'équilibre est d'autant plus stable que le centre de gravité du corps flottant est situé plus bas : il faut toujours tenir compte de cette circonstance dans le chargement des navires.

Le principe d'Archimède semble en défaut dans certains cas. Examinez, par exemple, ces insectes qui marchent sur l'eau sans s'y enfoncer d'une manière sensible : ils n'ont pas l'air de déplacer un volume de liquide appréciable. Cela tient à un phénomène de capillarité : les pattes de ces insectes ne sont pas mouillées par l'eau ; elles produisent alors des dépressions analogues à celles du mercure sur les bords des vases, et l'animal est en équilibre lorsque les dépressions sont telles que l'eau qui les remplirait pèse autant que lui.

52. Aréomètres usuels à poids constant. — Les *aréomètres* sont des instruments destinés à indiquer rapidement le degré de concentration de divers liquides. Un aréomètre se compose d'un cylindre de verre C terminé à sa partie supérieure par une longue tige cylindrique, et à sa partie inférieure par une petite boule lestée avec du plomb. Le tout est hermétiquement clos (*fig.* 52).

Qu'on plonge cet appareil dans un liquide, il flottera à la surface, car il est très léger, maintenu dans une position verticale par la masse de plomb qui est en D. Il s'enfoncera du reste d'autant plus que le liquide sera moins dense, comme l'indique le principe d'Archimède.

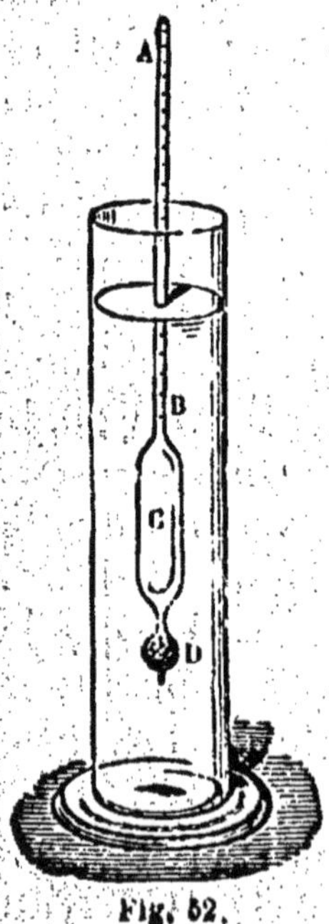

Fig. 52.

Si la tige cylindrique AB est graduée en parties d'égale longueur, il sera aisé de dire si tel liquide est moins dense que tel autre, suivant que l'instrument s'enfoncera moins ou plus dans le premier que dans le second.

Pour que les différents aréomètres donnent des indications comparables entre elles, il n'est pas nécessaire qu'ils soient tous de même grandeur et de même poids; il suffit qu'ils portent tous une graduation basée sur les mêmes conventions.

La graduation de *Baumé*[1] est la plus fréquemment employée, quoiqu'elle soit absolument empirique, et par suite très mauvaise. Voici comment se fait cette graduation.

Lorsque l'*aréomètre de Baumé* est destiné à l'étude des liquides plus denses que l'eau (acides, dissolutions salines, jus sucrés), on le leste de manière qu'il s'enfonce, quand on le plonge dans l'eau, jusqu'au sommet du tube. A ce point d'affleurement on marque 0. Puis on le plonge dans une dissolution formée par 15 grammes de sel marin et 85 grammes d'eau : au point d'affleurement, qui est au-dessous du zéro, on marque 15. On divise alors l'espace compris entre zéro et 15 en 15 parties égales, et on prolonge les divisions jusqu'en bas de la tige. — Cet aréomètre, plongé dans un acide, s'enfonce-t-il jusqu'à la division 42, on dit *que cet acide marque 42 degrés au pèse-acides de Baumé.*

Quand *l'aréomètre de Baumé* est destiné à l'étude des liquides moins denses que l'eau (alcools, éthers), on le leste de manière qu'il s'enfonce, quand on le plonge dans une dissolution de 10 grammes de sel marin dans 90 grammes d'eau, jusqu'en bas de la tige ; au point d'affleurement, on marque 0. Puis on le plonge dans l'eau pure, et, au nouveau point d'affleurement, qui est au-dessus du premier, on marque 10. On divise alors l'espace compris entre zéro et 10 en 10 parties égales, et on prolonge les divisions jusqu'en haut de la tige. — Cet aréomètre, plongé dans un liquide spiritueux, s'enfonce-t-il jusqu'à la division 25, on dit *que ce liquide marque 25 degrés au pèse-esprits de Baumé.*

Vous le voyez : les aréomètres de Baumé (*pèse-acides* ou *pèse-esprits*) ne donnent pas la densité ; mais ils suffisent pour fournir immédiatement une indication précise sur le degré de concen-

1. *Baumé* (1728-1804), pharmacien et chimiste français.

tration des liquides. On sait, par exemple, que le bon acide sulfurique du commerce doit marquer 66 degrés au *pèse-acides*; quand on achète de l'acide sulfurique, on n'a qu'à y plonger le pèse-acides pour voir immédiatement si le degré de concentration est suffisant. Un acide sulfurique qui ne marquerait que 61 degrés ne serait pas assez concentré : il contiendrait un excès d'eau.

De même, l'alcool du commerce doit marquer 36 degrés au *pèse-esprits*. Celui qui ne marque que 30 degrés n'est pas assez concentré : il contient trop d'eau.

Il n'est pas un instrument qui soit d'un usage plus général que l'aréomètre de Baumé.

L'aréomètre de Gay-Lussac [1], ou *alcoomètre centésimal de Gay-Lussac*, donne des indications encore plus précieuses pour les mélanges d'eau et d'alcool. Cet appareil a la même forme que le précédent; mais, au lieu de lui appliquer une graduation purement conventionnelle, l'inventeur l'a gradué rationnellement. Il l'a plongé successivement dans de l'eau pure, dans un mélange renfermant 10 pour 100 d'alcool et 90 pour 100 d'eau; dans des mélanges renfermant 20, 30, 40,..... pour 100 d'alcool, et enfin dans de l'alcool pur. Aux points d'affleurement ainsi obtenus, il a marqué 0, 10, 20, 30, 40,..... 100 degrés, puis il a divisé en 10 parties égales l'espace compris entre chaque point d'affleurement et le suivant. Quand cet alcoomètre, plongé dans un esprit-de-vin, s'enfonce jusqu'à la division 78, cela indique que l'esprit renferme 78 pour 100 d'alcool pur et 22 pour 100 d'eau.

Les indications de l'alcoomètre centésimal ne s'appliquent qu'aux mélanges d'alcool pur et d'eau pure, et pas du tout aux liquides qui renferment, comme le vin et les liqueurs sucrées, différentes autres sub-

1. *Gay-Lussac* (1778-1850), chimiste et physicien français, a fait de nombreuses recherches sur divers points de physique et de chimie.

stances. Vous verrez plus tard comment on peut employer l'appareil, même dans ces cas plus complexes.

Ajoutons, enfin, que les indications de l'alcoomètre ne sont exactes que lorsqu'on opère sur des liquides dont la température est de 15 degrés.

Une table de correction, jointe à l'appareil, permet de corriger les résultats obtenus chaque fois que la température est différente de celle-là.

Remarque. — On a donné aux aréomètres de Baumé et de Gay-Lussac le nom *d'aréomètres à poids constant*, pour les distinguer d'autres aréomètres à *poids variable*, qui ne servent presque plus, et dont nous n'avons pas à nous occuper ici.

CHAPITRE IV.

PROPRIÉTÉS DES CORPS A L'ÉTAT GAZEUX.

Propriétés générales des gaz. — Pression atmosphérique. Baromètre. — Loi de Mariotte.

I. — PROPRIÉTÉS GÉNÉRALES DES GAZ.

53. Les gaz sont des corps matériels. — Les solides et les liquides, visibles à l'œil, faciles à toucher, sont bien connus de tout le monde. Il n'en est pas de même des gaz. Lorsque l'air qui nous entoure est en repos, rien ne nous indique sa présence, car il n'a ni couleur, ni odeur, ni saveur. Mais s'il ne parle pas directement à nos sens, il se révèle à nous par d'autres phénomènes. Quand nous courons, il fouette notre visage; quand nous respirons, nous le sentons pénétrer dans notre poitrine pour en sortir l'instant d'après. De même que l'eau d'un fleuve, il peut, pendant la tempête, déraciner les arbres et renverser les édifices.

Lorsque nous avons versé le vin qui remplissait une bouteille, nous disons qu'elle est vide. Elle ne l'est pas, en réalité : elle est pleine d'air, qui est entré à mesure que le vin sortait. Pour nous en convaincre, enfonçons notre bouteille dans l'eau, l'ouverture tournée vers le bas. L'eau ne remplira qu'une partie de la bouteille, l'air qui y est contenu s'opposant à l'ascension complète du liquide. Si alors nous retournons doucement la bouteille, tout en la laissant plongée dans l'eau, nous verrons l'air sortir peu à peu en grosses bulles (*fig.* 53), pendant que le liquide prendra sa place et remplira le vase.

Fig. 53.

L'air est donc un corps très réel, capable de produire de puissants effets. Nous verrons, en chimie, qu'il existe beaucoup d'autres gaz, aussi différents les uns des autres que peuvent l'être les divers liquides. Nous ne nous occuperons ici que des propriétés les plus essentielles des gaz, c'est-à-dire de celles qui sont communes à tous les gaz ; nous prendrons toujours l'air pour exemple ; mais qu'il soit bien entendu que tous les autres gaz se conduiraient de la même manière.

54. Les gaz sont pesants. — La pesanteur agit tout aussi bien sur les gaz que sur les solides et les liquides. Pour le démontrer, nous n'avons qu'à peser un gaz avec la balance. Prenons pour cela un ballon de verre hermétiquement fermé par une garniture métallique et un robinet (*fig.* 54). Au moyen de la machine pneumatique, faisons le vide dans le ballon, c'est-à-dire enlevons l'air qu'il renferme.

Fig. 54.

Suspendons maintenant l'appareil à l'un des bras de levier d'une balance, et établissons l'équilibre. Il nous suffira d'ouvrir alors le robinet pour entendre l'air rentrer dans le ballon avec un sifflement; à mesure qu'entrera l'air, nous verrons le fléau s'abaisser du côté du ballon, accusant ainsi une augmentation de poids. Pour rétablir l'équilibre, il faudra ajouter des poids dans le plateau. En opérant de la sorte, nous constaterons que l'air pèse $1^g,293$ par litre.

Problème. — Une salle a 10 mètres de longueur, 8 de largeur, 4 de hauteur. Quel poids d'air contient-elle ?

La capacité de la salle est $10 \times 8 \times 4 = 320$ mètres cubes, ou 320 000 litres.

Le poids de l'air sera donc $320\,000 \times 1,293 = 413\,760$ grammes ou 413 kilogrammes.

Cet exemple nous montre que le poids de l'air est assez considérable. Parmi les autres gaz, quelques-uns sont plus légers que l'air ; d'autres, en plus grand nombre, sont plus lourds.

Si nous divisons le poids d'un litre d'eau, qui est de 1 000 grammes, par le poids d'un litre d'air, $1^g,293$, nous aurons pour quotient 773. A volume égal, l'air pèse 773 fois moins que l'eau.

55. Les gaz sont compressibles. — Un corps est compressible lorsque, sous l'action d'une pression exercée sur lui, il diminue de volume. Les solides et les liquides sont très peu compressibles. Ainsi, l'eau renfermée dans la presse hydraulique conserve presque intégralement son volume primitif, malgré les énormes pressions auxquelles on la soumet. Combien sont différents les gaz !

Fig. 55.

Prenons un tube de verre fermé à l'une de ses extrémités ; ce tube est plein d'air. Bouchons par un piston l'extrémité ouverte et pressons sur la tige (*fig.* 55) : nous réduirons ainsi aisément l'air à la moitié, au quart, au dixième de son volume primitif. Pour bien démontrer que l'air ne s'est pas échappé par quelque fuite, nous n'aurons qu'à cesser de pousser la tige : nous verrons le piston revenir peu à peu à l'ouverture du tube, l'air reprenant son volume primitif aussitôt que cesse la pression.

56. Les gaz sont élastiques. — L'air, comprimé dans l'expérience précédente, tend à reprendre son volume primitif. Le piston presse sur l'air, mais, inversement, l'air presse sur le piston : aussitôt que celui-ci cesse d'être maintenu par la force de la main, l'air le repousse et le fait revenir en arrière. Cette propriété qu'ont les gaz d'exercer sur le piston qui les comprime une réaction en sens inverse porte le nom d'*élasticité*.

Ce n'est pas seulement le piston qui est ainsi pressé par l'air ; toutes les portions de la paroi du vase le sont aussi, et avec la même force. Ce qui revient à dire que le principe de Pascal s'applique aux gaz comme aux liquides, et que toute pression exercée sur un gaz se transmet dans tous les sens, et avec la même intensité, par l'intermédiaire du gaz.

Les enfants jouent souvent avec un instrument qu'ils nomment *pistolet à vent*. Un tuyau de laiton, ou même de sureau, est ouvert à ses deux extrémités. On ferme l'une avec un bouchon ; par l'autre on introduit un piston, que l'on pousse vivement. La pression exercée par le piston se transmet à travers l'air jusqu'au bouchon, qui est bientôt chassé au loin. Voilà une démonstration bien simple du principe de Pascal appliqué aux gaz.

Celle-ci est encore plus curieuse. Une vessie vid

d'air est pressée sur le sol par plusieurs briques empilées. A l'ouverture fixons un soufflet et introduisons de l'air dans l'appareil. Les briques seront peu à peu soulevées, et leur poids ne pourra empêcher la vessie de se gonfler. Nous avons là une vraie presse hydraulique : l'air a remplacé l'eau ; la buse du soufflet, c'est le petit tube ; la surface de la vessie fait la fonction du gros. La pression due à l'air qui entre se transmet à chaque partie de la vessie, et se trouve ainsi multipliée par le rapport qui existe entre la surface de la vessie et l'ouverture de la buse du soufflet. Si la vessie était assez grande et assez solide, elle serait capable de soulever un enfant, un homme même, assis sur les briques.

57. Pression dans les gaz. — Reprenons le ballon qui nous a servi à peser l'air. Il est vide. Ouvrons le robinet pendant un instant très court, de manière à ne laisser entrer qu'une toute petite quantité d'air. Si petite que soit cette quantité, le ballon en sera complètement rempli : l'air n'ira pas au fond, comme le ferait un liquide ; il se répandra partout, et même il pressera encore les parois du ballon, comme pour tenter de les repousser davantage.

Ceci montre que l'élasticité des gaz est illimitée ; qu'ils tendent toujours à occuper un plus grand espace ; qu'ils pressent toujours sur les parois des vases qui les renferment. Et il ne s'agit pas ici de la pression due au poids du gaz, mais d'une pression différente de celle-là, et due à l'élasticité.

On appelle donc *pression d'un gaz la force avec laquelle il repousse les parois du vase qui le renferme.*

On peut évaluer cette pression en poids. On dit alors que la pression d'un gaz est de 1, 2, 3 kilogrammes, quand il exerce sur 1 centimètre carré de paroi un effort de 1, 2, 3 kilogrammes.

Il semble, cependant, que cette élasticité des gaz soit quelquefois en défaut. Une vessie est à moitié

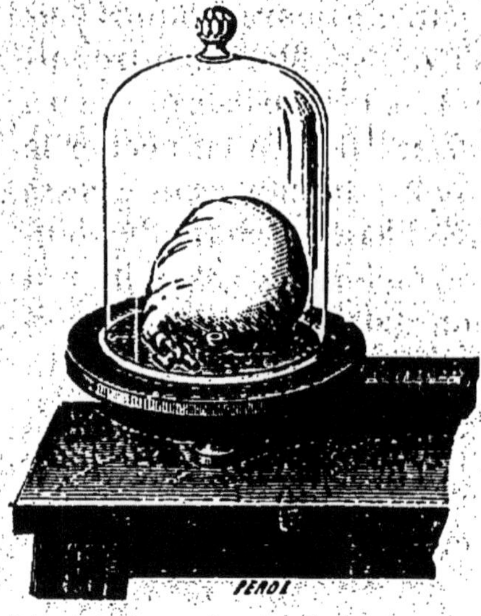

Fig. 56.

pleine d'air : comment se fait-il qu'elle ne se gonfle pas complètement ? C'est que l'air extérieur, par son élasticité, presse sur la vessie pour l'aplatir : il y a équilibre entre la pression du dedans et la pression du dehors. Mais si nous mettons la vessie bien fermée dans la machine pneumatique (*fig.* 56), et que nous enlevions l'air qui se trouve autour d'elle, nous la verrons grossir et se gonfler complètement par suite de l'élasticité de l'air intérieur.

58. Le principe d'Archimède s'applique aux gaz. — Le principe d'Archimède, énoncé pour les liquides, s'applique aussi aux gaz.

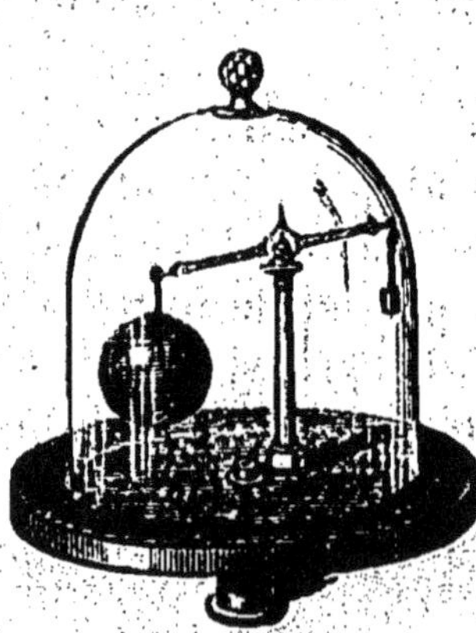

Fig. 57.

Un corps plongé dans l'air éprouve une poussée de bas en haut égale au poids de l'air déplacé. Un bloc de pierre de 1 décimètre cube de capacité pèserait dans le vide $1^{gr},3$ de plus que dans l'air.

Le *baroscope* (*fig.* 57) met ce fait en évidence. Il se compose d'une sorte de balance, dont le fléau porte, à l'une de ses extrémités, un poids massif de cuivre, et à l'autre une grosse boule creuse de même métal. Ces deux corps se font équilibre dans l'air ; mais si l'on place l'appareil sous le récipient d'une machine pneumatique, et qu'on fasse le vide, on voit la grosse boule s'abaisser peu à peu. Elle remonte, et l'équilibre s'établit de nouveau, quand on laisse rentrer l'air. La grosse boule pèse donc en réalité plus que la petite; mais la poussée qu'elle éprouve de la part de l'air permet à cette dernière de lui faire équilibre.

Tout corps plus lourd que l'air tombera dans l'air : c'est ce qui arrive pour tous les solides et pour tous les liquides. Si les oiseaux parviennent à se maintenir sans tomber au sein de l'air, c'est grâce à un mouvement continuel de leurs ailes, qui, battant l'air avec force, s'opposent à la chute. Ce n'est plus le principe d'Archimède qui intervient ici, mais le principe de la résistance de l'air. Il nous faudrait plusieurs pages pour expliquer d'une manière complète ce qui se passe dans ce cas.

Au contraire, tout corps plus léger que l'air s'élèvera, comme le fait dans l'eau un bouchon que l'on avait placé au fond. La fumée s'élève parce qu'elle est moins lourde que l'air. Un gaz léger, comme le gaz d'éclairage, s'élève aussi, mais pas longtemps : car il ne tarde pas à se mélanger intimement avec l'air, comme le font l'eau et le vin dans une expérience que nous avons citée. Mais si nous renfermons le gaz dans une enveloppe très légère, il ne se mélangera plus avec l'air, et il pourra alors s'élever dans l'atmosphère, entraînant avec lui le ballon qui le contient. Il suffira pour cela que le poids du gaz, augmenté du poids du ballon qu'il entraîne avec lui, soit inférieur au poids de l'air déplacé.

Application numérique. — Un corps dont le volume est de 3 mètres cubes pèse 345 kilogrammes dans l'air; combien pèserait-il dans le vide?

La poussée de l'air est égale au poids de 3 mètres cubes d'air, c'est-à-dire égale à $3 \times 1^{k},293 = 3^{k},879$. Le poids du corps dans le vide sera donc :

$$345 + 3,879 = 348^{k},879.$$

II. — PRESSION ATMOSPHÉRIQUE.

59. Atmosphère terrestre. — Nous allons maintenant nous occuper d'une manière plus particulière de l'air qui nous entoure. Ce gaz forme tout autour de la terre une enveloppe nommée *atmosphère*.

L'air n'est pas contenu dans un vase : il devrait, par conséquent, d'après ce que nous avons dit plus haut, s'étendre indéfiniment dans l'espace, aller jusqu'aux étoiles, et même plus loin, de telle sorte qu'il n'y en ait plus en chaque point qu'une quantité infiniment petite.

Cela ne se produit pas, parce que l'air est pesant : il est collé par son poids à la surface de la terre, et il ne peut pas plus s'en éloigner que les roches qui constituent la croûte solide du globe, ou l'eau qui remplit les profondeurs de l'Océan. Voilà pourquoi l'air est entièrement rassemblé autour de nous et n'occupe qu'une épaisseur relativement assez faible, probablement inférieure à une centaine de kilomètres.

60. Pression atmosphérique. — Cherchons à nous rendre compte de ce qu'on observerait si l'on s'élevait dans cette couche d'air depuis le sol jusqu'à sa limite supérieure.

Nous avons vu que, dans un liquide en équilibre, les couches supérieures pressent sur les couches inférieures de tout leur poids, de telle sorte que celles-ci sont d'autant plus comprimées qu'elles sont situées à une plus grande distance de la surface libre. Le fond du vase, notamment, supporte, par suite du poids du liquide, une pression que nous avons appris à calculer. Il en sera de même pour l'air, qui est pesant : le poids des couches supérieures portera sur les couches inférieures, et il en résultera pour celles-ci une compression d'autant plus grande qu'elles seront plus près du fond, qui est ici la surface de la terre. Tous les objets placés à la surface de la terre supporteront donc, de la part de l'air, une pression notable. A mesure que nous nous élèverons dans l'air, cette pression ira en diminuant, parce que le nombre et par conséquent aussi le poids des couches que nous aurons au-dessus de nous iront en diminuant. Cette pression que l'air exerce, par suite de son poids, sur les corps qui y sont plongés, est ce qu'on nomme la *pression atmosphérique*. Nous voyons que la pression atmosphérique diminue à mesure qu'on s'élève ; qu'elle est moindre, notamment, au sommet des montagnes qu'à leur base.

Mais ce n'est pas tout. Les liquides étant à peu près incompressibles, si nous prenons au fond de la mer un litre d'eau, puis que nous le pesions, nous trouverons qu'il a le même poids qu'un litre d'eau pris à la surface. Quant à l'air, il est très compressible : donc l'air pris au fond de l'atmosphère, près du sol, fortement comprimé par le poids des couches supérieures, aura une plus grande densité que l'air, moins comprimé, des hautes régions. Le poids du litre va en diminuant à mesure qu'on s'élève.

La raréfaction de l'air dans les hautes régions a été constatée par tous les aéronautes et par tous ceux qui ont fait des ascensions de montagne. Nous avons vu comment on peut peser l'air : en répétant l'opération successivement à la base du mont Blanc et à son sommet, on peut constater que le poids du litre d'air a presque diminué de moitié quand on s'est élevé de 4 000 mètres.

Un dernier point reste à traiter. Quand nous sommes dans une chambre, l'air ne nous semble ni plus comprimé ni plus dilaté qu'il ne l'est au dehors. Et pourtant, dans la chambre, nous n'avons pas au-dessus de nous les couches qui pèsent sur l'air extérieur. Pourquoi, dès lors, l'air de la chambre ne se dilate-t-il pas, en vertu de sa force expansive, pour sortir par la fenêtre ? Le principe de Pascal, auquel nous avons eu déjà si souvent recours, va encore nous expliquer cela. La pression de l'air extérieur se transmet intégralement dans tous les sens et s'oppose à la sortie de l'air de la chambre. Si même il y avait dans la chambre une pression moindre qu'à l'extérieur, il y entrerait immédiatement une nouvelle quantité d'air, jusqu'à ce que l'égalité de pression se soit établie. L'air de la chambre doit donc presser sur les murs et sur tous les objets qui s'y trouvent, exactement autant que l'air extérieur presse sur le sol.

Nous pouvons même fermer complètement la fenêtre, de manière qu'il n'y ait plus avec l'extérieur aucune communication, si petite qu'elle soit, sans que pour cela la pression intérieure soit changée. Seulement, à partir de ce moment, c'est la force expansive de l'air qui détermine la pression. Ceci nous montre que ce que nous nommons la pression atmosphérique ne diffère pas, en somme, de la pression des gaz sur les parois des vases qui les renferment, pression dont nous avons parlé au commencement de ce chapitre.

En résumé : 1° l'air exerce à la surface des corps une pression assez forte, qui va en diminuant à mesure qu'on s'élève ;

2° Cette pression s'exerce aussi, et avec la même intensité, dans les appartements, dans les vases ouverts, et même dans les vases clos qui ont été mis préalablement en libre communication avec l'atmosphère ;

3° Le poids d'un litre d'air diminue à mesure qu'on s'élève.

61. Effets de la pression atmosphérique. — C'est par le raisonnement que nous sommes arrivés aux conclusions précédentes. Elles seraient complètes, si le raisonnement avait pu nous permettre de calculer numériquement la valeur de la pression que l'atmosphère exerce sur le sol.

Nous avons vu combien ce calcul est simple quand il s'agit des liquides : on multiplie la superficie du fond du vase par la hauteur du liquide, puis par le poids d'un litre du liquide. Pour l'air, nous ne connaissons pas la hauteur, puisqu'on n'a jamais pu parvenir aux limites extrêmes de l'atmosphère ; et on ne pourrait pas non plus multiplier par le poids du litre, qui n'a pas de valeur fixe, et qui diminue quand on s'élève.

C'est au moyen d'un instrument particulier nommé le *baromètre*, dont nous parlerons bientôt, qu'on a eu connaissance de la valeur exacte de la pression atmosphérique.

Elle agit avec une force égale à 1 kilogramme et 33 grammes sur chaque centimètre carré pris à la surface du sol. Les effets d'une semblable pression sont curieux à passer en revue ; nous allons le faire.

Calculons d'abord, comme application numérique, la valeur de la pression exercée par l'atmosphère sur une table de 1 mètre carré de superficie. Un mètre carré, c'est 10 000 centimètres carrés : la pression sera donc $10\,000 \times 1{,}033 = 10\,330$ kilogrammes ; c'est un poids supérieur à celui de 10 mètres cubes d'eau.

Et elle n'est pas brisée, cette table? Non. N'oublions pas, en effet, que les pressions dans les liquides et dans les gaz se transmettent dans tous les sens avec la même intensité. A l'énorme pression qui s'exerce sur la table, et qui semble devoir l'écraser, correspond une pression égale, qui s'exerce pardessous, et qui fait exactement équilibre à la première. Par le fait, la table n'est pas plus chargée que si elle était dans le vide.

Nous aussi, nous sommes pressés de toutes parts par l'atmosphère, et toutes ces pressions se chiffrent par bien des milliers de kilogrammes. Mais elles se font équilibre les unes aux autres, non seulement à l'extérieur, mais encore au dedans de nous, car l'air pénètre avec le sang dans tous nos organes. Grâce à une si heureuse compensation, nous ne sentons rien de tant et de si fortes pressions.

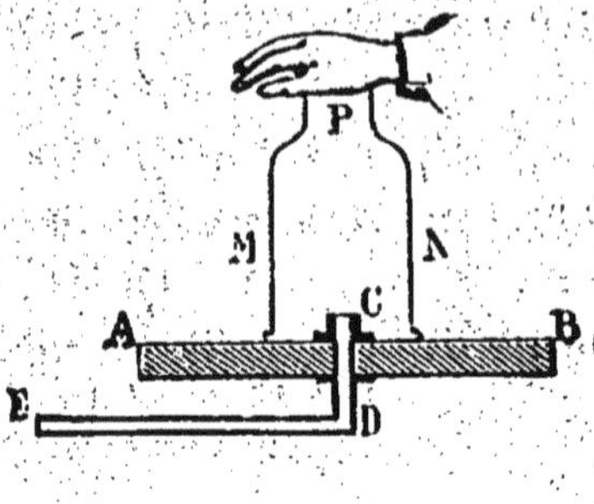

Fig. 58.

Mais enlevons l'air qui se trouve au dessous de notre main : nous sentirons alors le poids de celui qui reste au-dessus. Voici comment on y arrive. AB est un plateau de verre parfaitement poli (*fig.* 58) ; il communique par son centre, au moyen d'un canal métallique CDE, avec une pompe destinée à enlever l'air, instrument que nous avons déjà plusieurs fois appelé la *machine pneumatique*. Le plateau AB se nomme la *platine* de la machine pneumatique. Appliquons sur ce plateau un cylindre de verre MN, ouvert à ses deux extrémités : l'extrémité inférieure se trouve bouchée par son application sur la platine ; nous boucherons l'autre en y appliquant fortement la main étendue.

Quand la machine pneumatique aura enlevé une partie de l'air du cylindre, il nous sera impossible d'enlever la main de dessus, tant elle sera appliquée fortement contre les bords. Nous ne serons délivrés que lorsqu'on aura ouvert le robinet qui permet la rentrée de l'air dans le cylindre.

A la place de la main, mettons une pomme sur le cylindre et faisons le vide de nouveau. La pomme, pressée de haut en bas, descend lentement, coupée par les rebords du cylindre. Dans ce cas, l'appareil prend le nom de *coupe-pomme*.

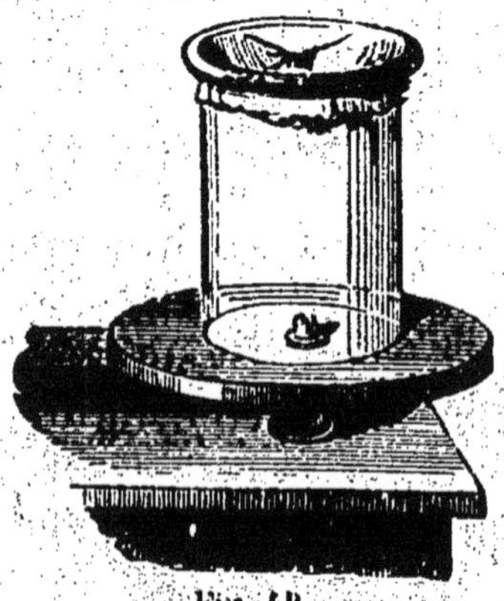
Fig. 59.

Nous pouvons aussi tendre un morceau de vessie sur l'ouverture, de manière à transformer le cylindre en un véritable tambour.

A mesure que le vide se

fait, la vessie se bombe vers l'intérieur, puis elle crève enfin sous la charge. Une détonation se fait entendre à ce moment : c'est l'air qui l'a produite, en rentrant vivement par l'ouverture devenue béante. C'est là l'expérience du *crève-vessie* (*fig.* 59).

Otto de Guericke [1], bourgmestre de Magdebourg, l'inventeur de la machine pneumatique, faisait, dès l'année 1650, l'expérience suivante. Deux hémisphères creux de cuivre (*fig.* 60), de 15 à 20 centimètres de diamètre, peuvent s'appliquer exactement par leurs bords et tenir le vide. Par le robinet que porte l'un d'eux on enlève l'air aussi exactement que possible. Alors, à moins d'y mettre une grande force, il devient impossible de séparer l'une de l'autre les deux parties de l'appareil. Mais si l'on ouvre le robinet pour faire rentrer l'air, la pression intérieure fera équilibre à la pression extérieure, et la séparation s'opérera avec la plus grande facilité. Cet appareil est connu sous le nom d'*hémisphères de Magdebourg*.

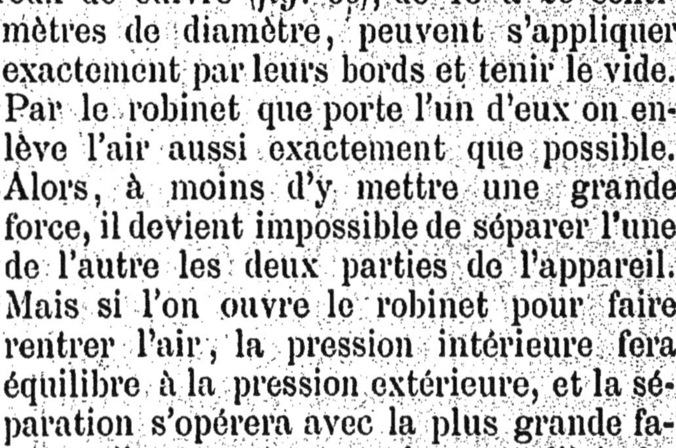

Fig. 60.

Il n'est même pas besoin d'appareils spéciaux pour montrer les effets de la pression atmosphérique.

Voici un verre absolument plein d'eau (*fig.* 61); j'applique une feuille de papier à la surface du liquide, et contre les bords du vase. Retournons le verre en maintenant d'abord le papier avec la main, que nous enlèverons ensuite. L'ouverture est en bas, et l'eau, retenue seulement par une mince feuille de papier, ne tombe pas. La pression atmosphérique, qui

Fig. 61.

1. *Otto de Guericke* (1602-1686), physicien prussien, inventeur de la machine pneumatique.

s'exerce ici de bas en haut, la soutient. La feuille de papier a tout simplement pour but d'empêcher l'eau de se diviser en gouttelettes, qui n'offriraient pas de prise à la pression et tomberaient à travers l'air. Il est clair que l'expérience ne réussirait pas si le fond du verre était percé : car alors la pression s'exercerait aussi de haut en bas, avec la même intensité que de bas en haut; ces deux pressions se feraient équilibre, et l'eau ne serait plus soutenue.

On peut le faire voir avec la *pipette* ou *tâte-vin*. C'est un vase de verre ou de fer blanc (*fig.* 62), de forme allongée, présentant à chacune de ses deux extrémités une toute petite ouverture. On enfonce le vase dans l'eau ; et l'eau entre par le bas, tandis que l'air sort par le haut.

Fig. 62.

Bientôt la pipette est pleine. On ferme avec le doigt l'ouverture supérieure, et on retire l'instrument de l'eau. Malgré l'ouverture inférieure, il reste plein, comme le verre de l'expérience précédente. Mais si l'on ouvre le trou du haut, en enlevant le doigt, l'écoulement commence. On le fait cesser et recommencer aussi souvent qu'on le veut, en bouchant et débouchant alternativement l'ouverture supérieure. On se sert du tâte-vin pour sortir le vin d'un tonneau par la bonde, lorsqu'on veut le goûter.

Nous comprenons maintenant, sans qu'il soit nécessaire d'y insister, pourquoi le vin ne s'écoule régulièrement par la canelle d'une barrique que lorsqu'on a eu le soin d'ouvrir la bonde, pour laisser entrer l'air à mesure que sort le liquide.

III. — BAROMÈTRE.

62. Ascension des liquides dans les tubes par l'effet de la pression atmosphérique. — Un vase A (*fig.* 63) est plein d'eau; un tube de verre B, de grande longueur, ouvert à ses deux extrémités, est plongé de quelques centimètres dans le liquide. En vertu du principe des vases communiquants, l'eau devra se trouver au même niveau dans le vase et dans le tube; on constate qu'il en est bien ainsi.

Mettons alors l'extrémité C du tube en communication avec la machine pneumatique. A mesure que nous ferons le vide, l'eau montera dans le tube B, et son niveau s'élèvera de plus en plus au-dessus du niveau du vase A. Voici pourquoi. La pression atmosphérique agit toujours de la même manière sur la surface MN, tandis que la pression dans le tube diminue; l'eau va donc être refoulée, et d'autant plus qu'on aura enlevé plus d'air.

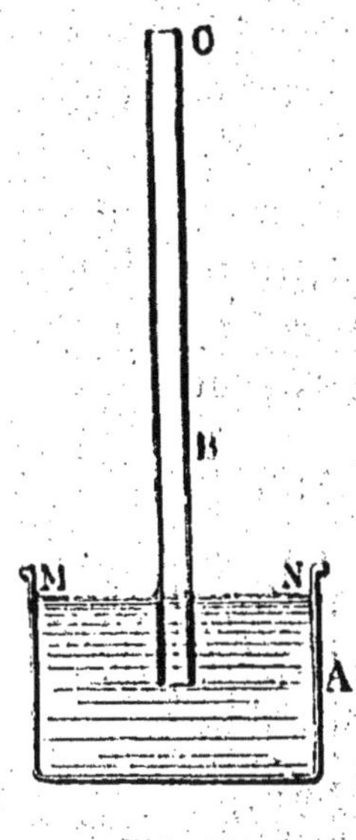

Fig. 63.

Comme la machine pneumatique ne se trouve pas partout, indiquons un moyen de répéter l'expérience sans son secours. Appliquons la bouche en C et aspirons doucement. Ceci revient à enlever une partie de l'air du tube pour le faire entrer dans les poumons. L'aspiration du liquide se produira. Nous venons ainsi d'expliquer un nouveau phénomène, que tout le monde connaît, mais que peu comprennent. Nous savons pourquoi nous pouvons boire par aspiration au moyen d'une paille : c'est grâce à la pression atmosphérique.

Il est presque aussi facile d'opérer de la manière

suivante : à l'extrémité d'une mince baguette enroulons un peu d'étoupe ; introduisons par l'ouverture C ce piston improvisé et faisons-le glisser dans le tube. A mesure qu'il descend, il refoule l'air, qui s'échappe en bulles par le bas, à travers le liquide. Le piston est maintenant en bas, soulevons-le lentement. Il n'y a plus d'air au-dessous de lui, plus de pression : la pression atmosphérique qui s'exerce à l'extérieur va donc refouler l'eau, qui montera derrière le piston jusqu'au sommet du tube.

Mais cet appareil que nous venons de construire c'est tout simplement une *seringue*, ou une *pompe*, car une pompe n'est autre chose qu'une immense seringue. L'ascension de l'eau dans le tuyau des pompes est un effet de la pression atmosphérique. On connaissait les pompes et on les employait, bien entendu, longtemps avant de connaître le secret de leur fonctionnement.

Il ne nous reste plus qu'un pas à faire pour être en état de comprendre ce qu'est un *baromètre*. Pour le faire, reprenons l'appareil de la figure 63, et supposons que le tube B ait une longueur très considérable, 20 mètres par exemple.

Nous enlevons l'air ; l'eau monte. Mais, et c'est là ce qui va nous occuper, elle ne monte pas indéfiniment : elle s'élève de moins en moins vite et s'arrête à une hauteur déterminée, au moment où la machine a complètement enlevé l'air. Si à ce moment nous mesurons la différence de niveau de l'eau dans le vase et dans le tube, nous la trouvons égale à $10^{m},33$. Expliquons cela.

C'est, avons-nous dit, la pression atmosphérique qui fait monter l'eau dans le tube. Mais la pression atmosphérique n'a pas une puissance illimitée : elle ne peut donc pas soulever l'eau à une hauteur indéfinie. L'ascension s'arrêtera forcément lorsque le poids de l'eau soulevée fera équilibre à la pression atmosphérique. De ce fait que la pression atmosphérique soulève l'eau à une hauteur de $10^m,33$, nous devons donc conclure qu'elle exerce, sur une surface égale à la section du tube, une pression égale au poids d'une colonne d'eau ayant cette section pour base, et pour hauteur $10^m,33$. Si la section du tube est 1 centimètre carré, le volume de cette colonne est $1 \times 1\,033$ ou 1 033 centimètres cubes, qui pèsent 1 033 grammes ou $1^k,033$. Voici, mesurée par un moyen bien simple, la valeur de $1^k,033$ de la pression atmosphérique par centimètre carré. Nous nous sommes déjà servis de ce nombre, mais nous ne savions pas encore comment on l'avait obtenu.

Dans une pompe, pas plus que dans notre appareil, l'eau ne pourra s'élever à plus de $10^m,33$ de hauteur. Les tuyaux d'aspiration des pompes ne doivent jamais avoir une hauteur supérieure à celle-là.

Nous pourrions répéter l'expérience en remplaçant l'eau par un autre liquide. S'élèverait-il, dans les mêmes conditions, à la même hauteur? Évidemment non. Un liquide 2, 3, 4 fois plus dense que l'eau, s'élèverait à une hauteur 2, 3, 4 fois moins grande. Le mercure, qui est 13 fois $\frac{1}{2}$ plus lourd que l'eau, s'élèverait à une hauteur 13 fois $\frac{1}{2}$ moins grande, c'est-à-dire à $0^m,76$ seulement. Avec ce liquide-là, l'expérience serait bien plus aisée à faire qu'avec l'eau, car on n'aurait pas besoin d'un tube aussi long. Mais nous allons indiquer une manière bien plus simple encore de l'effectuer.

63. Expériences de Torricelli[1] et de Pascal. — C'est en 1643 qu'a été faite par Torricelli, disciple de Galilée, l'expérience qui devait permettre de mesurer la valeur de la pression atmosphérique. On n'avait encore fait à cette époque aucune des expériences que nous venons de décrire; on ne connaissait pas la machine pneumatique; à peine savait-on que l'air est un

1. *Torricelli* (1608-1647), physicien italien.

corps pesant. L'expérience de Torricelli allait ouvrir une route nouvelle aux découvertes des physiciens.

Il prit un tube de verre de 1 mètre de longueur (*fig.* 64), fermé à une extrémité, ouvert à l'autre. Après l'avoir entièrement rempli de mercure, il ferma avec le doigt l'extrémité ouverte, et l'introduisit dans un bain de mercure. Ayant alors enlevé le doigt, il put constater que le mercure descendait dans le tube, pour s'arrêter en un point C, distant de $0^m,76$ du mercure de la cuvette.

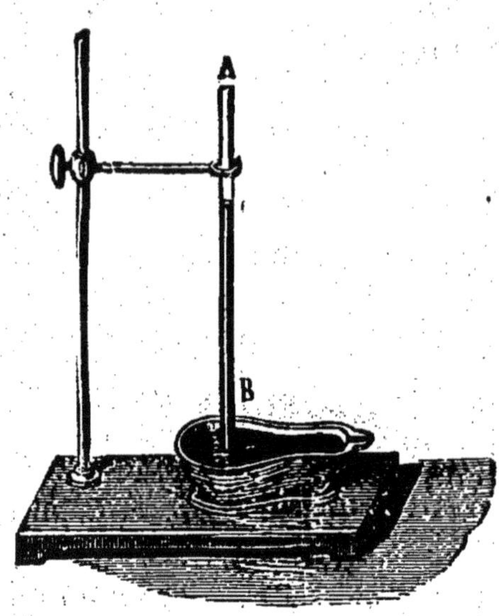

Fig. 64.

Torricelli, après avoir exécuté cette expérience, comprit que c'était la pression de l'air sur le mercure de la cuvette qui soutenait le liquide dans le tube. Il déclara que la pression atmosphérique était justement capable de faire équilibre à la hauteur de mercure soulevée.

C'est parce qu'il n'y a rien au-dessus du mercure, pas de pression qui contre-balance la pression atmosphérique, que le liquide est soulevé. Si l'on perçait en haut du tube, en A, une petite ouverture, l'air, entrant par là, exercerait une pression capable de contre-balancer la pression atmosphérique, et aussitôt le mercure du tube s'abaisserait au niveau de celui de la cuvette.

Pascal, pour contrôler l'explication de Torricelli, répéta l'expérience à Rouen, et sut la varier de manière à ne laisser aucun doute.

Si c'est le poids de l'air qui soutient le mercure, dit-il, la hauteur soutenue sera moindre au sommet d'une montagne qu'à sa base (§ 59). L'expérience, répétée par son ordre, montra qu'au sommet du Puy-de-Dôme la hauteur du mercure était de 0m,08 moindre qu'à sa base.

Si c'est l'air qui soutient le liquide, dit-il encore, un liquide plus léger que le mercure devra être soutenu à une plus grande hauteur. Il répète l'expérience avec l'eau, qui est 13 fois $\frac{1}{2}$ plus légère que le mercure, et il la voit soutenue à une hauteur 13 fois $\frac{1}{2}$ plus grande, à 10m,33.

Il n'y avait plus de doute possible : l'explication donnée par Torricelli était la vraie.

64. Applications numériques. — 1er *Problème.* — Le mercure, dont la densité est 13,59, s'élève, dans le tube de Torricelli, à 0m,76 de hauteur. A quelle hauteur s'élèverait l'huile, dont la densité est 0,91 ?

Solution. — Le mercure, puis l'huile, feront successivement équilibre à la même pression atmosphérique. Donc, les hauteurs soulevées devront être en raison inverse des densités :

$$x = 0,76 \times \frac{13,59}{0,91} = 11^{m},35.$$

L'huile s'élèverait à 11m,35 dans un tube de Torricelli.

2e *Problème.* — Sachant que le mercure, dont la densité est 13,59, s'élève, dans le tube de Torricelli, à 0m,76 de hauteur, on veut en déduire la pression que l'atmosphère exerce sur une surface de 1 centimètre carré.

Solution. — Nous avons déjà fait ce calcul (§ 61) avec le tube à eau. Nous allons le répéter ici. — Puisque la pression atmosphérique soutient une colonne de mercure de 76 centimètres de hauteur, c'est qu'elle fait équilibre au poids de cette colonne de mercure. La pression atmosphérique, sur 1 centimètre carré, sera donc mesurée par le poids d'une colonne de mercure ayant 1 centimètre carré pour base, et 76 centimètres de hauteur. Ce poids est :

$$1 \times 76 \times 13{,}59 = 1\,033 \text{ grammes ou } 1^{k}{,}033, \text{ résultat déjà trouvé.}$$

3e *Problème.* — Calculer le poids total de l'atmosphère terrestre.

Solution. — Le tube de Torricelli, transporté en un endroit quelconque du globe, marque une hauteur voisine de $0^{m},76$. Il n'y a exception que pour les montagnes ; mais leur étendue est assez petite, vis-à-vis de celle de la terre, pour que nous puissions négliger cette légère irrégularité.

Chaque centimètre carré pris à la surface de la terre supporte donc, de la part de l'atmosphère, une pression de $1^{k},033$. Par conséquent, en multipliant $1^{k},033$ par la surface de la terre exprimée en centimètres carrés, on aura la pression totale que l'atmosphère exerce sur le globe.

La surface de la terre est 509 990 553 kilomètres carrés, ce qui fait :

5 099 905 530 000 000 000 centimètres carrés.

La pression totale sera donc :

$$5\,099\,905\,530\,000\,000\,000 \times 1{,}033,$$

à peu près

5 268 000 000 000 000 000 kilogrammes.

Or l'atmosphère n'exerce de pression que par suite de son poids ; et, par conséquent, la somme totale des pressions représente le poids total de l'atmosphère. — Le poids précédent est donc celui de l'air qui nous entoure.

4e *Problème.* — Quel serait le volume d'un lingot d'or pesant autant que l'atmosphère terrestre ? On sait que la densité de l'or est 19,26.

Solution. — Il suffit, pour avoir le résultat, de diviser le poids de l'atmosphère par le poids d'un décimètre cube d'or, $19^k,26$. On trouve pour volume du lingot :

280 000 000 000 000 000 décimètres cubes,

ou :

280 000 kilomètres cubes.

Ceci représente un cube d'or, qui aurait 65 kilomètres de côté.

65. Variations dans la hauteur du mercure soulevé. — La hauteur du mercure soulevé dans le tube de Torricelli diminue à mesure qu'on s'élève.

Au niveau de la mer, elle a sa plus grande valeur, qui est d'environ $0^m,76$; elle sera plus faible à Rouen, plus faible encore à Clermont, plus faible encore au sommet du Puy-de-Dôme; plus faible aussi au cinquième étage d'une maison qu'à la cave. Il existe, entre la hauteur du mercure dans le tube et l'altitude du lieu d'observation, une relation, qui a été trouvée par Laplace[1]. Avec cette relation, on peut, quand on a mesuré la pression atmosphérique en haut et en bas d'une montagne, calculer la hauteur de la montagne. Ce procédé est très fréquemment employé.

La hauteur du mercure varie aussi dans chaque lieu. Aujourd'hui, elle n'est ni ce qu'elle était hier, ni ce qu'elle sera demain. Ces variations, qui ne dépassent pas 3 ou 4 centimètres, tiennent aux courants d'air qui se produisent constamment dans l'atmosphère sous le nom de *vents*, et aussi à l'humidité, dont la quantité est très variable. Nous verrons même, dans le cours de troisième année, que ces variations ont des rapports intimes avec les changements de temps.

1. *Laplace* (1749-1827), illustre mathématicien français.

66. Baromètre. — Ce qui précède nous montre l'intérêt que présente l'observation du tube de Torricelli. Elle nous renseigne sur l'altitude du lieu où on la fait, ainsi que sur tous les mouvements de l'atmosphère. Aussi le tube de Torricelli est-il devenu, sous le nom de *baromètre*, un appareil d'un usage quotidien. C'est pour cette raison que nous allons nous étendre assez longuement sur toutes les particularités que présente cet instrument.

Un tube de Torricelli, pour constituer un baromètre, doit satisfaire à deux conditions essentielles.

1° L'espace vide situé au sommet du tube, et qu'on nomme *chambre barométrique*, doit être absolument privé d'air. — Sans cela, la pression de l'air restant, quelque faible qu'elle soit, ferait équilibre à une partie de la pression atmosphérique, et diminuerait d'autant la hauteur du mercure soulevé.

2° Le tube doit être muni d'une graduation permettant de mesurer, facilement et avec une grande exactitude, la hauteur du mercure soulevé.

Nous allons successivement examiner comment on satisfait à ces deux conditions.

67. Construction du baromètre. — On prend un tube de verre long de 80 à 85 centimètres, fermé à l'une de ses extrémités, parfaitement propre et aussi sec que possible; on le remplit de mercure bien pur. On l'étend alors sur une grille inclinée, où on le chauffe peu à peu avec du charbon de bois, de façon à faire bouillir la colonne de mercure successivement dans toutes ses parties. Cette opération indispensable a pour but de chasser les dernières traces d'air et d'humidité qui auraient pu rester adhérentes entre le tube et le mercure. Elle est assez délicate à exécuter, et des mains inexpérimentées ne savent pas toujours éviter la rupture du tube.

Quand elle est terminée, on redresse le tube, l'ouverture en haut; puis on achève de le remplir avec quelques gouttes de mercure chaud, et on laisse refroidir. Il ne reste plus qu'à boucher avec le doigt l'extrémité ouverte et à renverser le tube sur une cuvette pleine de mercure.

Si l'on veut construire soi-même un baromètre, on n'a plus, cette première opération terminée, qu'à fixer le tube dans une position exactement verticale, le long d'une planchette soigneusement divisée en millimètres. En lisant sur la règle la différence qui existe entre les niveaux du mercure dans la cuvette et dans le tube, on a la pression atmosphérique.

68. Baromètres divers. — Les constructeurs donnent à la graduation du baromètre des dispositions très diverses, ayant toutes pour but de rendre la mesure de la pression aussi facile et aussi exacte que possible. Aussi existe-t-il un nombre considérable de baromètres, désignés par les noms de ceux qui ont imaginé les divers systèmes de graduation. Nous nous contenterons d'en décrire un très petit nombre, pris parmi ceux qui sont le plus employés pour les observations météorologiques.

Fig. 65.

69. Baromètre de Fortin[1]. — La cuvette du baromètre de Fortin se compose d'un cylindre de buis, fermé à sa partie inférieure par un fond mobile en peau de chamois. Ce fond peut être soulevé ou abaissé par une vis (*fig.* 65), qui prend son point d'appui à la partie inférieure d'un étui de laiton AB.

Le cylindre de buis est surmonté d'un cylindre de verre fermé par un couvercle. Le tube barométrique traverse ce couvercle par une ouverture pratiquée en son centre, et s'enfonce

1. *Fortin*, constructeur d'instruments de physique.

dans le mercure de la cuvette ; il est fixé au couvercle par une peau de chamois non représentée dans la figure. Enfin, un étui métallique, vissé au couvercle, entoure le tube dans toute sa longueur ; il est divisé en millimètres tout le long d'une rainure, qui laisse voir le niveau du mercure.

La graduation tracée sur l'étui supérieur a son point de départ, c'est-à-dire son zéro, à l'extrémité inférieure d'une pointe d'ivoire F qui descend du couvercle dans la cuvette. Il sera toujours possible, et c'est là le caractère distinctif du baromètre de Fortin, de faire monter le fond de la cuvette, ou de le faire descendre, jusqu'à ce que le niveau du mercure touche cette pointe, et soit, par conséquent, en face du zéro de la division. Le baromètre de Fortin est donc un instrument à zéro fixe.

Enfin, l'appareil se complète par une disposition qui rend les lectures plus précises. Un anneau entoure l'étui et peut glisser doucement le long des divisions. On abaisse cet anneau jusqu'à ce que, en regardant bien horizontalement son bord inférieur, on le voie tangent au sommet de la calotte sphérique qui termine le mercure dans le tube. La division en face de laquelle se trouve l'anneau donne la hauteur barométrique. Cet anneau est, du reste, muni d'un *vernier*[1],

1. *Vernier*. — Le vernier a pour but d'évaluer avec exactitude le dixième de millimètres : tous les instruments de précision dans lesquels on a des longueurs à mesurer sont munis d'un vernier.

Il se compose (*fig.* 66) d'une petite règle *ab*, qui glisse le long de

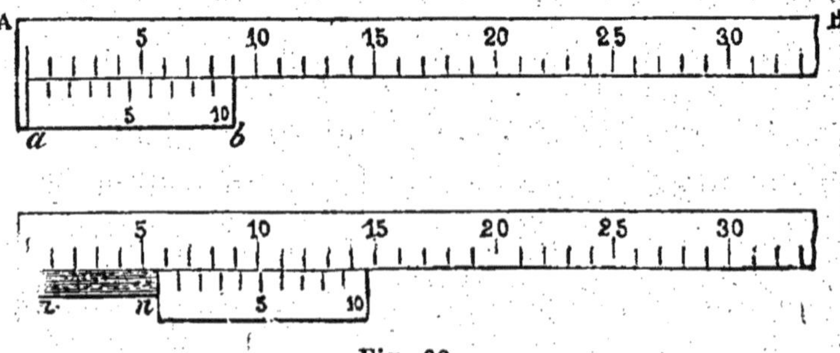

Fig. 66.

qui permet d'apprécier la hauteur avec une erreur moindre qu'un dixième de millimètre.

Pour faire une observation avec le baromètre de Fortin, on commence par le placer verticalement. La pression atmosphérique est mesurée, en effet, par la distance *verticale* du niveau inférieur et du niveau supérieur du mercure. Il n'est pas nécessaire, d'une manière générale, que le tube barométrique soit vertical; mais il faut toujours que la règle le long de laquelle on mesure la différence de niveau le soit exactement. Dans le baromètre de Fortin, le tube et la règle étant fixés l'un à l'autre, il faut qu'ils soient tous les deux verticaux. Le moyen le plus simple de satisfaire à cette condition est de suspendre l'instrument par une ficelle attachée à son extrémité supérieure, et de le laisser pendre comme un fil à plomb.

Le baromètre étant en place, on agit doucement sur la vis inférieure jusqu'à ce que le mercure de la cuvette touche la pointe d'ivoire : on juge que cette condition est exactement remplie, quand on voit

la division de l'instrument. Cette petite règle a exactement neuf millimétres de longueur, et elle est divisée en dix parties égales, ayant chacune $\frac{1}{10}$ de millimétre de longueur.

Supposons que la longueur à mesurer, par exemple la longueur de la colonne de mercure soulevée dans le baromètre, s'arrête en n, entre la division 5 et la division 6 de la graduation de l'instrument. Faisons glisser le vernier jusqu'á ce que son zéro soit en n et recherchons quelle division du vernier se trouve dans le prolongement d'une division de la règle: ici c'est la division 6 du vernier. La division 5 du vernier sera donc en avance de $\frac{1}{10}$ de millimètre sur la division la plus voisine de la règle, 4 sera en avance de $\frac{2}{10}$, 3 de $\frac{3}{10}$, 2 de $\frac{4}{10}$, 1 de $\frac{5}{10}$ et 0 de $\frac{6}{10}$: donc la distance de la division 5 de la règle au point n est $\frac{6}{10}$ de millimètre. La longueur mn à mesurer est de 5^{mm} et $\frac{6}{10}$. On opère toujours ainsi.

l'image de la pointe dans le mercure toucher la pointe elle-même. On fait alors glisser l'anneau supérieur jusqu'à son affleurement avec le niveau supérieur, et on lit à l'aide du vernier la division correspondante.

Le baromètre de Fortin est un excellent instrument, fort employé, et qui donne la pression atmosphérique à moins de $0^{mm},1$.

Il a de plus l'avantage de n'être pas trop fragile, de n'avoir pas un poids trop considérable, et de pouvoir être transporté. Remarquons, en effet, que cet appareil est entièrement clos de toutes parts : la pression atmosphérique ne s'exerce sur le mercure de la cuvette qu'à travers la peau de chamois qui attache le tube au couvercle. Or cette peau de chamois ne laisse pas passer le mercure. Supposons donc qu'on agisse sur la vis inférieure, de façon à faire monter de plus en plus le mercure dans la cuvette; bientôt celle-ci sera entièrement remplie, et, si l'on continue à soulever le fond, le mercure sera repoussé jusqu'au haut du tube barométrique : à ce moment, il faudra cesser de tourner la vis, sous peine de briser l'appareil. Le baromètre étant ainsi complètement rempli, on pourra le retourner, le mettre dans un sac de cuir, le transporter au sommet d'une montagne, sans que l'air risque de pénétrer dans le tube; une fois arrivé à destination, on le suspendra verticalement à sa ficelle, on tournera la vis du fond, de façon à faire descendre le mercure, et on fera l'observation.

70. Baromètre à siphon. — Dans le baromètre à siphon (*fig.* 67), la cuvette est constituée par le prolongement du tube barométrique, qu'on a recourbé. Cette extrémité D est fermée, et la pression s'exerce par une toute petite ouverture E, qui ne laisse pas passer la poussière. Le tout est renfermé dans un étui métallique gradué en milli-

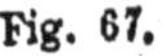
Fig. 67.

mètres ; le zéro est à peu près au milieu de l'appareil, et une double graduation part de ce zéro pour monter et descendre vers les extrémités. La distance du zéro à chacun des deux niveaux est mesurée par un anneau muni d'un vernier, comme dans le baromètre de Fortin ; la pression atmosphérique est la somme de ces deux distances.

La meilleure disposition du baromètre à siphon est due à Gay-Lussac. Le *baromètre de Gay-Lussac*, plus léger que celui de Fortin, est aussi plus fragile et se transporte moins bien : il est peu employé.

71. Baromètre à cadran. — Le baromètre à cadran est un baromètre à siphon. La branche ouverte (*fig.* 68) laisse passer une petite masse de plomb fixée à un fil qui s'enroule sur une poulie; un contrepoids fait en partie équilibre à la masse de plomb. Quand la pression atmosphérique varie, la masse monte ou descend avec le mercure, sur lequel elle flotte; son mouvement fait tourner la poulie, et, avec elle, une aiguille. Cette aiguille se meut sur la circonférence d'un cadran, sur lequel on a marqué les pressions atmosphériques et même les indications du temps qu'il doit faire.

Fig. 68.

Le baromètre à cadran est le plus souvent un mauvais instrument, impropre aux observations précises ; c'est plutôt un meuble d'appartement qu'un instrument de physique. Quant aux indications qu'il donne sur les variations de temps, nous verrons, dans le cours de seconde année, qu'elles sont très souvent en défaut.

72. Vérification des baromètres. — Il est bon de soumettre de temps en temps les baromètres à certaines vérifications, pour s'assurer qu'ils sont en bon état. Il faut surtout constater qu'il n'y a pas d'air dans la chambre barométrique. Pour le faire, on prend le tube des deux mains et on l'incline doucement, de façon à ce que le mercure s'élève jusqu'au sommet : on entend alors un bruit sec analogue à celui du marteau d'eau. S'il y avait de l'air, le bruit serait modifié et deviendrait sourd, ou même il ne se produirait aucun bruit. Quand on fait cette vérification avec un baromètre à siphon, il faut avoir soin d'incliner le tube du côté opposé à celui de la branche ouverte.

73. Baromètres métalliques. — On construit depuis quelques années des *baromètres* dits *métalliques*, qui diffèrent essentiellement des baromètres de Torricelli.

Un tube métallique (*fig.* 69), en laiton très flexible, dont la section est représentée en T, est complètement vide d'air et hermétiquement clos. Ce tube, contourné en forme d'arc de cercle, est fixé par son milieu A, tandis que ses deux extrémités *b* et *b'* sont libres. Quand la pression atmosphérique augmente, même d'une très petite quantité, le tube s'aplatit un peu plus, et ses deux extrémités *b* et *b'* se rapprochent; quand, au contraire, la pression diminue, les deux extrémités s'éloignent l'une de l'autre. Un levier mobile autour du point *o* tourne sous l'influence des déplacements de *b* et *b'*, entraînant dans son mouvement une tige *o*S, terminée par un arc denté. Les dents de l'arc S s'engrènent sur celles

Fig. 69

d'une petite roue P qui porte une aiguille. Par suite de cette disposition, qui amplifie les déplacements de b et b', la plus légère variation dans la pression atmosphérique se traduit par un mouvement très sensible de l'aiguille.

Le baromètre métallique que nous venons de décrire est celui de *Bourdon*. Le *baromètre anéroïde de Vidi* est analogue.

Dans ces instruments, la graduation du cadran se fait par comparaison avec les indications d'un baromètre ordinaire à mercure.

Les baromètres métalliques ont l'avantage d'être peu fragiles, légers, essentiellement portatifs. Leurs indications ne sont jamais très précises, et *ils ont absolument besoin d'être comparés fréquemment avec un baromètre à mercure.*

IV — LOI DE MARIOTTE.

74. Loi de Mariotte[1]. — Nous avons vu (§§ 54 et 56) que les gaz sont compressibles et élastiques, c'est-à-dire qu'ils diminuent de volume quand on les comprime, et qu'ils réagissent sur les parois des vases qui les renferment, de façon à faire équilibre à la pression qu'ils supportent.

La pression d'un gaz, c'est la force avec laquelle il presse, en vertu de sa force élastique, sur les parois du vase qui le renferme. On peut évaluer en grammes cette pression, comme nous l'avons fait pour les pressions dans les liquides (§ 46); on peut encore la mesurer par la hauteur de la colonne de mercure à laquelle elle est capable de faire équilibre.

Ainsi l'on dit que la pression atmosphérique est de $1^k,033$ pour centimètre carré; on dit aussi qu'elle est de 76 centimètres de mercure, pour exprimer qu'elle

1. *Mariotte* (1620-1684), physicien français.

presse autant une surface donnée que le ferait une colonne de mercure de 76 centimètres de hauteur. On emploiera les mêmes expressions pour indiquer la pression qu'exerce un gaz sur les parois du vase qui le renferme.

Au dix-septième siècle, Mariotte a établi la loi qui règle les variations du volume d'une masse de gaz soumise successivement à diverses pressions.

Les volumes d'une même masse de gaz (à température invariable) sont en raison inverse des pressions qu'elle supporte.

Il importe de bien comprendre le sens de cette loi, l'une des plus importantes de la physique.

Représentons par V le volume qu'occupe une certaine quantité de gaz, et par P la pression de ce gaz (exprimée en grammes ou en colonnes de mercure).

On comprime ce gaz de façon que son volume devienne V'; sa pression est alors P'. La loi de Mariotte indique que l'on a la relation :

$$\frac{V}{V'} = \frac{P'}{P}.$$

Cette formule peut se mettre sous la forme :

$$VP = V'P'.$$

On peut donc encore énoncer la loi de la manière suivante : *Quand une même masse de gaz (à température invariable) est soumise successivement à diverses pressions, le produit du volume par la pression demeure constant.*

Ce second énoncé est plus commode que le premier pour les applications numériques.

75. Applications numériques. — 1er *Problème.* — Une masse d'air occupe un volume de 27 litres à la pression de 71 centimètres; quel sera son volume à la pression de 131 centimètres.

Solution. — Le second énoncé de la loi de Mariotte nous indique que le produit du volume par la pression est le même dans les deux cas. On a donc :

$$27 \times 71 = x \times 131,$$

$$x = \frac{27 \times 71}{131} = 14{,}633 \text{ : le volume final sera } 14^{l}{,}633.$$

Dans cette application, les pressions sont exprimées en colonnes de mercure; le calcul serait le même si les pressions étaient exprimées en poids.

2e *Problème.* — Une masse d'air occupe un volume de 31 litres à la pression de 1 235 grammes par centimètre carré : quel sera son volume à la pression de 3 243 grammes par centimètre carré ?

Solution. — On aura, comme précédemment :

$$31 \times 1\,235 = x \times 3\,243,$$

$$x = \frac{31 \times 1\,235}{3\,243} = 11{,}805 \text{ : le volume final sera } 11^{l}{,}805.$$

3e *Problème.* — Une masse d'air occupe un volume de 32 litres à la pression de 85 centimètres : à quelle pression faudra-t-il la soumettre pour que le volume devienne 13 litres ?

Solution. — Soit x la pression cherchée; on aura :

$$32 \times 85 = 13 \times x,$$

$$x = \frac{32 \times 85}{13} = 209 \text{ : la pression finale sera 209 millimètres.}$$

4e *Problème.* — Un litre d'air à la pression atmosphérique moyenne de 76 centimètres pèse 1gr,293 : quel sera le poids d'un litre d'air à la pression de 61 centimètres ?

Solution. — Appelons x le volume que prendra le litre d'air quand sa pression deviendra 61 centimètres. Nous aurons :

$$1 \times 76 = x \times 61, \text{ d'où } x = \frac{1 \times 76}{61}.$$

Ce volume x d'air pesant $1^{gr},293$, un litre d'air, sous la même pression de 61 centimètres, pèsera x fois moins, ou $\frac{1,293}{x}$, ce qui donne

$$\frac{1,293 \times 61}{76} = 1^{g},037.$$

Ce problème conduit à un résultat intéressant. Appelons P le poids d'un certain volume de gaz sous la pression H, et P′ le poids du même volume du même gaz sous la presion H′ ; le raisonnement précédent nous conduit à la formule :

$$\frac{P \times H'}{H} = P' \text{ ou } \frac{P}{H} = \frac{P'}{H'} :$$

de là une nouvelle manière d'énoncer la loi de Mariotte : *Les poids d'un volume déterminé d'un gaz (à température invariable) sont proportionnels aux pressions qu'il supporte.*

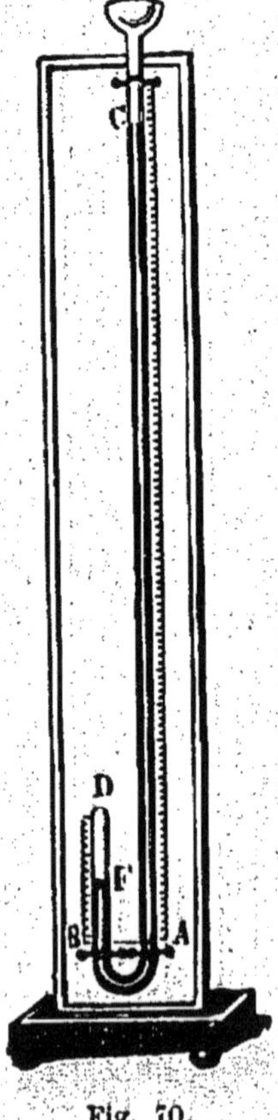

Fig. 70.

76. Vérification de la loi de Mariotte. — Un appareil simple permet de vérifier expérimentalement la loi de Mariotte.

Il se compose d'un tube cylindrique recourbé (*fig.* 70), présentant une petite branche fermée BD et une grande branche ouverte AC, surmontée d'un entonnoir. Ce tube est fixé sur une planchette de bois formant deux graduations en millimètres.

On commence par verser un peu de mercure dans le tube, de façon à ce que le niveau soit le même dans les deux branches. On a ainsi enfermé en BD un certain volume d'air *à la pression atmosphérique*. On ajoute alors du mercure dans l'entonnoir jusqu'à ce que l'air de BD, comprimé par le poids de ce mercure, occupe un volume DF deux fois plus petit que le volume primitif. Si, à ce moment, on mesure la différence de niveau FC du liquide dans les deux branches, on voit qu'elle est voisine de 76 centimètres. L'air de DF supporte donc maintenant la pression de l'atmosphère, qui s'exerce en C et se transmet à travers le mercure, augmentée du poids d'une colonne de mercure FC équivalente à la pression atmosphérique : en un mot, la pression en DF est double de la pression atmosphérique. Donc, quand le volume est devenu deux fois plus petit, la pression a été doublée, ce qui vérifie la loi.

On constaterait de même, si le tube AC était assez long, que la pression devient 3, 4, 5 fois plus grande quand le volume devient 3, 4, 5 fois plus petit.

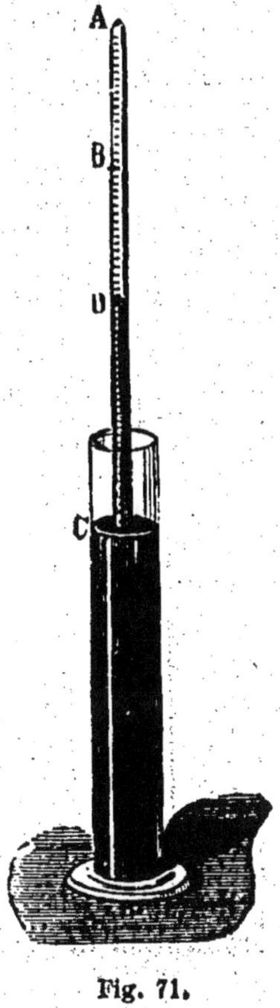

La loi de Mariotte se vérifie avec un autre appareil, quand il s'agit des pressions inférieures à la pression atmosphérique. — Un long tube barométrique (*fig.* 71) bien cylindrique est divisé en millimètres. On le remplit de mercure à peu près aux trois quarts; on bouche l'ouverture avec le pouce, et on le retourne dans une cuvette très profonde remplie de mercure; puis on enfonce le tube dans la cuvette jusqu'à ce que le liquide se trouve au même niveau à l'intérieur et à l'extérieur, et on lit sur la graduation le volume d'air emprisonné; cet air est à la pression atmosphérique.

Qu'on soulève alors le tube : l'air augmentera de volume, sa pression diminuera, et le mercure s'élèvera peu à peu dans le tube. Il est aisé de comprendre que la pression de l'air enfermé sera donnée à chaque ins-

Fig. 71.

tant par la différence entre la pression atmosphérique et la hauteur CD du mercure soulevé. Eh bien, on remarque que, lorsque le volume occupé par l'air devient 2, 3, 4 fois plus grand, sa pression, mesurée par la différence que nous venons d'indiquer, devient 2, 3, 4 fois plus petite.

77. La loi de Mariotte n'est pas rigoureusement exacte. — Les vérifications précédentes ne sont pas susceptibles d'une bien grande précision. Un grand nombre de physiciens, parmi lesquels nous citerons Regnault [1], ont montré, par des expériences très délicates, que la loi de Mariotte n'est pas rigoureusement exacte.

Les différents gaz ne diminuent pas également de volume quand on les soumet à la même pression. Cependant un grand nombre de gaz, tels que l'air, l'oxygène, l'hydrogène, l'azote, s'écartent si peu de la loi de Mariotte dans leurs changements de volume, que l'écart peut être considéré comme insensible.

D'autres gaz, que nous aurons à étudier, présentent avec la loi des écarts plus considérables. Par exemple, lorsque la pression de l'acide carbonique devient double, son volume devient un peu moins de la moitié du volume primitif : ce gaz se comprime plus que ne l'indique la loi de Mariotte.

Quoi qu'il en soit, on considère toujours, dans les applications numériques, la loi de Mariotte comme étant rigoureusement exacte.

78. Mesure des pressions dans les gaz. — On a souvent à mesurer la pression des gaz ou des vapeurs renfermés en vase clos. Les instruments dont on se sert pour faire ces mesures ont reçu le nom de *manomètres*. — Nous ne décrirons qu'un seul de ces instru-

1. *Regnault* (1810-1880), un des physiciens les plus remarquables du dix-neuvième siècle, mesura, par les méthodes les plus précises, presque toutes les données numériques des applications de la chaleur, et particulièrement les tensions maxima de la vapeur d'eau aux différentes températures.

ments, le manomètre métallique, qui est le plus employé. Il est fondé sur le même principe que le baromètre métallique. Un tube flexible creux (*fig.* 72) est enroulé sur lui-même: son extrémité ouverte A communique avec le réservoir; son extrémité fermée *b* porte une aiguille mobile devant un cadran divisé. Quand de l'air comprimé pénètre dans ce tube, la pression qu'il exerce intérieurement tend à dérouler la spirale et à faire marcher l'aiguille vers la droite; quand la pression cesse, l'aiguille revient à sa position primitive.

Fig. 72.

79. Unités adoptées dans la mesure des pressions. — Nous avons vu (§ 71) que la pression dans les gaz s'exprime en grammes ou en colonnes de mercure. Ainsi, on dit que la pression atmosphérique est en moyenne de 76 centimètres pour exprimer qu'elle fait équilibre à une colonne de mercure de 76 centimètres de hauteur. Cette hauteur de 76 centimètres de mercure a été longtemps prise pour unité dans les mesures des pressions considérables; on lui donne le nom d'*atmosphère*. Une pression de 2, 3, 4 *atmosphères* est une pression capable de faire équilibre à 2, 3, 4 fois la pression atmosphérique, ou à une colonne de mercure ayant 2, 3, 4 fois 76 centimètres de hauteur.

Depuis quelques années, on abandonne de plus en plus cette unité, et on exprime en kilogrammes la pression que le gaz exerce sur un centimètre carré de surface. Dans la figure 72, les nombres représentent des kilogrammes. On dit maintenant, dans l'industrie: « La pression est de 4 kilogrammes, » pour indiquer que le gaz exerce, sur chaque centimètre carré du vase qui le renferme, une poussée de 4 kilogrammes.

80. Applications numériques. — 1er *problème*. — Un gaz est à la pression de 3 atmosphères; quelle poussée exerce-t-il sur chaque centimètre carré de la paroi du vase qui le renferme?

Solution. — Il exerce une poussée égale au poids d'une colonne de mercure qui a un centimètre carré de base et 3×76 centimètres de hauteur. Le volume de cette colonne est $1 \times 3 \times 76 = 228$ centimètres cubes; son poids $228 \times 13,59 = 3\,099$ grammes ou $3^k,099$.

2e *problème*. — Un gaz exerce une poussée de $2^k,241$ sur chaque centimètre carré de la paroi du vase qui le renferme; quelle est la pression de ce gaz, exprimée en atmosphères?

Solution. — Si cette poussée était exercée par le poids d'une colonne de mercure, cette colonne aurait un volume égal à $\frac{2241}{13,59} = 165$ centimètres cubes. La base de cette colonne étant un centimètre carré, sa hauteur est de 165 centimètres. Donc la poussée de $2^k,241$ correspond à une pression de 165 centimètres ou $\frac{165}{76} = 2^{atm},17$.

3e *problème*. — Un vase dont la surface est de $3^{m.q.},421$ renferme de l'air à la pression de 7 atmosphères; quelle est la poussée exercée sur la totalité des parois?

Solution. — La poussée exercée sur chaque centimètre carré est égale à $1 \times 7 \times 76 \times 13,59$, la poussée totale sur les 34 210 centimètres carrés de la paroi sera

$$34210 \times 7 \times 76 \times 13,59 = 247\,331\,194 \text{ grammes,}$$

ou 247 tonnes. Ceci vous montre quelle résistance considérable doivent présenter les chaudières des machines à vapeur.

CHAPITRE V.

APPLICATIONS DES PROPRIÉTÉS DES GAZ.

Machines pneumatiques. — Pompes. — Siphon. — Aérostats.

I. — MACHINES PNEUMATIQUES.

81. Machine pneumatique. — La machine pneumatique est destinée à retirer l'air des vases qui le contiennent. Elle a été imaginée en 1620 par Otto de Guericke.

Elle se compose essentiellement (*fig.* 73) d'un cylindre de verre TE, nommé *corps de pompe*, dans lequel se meut un *piston* P. Le corps de pompe communique par un canal étroit ED avec le vase A dans lequel on veut faire le vide. Une soupape F, s'ouvrant de bas en haut, se trouve placée à l'entrée E du canal de communication; une autre soupape J,

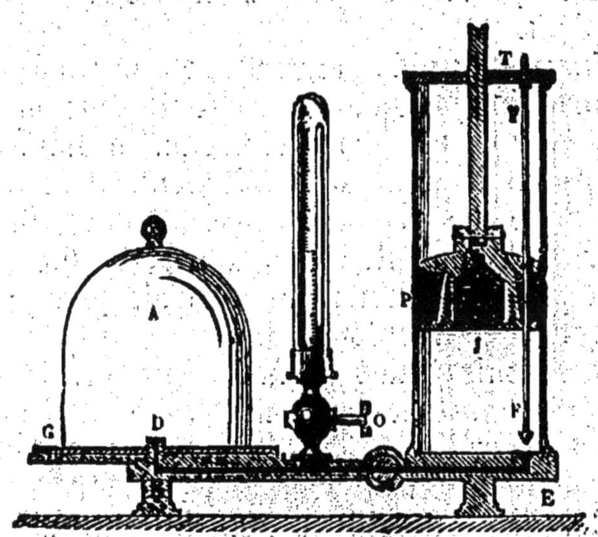

Fig. 73.

s'ouvrant également de bas en haut, ferme un conduit qui traverse le piston et fait communiquer la partie inférieure du corps de pompe avec l'extérieur.

Voyons comment fonctionne cet appareil si simple. Supposons le piston en bas de sa course et soulevons-le : le vide se fait au-dessous de lui; la soupape F s'ouvre, poussée de bas en haut par la force expansive de l'air du récipient A, et une partie de cet air passe dans le corps de pompe. Abaissons maintenant le piston : la soupape F, également pressée sur ses deux faces, se ferme par l'effet de son poids, et l'air du corps de pompe ne peut revenir dans le récipient. Bien plus, cet air, comprimé par la descente du piston, atteint bientôt une pression supérieure à la pression atmosphérique; il ouvre la soupape J et se répand à l'extérieur; quand le piston sera revenu au bas de sa course, tout l'air qui remplissait le corps de pompe aura été expulsé. Qu'on lève alors de nouveau le piston, une nouvelle quantité d'air passera du récipient dans le corps de pompe, et sera expulsée au moment de la descente. On continuera cette manœuvre jusqu'à ce qu'il n'y ait pour ainsi dire plus d'air dans le récipient.

82. Limite du vide dans la machine pneumatique. — La machine pneumatique peut-elle enlever complètement l'air du récipient? Évidemment non. L'étude du fonctionnement de l'appareil vient, en effet, de nous montrer que chaque coup de piston enlève *une partie* de l'air du récipient. Donc, après chaque nouveau coup de piston, il restera moins d'air qu'auparavant, mais il en restera toujours.

Si la machine était parfaite, on pourrait, en donnant un nombre assez considérable de coups de piston, amener la pression de l'air du récipient à être aussi petite qu'on le voudrait, à n'être plus, par exemple, que la millième partie d'un millimètre. Mais la machine n'est pas parfaite; et elle laisse toujours au moins un millimètre de pression dans le récipient.

83. Applications numériques. — 1er *Problème.* — Le corps de pompe d'une machine pneumatique a 1 litre de capacité; on la met en communication avec un récipient qui renferme 4 litres d'air à la pression atmosphérique ; quelle sera la pression de l'air restant après 5 coups de piston?

Solution. — Lorsqu'on soulève le piston, l'air se répand dans le corps de pompe et occupe dès lors un volume de (4+1) litres, et sa pression x_1 est donnée par la loi de Mariotte.

$$4 \times 76 = (4+1)\,x_1,$$

$$x_1 = 76 \times \frac{4}{4+1}.$$

On abaisse le piston : l'air du corps de pompe est chassé, et il reste alors un volume de 4 litres d'air à la pression x_1. On soulève le piston; cet air prend un volume (4+1), sa pression devient plus petite x_2, et cette nouvelle pression est encore donnée par la loi de Mariotte :

$$4 \times x_1 = (4+1)\,x_2,$$

$$x_2 = 76 \times \left(\frac{4}{4+1}\right)^2.$$

En continuant de même le raisonnement, on verrait que la pression x_5, après 5 coups de piston, serait :

$$x_5 = 76 \times \left(\frac{4}{4+1}\right)^5 = 25 \text{ centimètres.}$$

Le raisonnement que nous venons de faire est absolument général. Si v est la capacité du corps de pompe, V celle du récipient, H la pression de l'air du récipient au début de l'opération, la pression x_n de l'air restant après n coups de piston sera :

$$x_n = \text{H} \times \left(\frac{\text{V}}{\text{V}+v}\right)^n.$$

Un théorème bien connu d'arithmétique nous apprend que cette valeur de x_n diminue à mesure que n augmente, mais qu'elle ne peut jamais devenir nulle.

2ᵉ *Problème.*—La surface du piston d'une machine pneumatique est de 25 centimètres carrés ; on demande quel effort il faudra faire pour soulever ce piston lorsque la pression dans le récipient ne sera plus que de 3 centimètres.

Solution. — L'atmosphère exerce de haut en bas, sur la partie supérieure du piston, une pression de

$$25 \times 76 \times 13{,}59 = 25\,821 \text{ grammes.}$$

L'air du récipient exerce de haut en bas, sur la face opposée du piston, une pression de

$$25 \times 3 \times 13{,}59 = 1\,019 \text{ grammes.}$$

La différence de ces deux pressions est 24 802 grammes, près de 25 kilogrammes.

En réalité, l'effort à exercer est plus grand encore, car nous n'avons pas tenu compte des frottements considérables qui se produisent entre le piston et le corps de pompe. Ceci nous montre combien la manœuvre de la machine pneumatique doit être pénible.

84. Description sommaire de la machine pneumatique. — Nous allons donner maintenant quelques détails très succincts sur les pièces principales de la machine pneumatique, telle qu'on la construit ordinairement.

1° *Double corps de pompe.* — La machine pneumatique possède le plus souvent deux corps de pompe au lieu d'un seul ; ils communiquent l'un et l'autre avec le récipient (*fig.* 74). Les pistons de ces corps de pompe sont attachés chacun à une crémaillère, dont les dents s'engrènent avec celles d'une roue dentée mobile autour d'un axe horizontal ; la roue dentée est mise en mouvement par l'intermédiaire d'une mani-

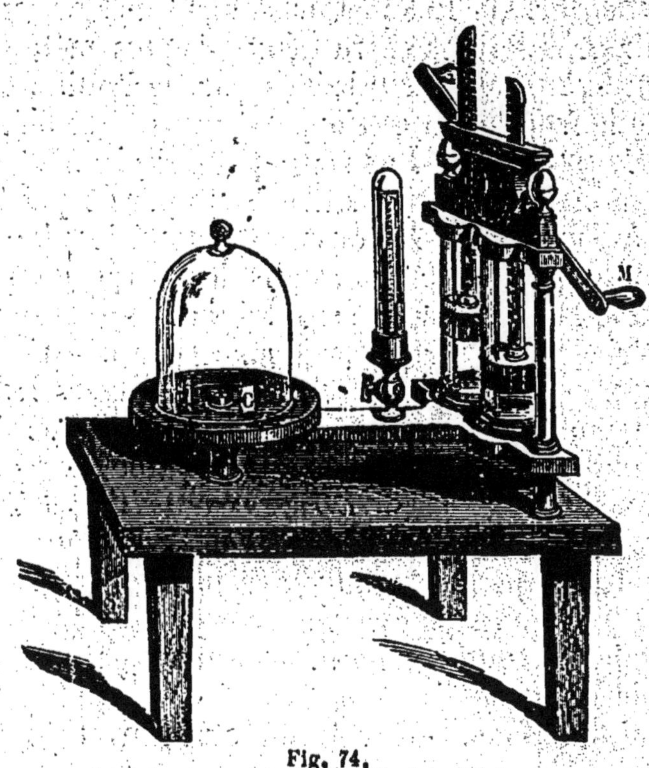

Fig. 74.

velle à deux poignées M, qui lui communique un mouvement alternatif de droite à gauche et de gauche à droite. Par suite de ce mouvement, les deux pistons vont toujours en sens contraire l'un de l'autre : l'un descend quand l'autre monte.

L'avantage qu'on retire de cette disposition est double. D'abord le vide se fait deux fois plus rapidement, puisque deux corps de pompe le font simultanément; puis la manœuvre de l'instrument est rendue moins pénible. En effet, lorsque l'un des pistons monte, l'autre descend; la pression atmosphérique, qui oppose à l'ascension du premier une résistance considérable (§ 83) facilite, au contraire, singulièrement la descente du second. Il se produit entre ces deux actions inverses une compensation partielle, et l'effort à exercer sur la manivelle pour produire le mouvement en est très notablement diminué.

2° *Pistons.* — Les pistons sont formés de rondelles de cuir gras serrées entre deux plaques métalliques; ils sont constamment lubrifiés par de l'huile, qui diminue le frottement et s'oppose au passage de l'air.

3° *Soupapes.* — Les soupapes des pistons (*fig.* 73) sont maintenues sur les ouvertures par de petits ressorts à boudins; elles s'ouvrent, quand le piston descend, dès que la pression, dans les corps de pompe, surpasse la pression atmosphérique. — Les soupapes F inférieures (*fig.* 73) sont portées par des tiges métalliques, qui passent à frottement à travers les cuirs des pistons. Quand le piston s'élève, la soupape s'ouvre immédiatement, par suite du frottement; elle ne s'élève, du reste, que fort peu, car la tige FY vient buter presque immédiatement contre le couvercle du corps de pompe et se trouve arrêtée. Dès que le piston descend, la soupape se ferme, par suite du frottement, et le piston continue son mouvement, en glissant le long de la tige.

4° *Manomètre.* — Une éprouvette renversée, placée sur le canal de communication, renferme un manomètre destiné à donner la pression de l'air du récipient à chaque instant de l'expérience.

Ce manomètre, qu'on nomme *manomètre tronqué*, à cause de sa petite taille, est plutôt une sorte de baromètre à siphon.

Il se compose d'un tube recourbé, dont les deux branches sont égales et longues de 20 à 25 centimètres: l'une, B, est fermée; l'autre, ouverte (*fig.* 75). La branche fermée est complètement remplie de mercure, qui se trouve soutenu par la pression atmosphérique. Tant que la pression dans l'éprouvette est supérieure à la différence de niveau MB, le mercure reste immobile, et le manomètre ne donne aucune indication; mais quand la pression devient plus faible, elle ne peut plus soutenir le mercure, la différence de niveau diminue, et mesure, à partir de ce moment, la pression LK (*fig.* 76) de l'air restant.

Fig. 75 et 76.

5° *Platine.* — Le canal de communication aboutit au centre d'une plaque de verre C (*fig.* 73) horizontale et bien rodée, nommée *platine.* C'est là-dessus qu'on applique les cloches sous lesquelles on veut faire le vide. — Quand on veut faire le vide dans des récipients fermés, tels que ceux des figures 53 et 59, on les visse à l'extrémité D (*fig.* 73) du canal de communication. Dans ce cas, la platine ne sert pas.

6° *Clef.* — Enfin un robinet O (*fig.* 73), dont il est inutile de donner le détail, permet d'isoler le récipient des corps de pompe et de faire rentrer, quand on le veut, l'air sous le récipient.

85. Machines pneumatiques diverses. — Divers savants et divers constructeurs ont successivement perfectionné la machine pneumatique, dans le but de rendre son fonctionnement moins pénible et plus rapide, et de lui faire donner un degré de vide plus avancé.

Les *machines à mercure*, qui sont en usage depuis quelques années, bien différentes de la machine précédente, ne laissent dans le récipient qu'une pression inférieure à un centième de millimètre, tandis que la machine que nous venons de décrire laisse toujours au moins un millimètre de pression. Mais elles ont l'inconvénient de ne faire le vide qu'avec une extrême lenteur : elles ne sont employées que dans les laboratoires des savants.

Nous ne décrirons aucune de ces machines nouvelles : il nous suffit d'avoir compris comment on peut enlever l'air d'un récipient.

86. Utilité des machines pneumatiques dans les laboratoires. — Il n'est pas d'instrument de physique dont les usages soient plus multipliés que ceux de la machine pneumatique. Grâce à elle, nous avons pu étudier les effets de la pression atmosphérique et diverses propriétés des gaz; nous la rencontrerons encore fréquemment dans l'étude de l'acoustique, de la chaleur. Les chimistes la font intervenir dans leurs manipulations, les physiologistes enfin l'emploient pour étudier l'action de la raréfaction de l'air sur les diverses fonctions des animaux. Un cabinet de physique, un laboratoire de chimie, ne peuvent pas plus se passer d'une machine pneumatique que d'un thermomètre.

L'industrie emploie peu la machine pneumatique. Cependant, dans les sucreries, on fait le vide dans les chaudières de concentration du sirop pour déterminer l'ébullition à une température moins élevée.

87. Machines de compression. — Les machines à compression, ou pompes à compression, sont destinées à comprimer les gaz dans des vases parfaitement clos.

Elles sont généralement plus simples que les machines pneumatiques. Voici la description de celle qui est le plus employée dans les laboratoires; on la nomme *pompe à main*.

Un cylindre métallique CD (*fig.* 77) est fermé à son extrémité inférieure par une soupape S, qui peut s'ouvrir de haut en bas; une petite ouverture L est pratiquée vers le haut du cylindre; enfin, un piston plein P peut se mouvoir dans l'intérieur par l'intermédiaire d'une tige à poignée. Supposons qu'on adapte ce cylindre, par une vis située en V, sur un récipient bien clos, et qu'on fasse manœuvrer le piston : voyons ce qui va arriver. Le piston étant en bas de sa course, on le soulève : le vide se fait au-dessous de lui, car la soupape, qui ne peut s'ouvrir que de haut en bas, demeure fermée. Mais bientôt le piston arrive en haut de sa course, au-dessus de la petite ouverture L: alors l'air entre et remplit le cylindre. Qu'on descende maintenant le piston : il comprimera l'air situé au-dessous de lui ;

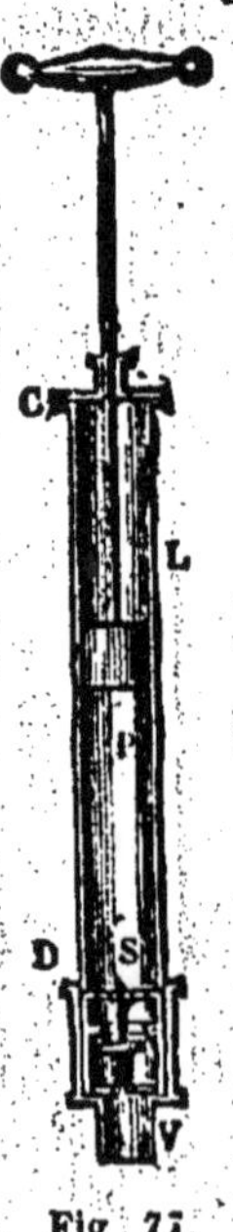

Fig 77.

la pression finira par devenir supérieure à celle du récipient, la soupape s'ouvrira, et l'air du corps de pompe passera dans le récipient. En donnant un nombre suffisant de coups de piston, on aura dans le récipient une pression aussi grande qu'on le voudra.

Quand on veut, dans les laboratoires ou dans l'industrie, comprimer fortement de grandes masses d'air ou de tout autre gaz, on accouple plusieurs pompes semblables à la précédente, et on les met en mouvement au moyen d'une machine à vapeur.

88. Usages des machines de compression dans les laboratoires et l'industrie. — Les machines de compression sont rarement employées dans les laboratoires. Vous verrez cependant que les chimistes s'en servent pour liquéfier certains gaz.

Dans l'industrie, au contraire, l'air comprimé rend de grands services. Sa force élastique peut produire des effets tout à fait analogues à ceux de la force élastique de la vapeur d'eau dans les machines à vapeur.

L'air comprimé est employé à refouler l'eau en dehors des caissons métalliques destinés à former les fondations des piles des ponts ; on l'utilise quelquefois pour faire monter jusqu'au niveau du sol l'eau qui envahit les galeries souterraines des mines ; les machines perforatrices qui ont creusé les trous de mines des tunnels du Mont-Cenis et du Saint-Gothard étaient mues par de l'air comprimé ; les chemins de fer, enfin, sont, depuis quelques années, munis de freins à air comprimé. Et nous sommes loin d'avoir énuméré toutes les circonstances dans lesquelles l'air comprimé est utilisé par l'industrie.

II. — POMPES.

89. Pompes. — Les pompes ont pour objet d'élever l'eau ou tout autre liquide. Ces instruments, d'un usage journalier, ont reçu les formes les plus variées; nous allons seulement donner le principe de ceux qui sont le plus souvent employés. On les divise en *pompes aspirantes*, dans lesquelles la pression atmosphérique joue le rôle de moteur; *pompes foulantes*, dans lesquelles la pression atmosphérique n'a pas d'action, et *pompes aspirantes et foulantes*, provenant de l'union des deux premières.

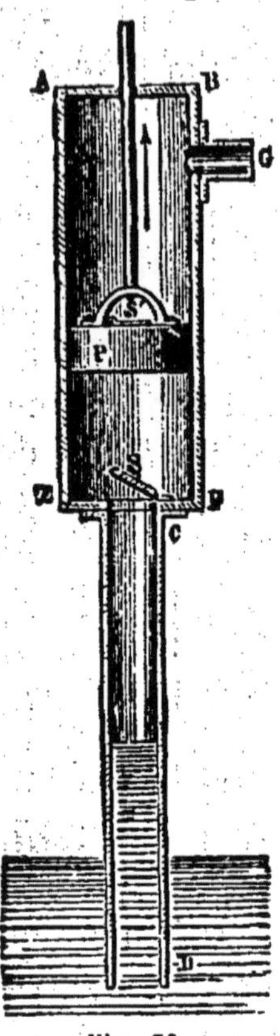

Fig. 78.

90. Pompe aspirante. — Un corps de pompe ABEF (*fig.* 78), placé à une certaine hauteur au-dessus du niveau de l'eau, communique avec le liquide par un tuyau d'aspiration CD. Ce tuyau d'aspiration est fermé à sa partie supérieure par une soupape S, qui s'ouvre de bas en haut. Un second tuyau G part du haut du corps de pompe et débouche dans le réservoir où l'on veut amener l'eau. Enfin, un piston P, percé d'un canal que ferme une soupape S', s'ouvrant également de bas en haut, complète l'appareil ; ce piston est mis en mouvement au moyen d'une grosse tige métallique.

Le piston est en bas de sa course, soulevons-le : le vide se produit au-dessous de lui, la soupape S s'ouvre, et l'air du tuyau d'aspiration se répand dans le corps de pompe; la pression de l'air intérieur étant ainsi diminuée, la pression atmosphérique, qui s'exerce à la surface de l'eau du puits, détermine l'ascension du liquide dans le tuyau d'aspiration.

Quand le piston redescend, la soupape S se ferme, la soupape S′ s'ouvre, et l'air est expulsé. Qu'on donne ainsi un second, un troisième coup de piston, et le liquide arrivera jusqu'au cylindre : la pompe sera *amorcée.*

A partir de ce moment, l'eau passe au-dessus du piston chaque fois que celui-ci descend ; elle est soulevée et s'écoule par le tuyau G chaque fois que le piston monte.

Nous voyons que, dans cette pompe, la pression atmosphérique est la cause de l'ascension du liquide : il en résulte que le tuyau d'aspiration ne devra pas avoir une longueur supérieure à $10^m,33$ (§ 61), sans quoi la pompe ne pourrait jamais être amorcée. En réalité, comme le piston ne ferme jamais hermétiquement, et qu'il laisse toujours passer un peu d'air, une pompe aspirante ne pourra pas avoir un tuyau dépassant 8 mètres de hauteur.

Si, cependant, on veut élever l'eau à plus de 8 mètres, on n'aura qu'à recourber le tuyau G et à le faire monter verticalement jusqu'à la hauteur voulue. L'ascension de l'eau, à partir du corps de pompe, est, en effet, produite non plus par la pression atmosphérique, mais par la traction qu'on opère sur la tige du piston ; et rien ne limite, au moins théoriquement, la puissance de cette traction. Le tuyau qui s'élève verticalement en G se nomme *tuyau d'élévation*, et la pompe qui le porte, *pompe aspirante et élévatoire.*

Il est aisé de calculer l'effort qu'il faut exercer pour manœuvrer une pompe aspirante. Voici comment on opère.

Application numérique. — Problème. — Une pompe a un tuyau d'aspiration long de 6 mètres ; son tuyau d'élévation, compté à partir du bas du corps de pompe, a 4 mètres de hauteur ; la superficie du piston est de 45 centimètres carrés. Quel effort faut-il déployer pour faire manœuvrer cette pompe ?

Solution. — Quand le piston descend, S est fermé,

S′ ouvert, le piston tombe simplement dans l'eau du corps de pompe en vertu de son poids; il n'y a pas d'autre résistance à vaincre que le frottement contre les parois.

Au contraire, quand le piston monte, S est ouvert; la pression atmosphérique se transmet à travers l'eau depuis la surface du puits jusqu'à la surface inférieure du piston; S′ est fermé, et le piston a à supporter la pression de l'eau qui le surmonte, plus la pression atmosphérique.

La pression que supporte le piston de bas en haut est donc égale à la pression atmosphérique, diminuée du poids d'une colonne d'eau de 6 mètres de hauteur

$$45 \times 76 \times 13,59 - 45 \times 600;$$

la pression qu'il supporte de haut en bas est égale à la pression atmosphérique, augmentée du poids d'une colonne d'eau de 4 mètres de hauteur

$$45 \times 76 \times 13,59 + 45 \times 400.$$

L'effort à exercer, pour soulever le piston, sera la différence des pressions exercées ainsi sur ses deux faces, c'est-à-dire

$$45 \times 400 + 45 \times 600 = 45 \times (400 + 600) = 45\,000 \text{ gr. ou } 45 \text{ kil.}$$

Nous arrivons à ce résultat remarquable, et qui s'applique à toutes les pompes, que *l'effort à exercer est égal au poids d'une colonne d'eau ayant pour base la superficie du piston, et pour hauteur la hauteur totale à laquelle on élève l'eau.*

Vous le voyez; quoique ce soit la pression atmosphérique qui détermine l'ascension jusqu'au corps de pompe, on n'est pas dispensé pour cela d'exercer un grand effort dans la manœuvre de la pompe. Cela tient à ce que, lorsque la pression atmosphérique agit sur l'eau du puits pour l'élever, elle agit en même temps sur la surface du piston pour l'empêcher de monter, et qu'on est obligé de vaincre la pression du haut pour permettre à la pression du bas de produire son effet.

En somme, les effets de la pression atmosphérique se neutralisent, et l'ascension est, en fin de compte, produite par le travail de l'opérateur.

91. Pompe foulante. — Le corps de pompe B (*fig.* 79) est plongé dans l'eau même du puits. Il est muni d'un piston plein, sans soupape; deux ouvertures, fermées par deux soupapes *s* et *s'*, communiquent, l'une avec l'eau du puits, l'autre avec le tuyau d'ascension.

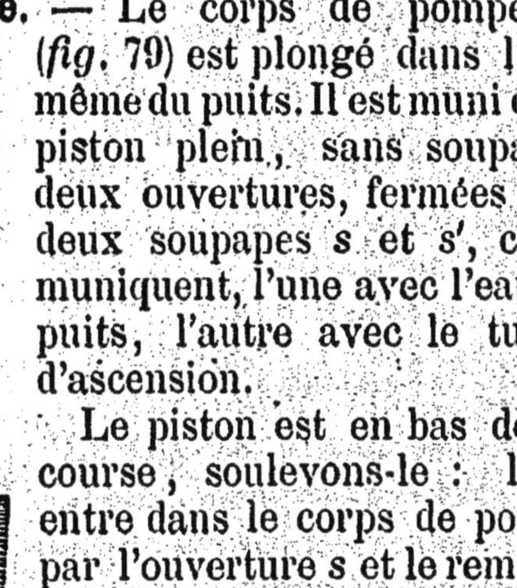

Fig. 79.

Le piston est en bas de sa course, soulevons-le : l'eau entre dans le corps de pompe par l'ouverture *s* et le remplit. Abaissons le piston : la soupape *s* se ferme, la soupape *s'* s'ouvre, et l'eau est refoulée dans le tuyau CD d'ascension; elle s'y élève à une hauteur aussi grande qu'on le veut.

Nous voyons que, dans cette pompe, la pression atmosphérique ne joue aucun rôle. C'est l'effort exercé sur le piston pour le faire descendre qui refoule l'eau directement jusqu'au sommet du tuyau d'ascension.

92. Pompe aspirante et foulante. — La pompe aspirante et foulante résulte de l'union des deux autres. Un tuyau d'aspiration débouche dans le corps de pompe (*fig.* 80) par la soupape S; un tuyau d'ascension part de là pour s'élever en F; le piston est plein, sans soupape. Il est inutile d'insister sur le jeu de cette pompe.

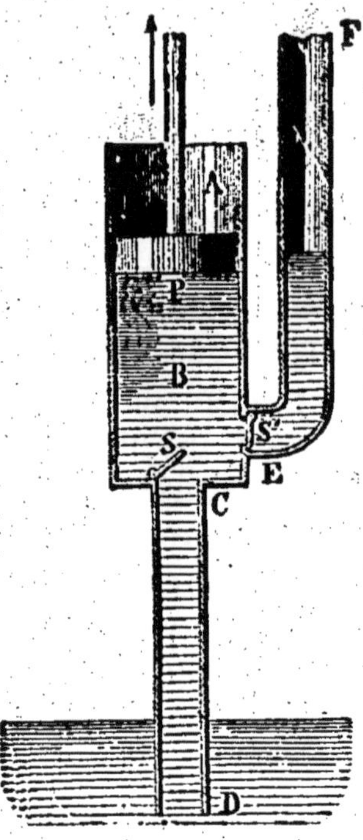

Fig. 80.

Faisons seulement une remarque. Dans la pompe aspirante, l'effort s'exerçait au moment de l'ascension du piston; dans la pompe foulante, il s'exerçait au moment de la descente. Ici, l'effort s'exerce à la montée et à la descente : car à la montée l'appareil fonctionne par aspiration, et à la descente par refoulement. Le travail est donc plus continu dans la pompe aspirante et foulante que dans les autres, mais il est moins grand à chaque moment, puisque l'effort total se répartit sur les deux mouvements. C'est une cause de supériorité de cette dernière pompe.

93. Pompes destinées aux usages domestiques et industriels. — Les pompes destinées à élever l'eau d'un puits pour des usages domestiques sont généralement des pompes aspirantes. On place le corps de pompe à l'orifice du puits, et le tuyau d'aspiration va chercher l'eau. Cependant, quand la profondeur du puits dépasse 8 mètres, on est bien forcé de placer le corps de pompe au-dessous de la surface du sol : on emploie alors la pompe aspirante et foulante.

Ces pompes sont toujours de petites dimensions ; on les manœuvre à bras d'homme. Un levier, oscillant autour d'un point fixe, ou bien une manivelle tournant d'un mouvement continu, est adapté au piston et lui communique son mouvement. Les manivelles sont plus coûteuses, mais d'un maniement moins pénible, chaque fois qu'on a besoin d'une quantité d'eau un peu considérable.

La lampe à modérateur, aujourd'hui si universellement employée, n'est pas autre chose qu'une pompe foulante, dont le piston est mis en mouvement par un ressort.

Les pompes destinées aux usages industriels ont presque toujours de grandes dimensions. Le mouvement de haut en bas et de bas en haut est communiqué au piston par une manivelle, qui tourne d'un mouvement continu, et qui est mise en marche par un cheval, par une machine à vapeur, par une chute d'eau.

94. Pompe à incendie. — On peut donner la *pompe à incendie* (*fig.* 81) comme exemple de pompe à jet continu. C'est une pompe foulante.

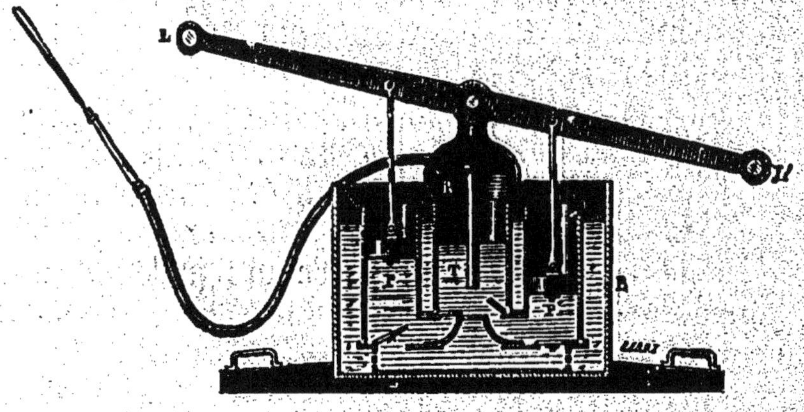

Fig. 81.

Elle est constituée par deux corps de pompe, dont les pistons pleins sont mis en mouvement par un balancier mobile autour de son milieu ; les deux extrémités L et L' de ce balancier portent deux longues poignées horizontales, mues chacune par quatre hommes. L'eau fournie par les deux corps de pompe est fortement refoulée dans une *chambre à air* R placée entre eux ; un tuyau T fait communiquer le fond de cette chambre à air avec les tuyaux extérieurs d'ascension. La pompe est placée dans un grand baquet B, que l'on maintient constamment plein d'eau.

La manœuvre se comprend par la seule inspection de la figure. Quand le balancier est en mouvement, l'un des pistons monte, et l'autre descend ; la chambre à air reçoit de l'eau tantôt d'un côté, tantôt de l'autre. Ici, l'eau ne s'élève pas immédiatement, mais le travail à effectuer n'en est pas moins considérable, car on a à vaincre la pression de l'air comprimé en R. La réaction de cet air détermine l'ascension du liquide dans le tuyau T.

A l'aide de cette disposition, on peut, soit conduire l'eau jusqu'au toit des maisons les plus élevées, soit obtenir, à l'extrémité de la *lance*, un jet continu de grande puissance. Mais, pour cette raison même, la manœuvre de la pompe est très pénible, et les huit hommes qui y sont employés doivent fréquemment être remplacés.

III. — SIPHON.

95. Siphon. — Le siphon est destiné à transvaser les liquides, sans agitation, par-dessus les bords des vases.

Il est tout simplement formé (*fig.* 82) d'un tube recourbé ABC, à branches inégales.

Quand on remplit ce tube avec un liquide, et qu'on plonge sa petite branche dans un vase contenant le même liquide, il s'établit aussitôt un écoulement de la petite branche vers la grande, écoulement qui dure tant qu'il reste du liquide dans le vase.

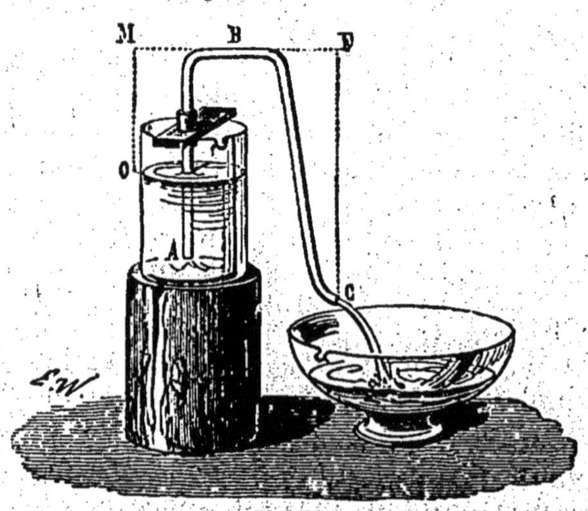

Fig. 82.

Le fonctionnement du siphon se produit sous la double action de la pression atmosphérique et du poids du liquide.

Considérons, en effet, une tranche de liquide prise en B, à la partie supérieure du siphon. Elle sera pressée, de gauche à droite, par la pression atmosphérique diminuée du poids d'une colonne de liquide ayant OM pour hauteur ; elle sera pressée de droite à gauche par la pression atmosphérique, diminuée du poids d'une colonne de liquide ayant FC pour hauteur. Si FC est plus grand que OM, la pression de gauche sera plus grande que la pression de droite, et la tranche liquide considérée s'écoulera du côté de l'orifice C. Mais, à mesure que se produira le mouvement, une nouvelle quantité de liquide, soulevée par la pression atmosphérique, passera du vase dans le siphon, et l'écoulement durera jusqu'à ce que le vase soit complètement vidé.

La vitesse de l'écoulement est évidemment d'autant plus grande que la différence FC — OM est elle-même plus considérable.

A mesure que le niveau baisse dans le vase, cette différence devient plus petite, et la vitesse d'écoulement diminue.

La théorie du siphon nous montre qu'il ne peut fonctionner qu'à la condition de n'avoir pas des dimensions trop considérables. Supposez, par exemple, qu'un siphon renferme du mercure : si la hauteur OM est supérieure à 76 centimètres, la pression atmosphérique ne pourra pas soutenir le liquide jusqu'en B, et celui-ci retombera dans le vase, au lieu de s'écouler vers l'orifice C. De même, dans un siphon à eau, la hauteur OM doit être inférieure à 10^m, 33. Dans le vide, le siphon ne fonctionnerait pas, quelles que soient ses dimensions.

96. Applications du siphon. — Le siphon est fort employé dans les laboratoires de chimie. Chaque fois qu'on veut *décanter* un liquide, c'est-à-dire le séparer d'un dépôt pulvérulent qui s'est formé au fond du vase, on se sert du siphon, qui enlève le liquide sans agiter le dépôt.

Dans les arts, le siphon est d'un usage journalier. Des peintures égyptiennes nous montrent que, dès la plus haute antiquité, on se servait du siphon pour transvaser les liquides. Presque tous les liquides qu'on fabrique dans l'industrie sont transvasés au moyen de siphons : on emploie le siphon, par exemple, pour vider les tonneaux pleins de vin et séparer ainsi le liquide de la lie.

Le siphon est aussi employé avec avantage dans de grands travaux hydrauliques, lorsqu'il s'agit de détourner le cours des rivières ou de vider des étangs sans endommager les digues.

A quelque usage qu'on destine le siphon, il faut pouvoir, pour le faire fonctionner, le remplir d'abord de liquide. Dans les laboratoires le siphon se compose souvent d'un simple tube recourbé comme celui de la figure 82, ou même d'un tube de caoutchouc flexible. Dans ce cas, on plonge la petite branche dans le liquide, et on aspire par l'autre avec la bouche; quand le liquide arrive dans la bouche, on cesse d'aspirer : le siphon est alors *amorcé* ; l'écoulement commence.

Pour les liquides vénéneux ou corrosifs, on doit opérer autrement. Un petit tube supplémentaire MC (*fig.* 83) part du bas de la grande branche; l'extrémité A étant plongée dans le liquide, on ferme B avec le doigt ou avec un robinet, et on aspire par C; avant que le liquide soit monté jusqu'à la bouche, on cesse d'aspirer, et le siphon est amorcé. On n'a plus qu'à ouvrir l'extrémité B pour déterminer l'écoulement.

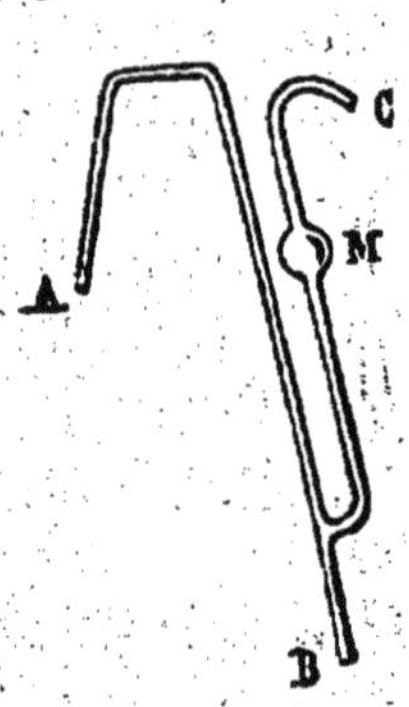

Fig. 83.

Dans l'industrie, les siphons sont trop grands pour qu'on puisse les amorcer par aspiration. Ils portent alors un robinet en A, un autre en C (*fig.* 82) ; ces deux robinets étant fermés, on verse du liquide par une ouverture pratiquée en B. Quand le siphon est plein, on ferme l'ouverture qui est en B ; on ouvre successivement les robinets A et C, et l'écoulement se produit.

97. Fontaine intermittente. — On rencontre, sur beaucoup de points de la France, des *fontaines intermittentes*, dont l'écoulement est périodique : elles sont produites par une disposition particulière du terrain, analogue à celle d'un siphon.

Une cavité souterraine (*fig.* 84), qui reçoit les eaux d'infiltration du sol, communique avec l'extérieur par un canal ABC en forme de siphon. Supposons que le niveau de l'eau dans la cavité soit plus bas que AE, il n'y aura pas d'écoulement. Mais l'eau monte par suite des infiltrations ; son niveau arrive en BD ; à partir de ce moment le siphon est amorcé, l'eau s'écoule, et le niveau baisse. Quand il sera de nouveau descendu en AE, l'écoulement s'arrêtera, pour reprendre peu après, et ainsi de suite. La période d'intermittence de ces fontaines dépend des dimensions

Fig. 84.

relatives de la cavité et du canal : elle varie, dans une même fontaine, d'une saison à l'autre, suivant l'abondance des eaux d'infiltration.

IV. — AÉROSTATS.

98. Aérostats. — Nous savons que le principe d'Archimède s'applique aux gaz (§ 52), et qu'un ballon très léger, rempli d'un gaz moins dense que l'air, doit s'élever dans l'atmosphère, comme un bouchon s'élève dans l'eau.

Les frères Montgolfier, fabricants de papier à Annonay, eurent les premiers l'idée de faire en grand cette expérience. Ils s'appuyèrent sur ce fait, que nous expliquerons plus tard, que l'air chaud est plus léger que l'air froid. Sous un ballon de papier, dont l'ouverture était tournée vers le bas, ils allumèrent un feu de paille : le ballon se gonfla peu à peu, puis s'éleva majestueusement.

Fig. 85. — La Montgolfière.

Le 5 juin 1783, la première expérience publique eut lieu à Annonay devant une foule immense. Le 27 août, le physicien Charles répétait l'expérience à Paris, avec un aérostat gonflé d'hydrogène. Ce fut une mode universelle : chacun lançait des *montgolfières* à air chaud ou des *aérostats* à hydrogène.

Le 21 octobre, Pilâtre de Rozier et le marquis d'Arlandes s'élevaient à un kilomètre de hauteur dans une grande montgolfière (*fig.* 85). A partir de ce moment, les ascensions se multiplièrent.

Les plus brillantes espérances ne tardèrent pas à naître dans l'esprit des aéronautes. Les ballons devaient servir à explorer scientifiquement les hautes régions de l'atmosphère; à éclairer les opérations militaires, en permettant de voir de loin les ennemis; ils devaient surtout, lorsqu'on aurait trouvé le moyen de les diriger, servir aux voyages lointains. Les aérostats n'ont rendu qu'une faible partie des services qu'on en attendait.

De nombreux savants, parmi lesquels il faut citer Gay-Lussac et Biot (1804), Barral et Bixio (1850), Glaisher et Coxwell (1862), Crocé-Spinelli, Sivel et Gaston Tissandier (1875), se sont élevés dans les airs (*fig.* 86) jusqu'à 11 kilomètres de hauteur, et ont rapporté de leurs ascensions des résultats importants pour la science.

On a été moins heureux dans les applications à l'art militaire. En 1794, le gouvernement de la République organisa des compagnies d'aérostiers, qui devaient, à l'aide de ballons captifs, observer les mouvements des armées ennemies. Ils jouèrent un rôle important à la bataille de Fleurus. Mais, depuis cette époque, les ballons ont été bien délaissés dans les opérations militaires. Il ne faut pas oublier cependant les services qu'ils ont rendus en 1870 à Paris assiégé.

Pendant longtemps tous les efforts faits pour diriger les ballons ont complètement échoué. La seule chose que pouvait faire l'aéronaute était de monter ou de descendre à son gré. Voulait-il monter, il jetait du *lest*, c'est-à-dire qu'il lançait hors de la nacelle (*fig.* 87) du sable, dont il avait une ample provision : alors le ballon allégé s'élevait. Voulait-il descendre, il ouvrait une soupape : le gaz s'échappait, le ballon se

Fig. 86. — Ballon dans les airs. Fig. 87. — La nacelle.

dégonflait, le volume d'air déplacé devenait moindre, la poussée moindre aussi : le ballon descendait.

Enfin en 1884, après bien des tentatives vaines, les capitaines Krebs et Renard sont parvenus à diriger à leur gré un ballon allongé, mu par une hélice mise en mouvement à l'aide d'une machine dynamo-électrique. C'est un premier pas fait dans la voie de la direction des aérostats.

Depuis un siècle, on n'a introduit dans la construction des aérostats que des modifications de détail. On les gonfle à l'air chaud, à l'hydrogène, au gaz d'éclairage (*fig.* 88), qu'il est facile de se procurer partout. Leur enveloppe est maintenant faite d'un taffetas gommé sensiblement imperméable à l'hydrogène. On leur donne quelquefois un volume énorme. Le ballon captif que l'ingénieur Giffard avait construit pour l'Exposition de 1878 avait une capacité de 20 000 mètres cubes. Outre son poids, celui de la nacelle et celui

Fig. 88.

du câble qui le retenait à terre, il pouvait enlever cinquante personnes.

99. Force ascensionnelle dans les aérostats. — On appelle force ascensionnelle d'un aérostat la différence qui existe entre son poids total et le poids de l'air qu'il déplace. On mesure la force ascensionnelle au moment du départ par la traction que le ballon exerce sur un dynamomètre (§ 23) auquel on l'accroche. Quand la force ascensionnelle ainsi mesurée dépasse 4 ou 5 kilogrammes, l'ascension est trop rapide; on la diminue alors en ajoutant dans la nacelle des sacs de sable, qui constitueront le *lest* et aideront plus tard l'aéronaute à monter ou à descendre à volonté.

Supposons qu'un ballon ait une capacité de 3225 mètres cubes, et proposons-nous de calculer sa force ascensionnelle, en le supposant gonflé d'hydrogène. Un mètre cube d'hydrogène pèse 89 grammes, à la pression de 76 centimètres et à la température de zéro degré : les 3225 mètres cubes d'hydrogène pèseront 287025 grammes. Un mètre cube d'air pris dans les mêmes conditions pèse 1293 grammes, ce qui donnera 4169925 grammes pour poids de ces 3225 mètres cubes d'air déplacé. La force qui pousse le ballon de bas en haut est donc de 4169925 — 287025 = 3882900 grammes ou 3883 kilogrammes. Si l'enveloppe du ballon, la nacelle et les différents agrès indispensables à la manœuvre ne pèsent que 3000 kilogrammes, il restera encore un poids disponible de 884 kilogrammes pour emporter les aéronautes, les instruments de météorologie et le lest.

Dans la pratique, on ne gonfle pas entièrement le ballon au départ. Si le ballon était tout à fait gonflé et absolument clos, il ne tarderait pas à éclater ; à mesure qu'on s'élève, en effet, la pression atmosphérique diminue, et la pression du gaz intérieur, n'étant plus équilibrée par la pression extérieure, romprait bientôt l'enveloppe. Quand, au contraire, le ballon n'est pas gonflé entièrement au départ, le gaz intérieur peut se dilater à mesure qu'on s'élève, de sorte que sa pression diminue en même temps que celle de l'air extérieur. Il résulte même de cette disposition que la force ascensionnelle demeure constante pendant toute la durée de l'ascension : lorsqu'on arrive dans une région où l'air est deux fois plus léger, le ballon a pris un volume deux fois plus considérable, et par conséquent le poids de l'air déplacé est resté le même.

Quand on s'est élevé assez haut pour que le ballon ait acquis son volume maximum, on a soin de laisser partir du gaz par la soupape inférieure pour empêcher la pression intérieure de surpasser la pression extérieure. A partir de ce moment, la force ascensionnelle diminue ; quand on arrive dans une région où elle est nulle, l'aérostat cesse de s'élever.

CHAPITRE VI.

ACOUSTIQUE.

Production et propagation du son dans l'air ; écho.

I. — PRODUCTION DU SON.

100. Acoustique. — L'acoustique est la partie de la physique qui s'occupe de l'étude des sons. Nous parlerons seulement ici des conditions de la production et de la propagation du son.

101. Production du son. — Prenons une verge métallique AB, et fixons-la par une de ses extrémités entre les deux mâchoires d'un étau. En tirant sur l'extrémité A (*fig.* 89), écartons-la de sa position d'équilibre, pour la conduire en BD. Si, à ce moment, nous l'abandonnons à elle-même, nous la verrons aller de droite à gauche, de D en E et de E en D, avec une grande rapidité. Ces mouvements successifs sont appelés des *oscillations* ; la distance parcourue par l'extrémité A, de D en E, est l'amplitude des oscillations.

Fig. 89.

Les oscillations de la verge sont dues à son élasticité ; une verge de plomb ou de cire, non élastique, n'en produirait pas. Elles se continueront pendant un certain temps, avec une amplitude de plus en plus faible, puis enfin la verge reprendra sa position et son immobilité primitives.

Or, tout le temps que durent ces oscillations, on entend un son : il commence quand la verge se met à osciller, il cesse quand elle est redevenue immobile. Le son est donc produit par des oscillations.

Fig. 90.

Ce fait est général : *tout son est produit par les oscillations du corps sonore*. Quelques exemples vont nous le montrer.

Pour faire résonner une corde tendue, il faut l'écarter de sa position normale, puis la lâcher brusquement. Elle exécute alors une série d'oscillations si rapides qu'on ne pourrait les compter, mais qui se manifestent par un renflement apparent de la corde en son milieu. Un son se produit aussitôt. Qu'on arrête le mouvement de la corde avec le doigt, le son cesse.

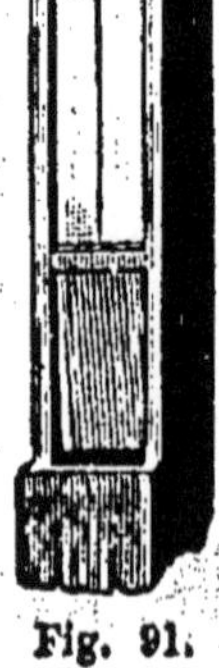

Fig. 91.

Une cloche est frappée par un marteau, elle résonne. Ici les vibrations ne sont pas immédiatement apparentes; mais si l'on approche des bords de la cloche un petit fil à plomb très léger, on voit qu'il est vivement rejeté.

Une plaque carrée de cuivre, fixée par son centre dans une position horizontale, est frappée par un archet et se met à chanter. Qu'on jette sur cette plaque du sable fin : on le verra sauter vivement jusqu'à ce que le son soit éteint.

Nous comprenons maintenant pourquoi le son est toujours produit par un choc ou un frottement : il fallait cela pour mettre le corps sonore en vibration; pourquoi on arrête le son en touchant le corps sonore avec la main : on fait cesser les vibrations ; pourquoi, enfin, les corps mous, non élastiques, plomb, cire, ouate..., sont incapables de produire des sons : ils ne peuvent vibrer.

Souvent le son est produit non plus par un solide, mais par un gaz : c'est ce qui a lieu dans les instruments de musique dits *instruments à vent*. Montrons que ce gaz qui produit un son est bien en vibration. Voici un tuyau d'orgue (*fig.* 91) dont une des faces est en verre : il résonne sous l'action de l'air qui entre par l'extrémité inférieure. Faisons descendre dans le tuyau, au moyen d'un fil, une petite membrane tendue, sur laquelle on a répandu du sable fin. Le sable saute vivement sur la membrane, rendant ainsi visibles les oscillations de l'air du tuyau.

II. — PROPAGATION DU SON.

102. Propagation du son. — Le son est *produit* par une vibration, mais il n'est entendu que lorsque la vibration a été transmise jusqu'à l'oreille.

Une douleur est produite souvent par un coup; mais un coup ne suffit pas à constituer la douleur. Un coup donné sur une table ne produit pas de douleur. Il faut, pour qu'il y ait douleur, la réunion de deux choses : le coup, et un être sensible pour le recevoir. De même la vibration, à elle seule, ne serait qu'un mouvement, s'il n'y avait pas à côté d'elle une oreille pour la recevoir et en avoir conscience. Si tous les êtres vivants devenaient sourds, il pourrait encore y avoir des vibrations de corps élastiques, mais il n'y aurait plus de sons.

Voyons donc comment les vibrations des corps sonores peuvent être transmises jusqu'à notre oreille. Elles le seront par l'intermédiaire de l'air. A chaque mouvement d'oscillation du corps vibrant, les couches d'air voisines sont frappées et comprimées. Ce choc et cette compression se transmettent rapidement de proche en proche aux couches d'air successives et arrivent ainsi jusqu'à l'oreille, qui nous donne la sensation du son. Suivant que les vibrations primitives auront été plus ou moins amples, le mouvement de l'air sera lui-même plus ou moins grand, et le son perçu sera plus ou moins fort et s'entendra de plus ou moins loin. Il s'affaiblira, du reste, rapidement à mesure qu'on s'éloignera de son point de départ.

Mille observations, que l'on peut faire aisément tous les jours, montrent le mouvement de vibration de l'air qui transmet un son. Les chants d'église font trembler les vitraux, les sons de l'orgue font frémir les piliers. Le bruit du canon, le roulement des tambours, le grondement du tonnerre, ébranlent les vitres et jusqu'aux murs des maisons. A un cri poussé dans un salon, les cordes du piano voisin répondent par un frémissement. Comment expliquer tous ces mouvements, sinon par une vibration de l'air qui transmet le son ?

103. Le son ne se propage pas dans le vide. — Du reste, et cette dernière preuve est concluante, le son ne se transmet pas dans le vide.

Dans un ballon à robinet, suspendons une petite clochette au moyen d'un cordon de coton non élastique (*fig.* 92). Faisons le vide : les tintements de la clochette ne sont plus entendus. Qu'on fasse rentrer un peu d'air, et on entendra un faible son, qui ira en augmentant d'intensité à mesure qu'on fera rentrer l'air en plus grande quantité.

Fig. 92.

104. Le son se propage à travers tous les milieux élastiques. — Qu'un milieu élastique quelconque soit, au contraire, interposé entre le corps sonore et l'oreille : le son sera perçu.

Ainsi, le son se transmet à travers l'air et tous les autres gaz. Plus la pression de l'air est considérable, plus le son se transmet aisément. Dans l'air comprimé le son est très fort, tandis qu'il est très faible dans les hautes régions, où l'air est rare. Au sommet du mont Blanc, les voyageurs cessent de s'entendre les uns les autres à quelques mètres de distance.

A défaut de l'air, les corps liquides et les solides élastiques transmettent parfaitement les sons; ils les transmettent même mieux que l'air. Quand on a la tête plongée sous l'eau, on entend parfaitement deux cailloux choqués l'un contre l'autre à 800 mètres de distance. Quand on frappe de petits coups à l'extrémité d'une poutre de bois, l'oreille collée à l'autre bout entend un son assez fort. Pour entendre un cheval qui arrive sur une route, on applique l'oreille sur le sol.

On peut, tout en ayant les oreilles fermées, percevoir parfaitement les sons par l'intermédiaire des os du crâne. Un sourd-muet qui n'a pas le nerf acoustique paralysé entend parfaitement le tic-tac d'une montre qu'il tient serrée entre ses dents.

105. Vitesse de propagation du son dans l'air. — Le son ne se propage pas instantanément du corps sonore à l'oreille. Quand, du haut d'une colline, on regarde un chasseur dans la plaine, on le voit porter son fusil à l'épaule; la fumée sort du canon, et c'est seulement quelques instants après, que l'on entend le bruit de la détonation.

On a cherché, dès la fin du dix-septième siècle, à mesurer la vitesse de transmission du son dans l'air. Les premières mesures précises ont été faites en 1738, entre Montmartre et Montlhéry (près Paris), sur une distance de 29 kilomètres, par une commisssion de l'Académie des sciences. D'autres expériences furent entreprises en 1822 par les membres du Bureau des longitudes. Trois savants étaient installés à Villejuif, près Paris, avec un canon, et les trois autres sur la colline de Montlhéry, à 18 kilomètres de distance, avec un autre canon. On opérait la nuit. Quand on tirait un coup de canon d'une station, les observateurs installés à l'autre voyaient d'abord une flamme, puis, longtemps après (plus de 50 secondes), ils entendaient le son. De bonnes montres à secondes leur donnaient exactement le temps qui s'était écoulé entre l'apparition de la lumière et l'arrivée du son. Comme la lumière se transmet à peu près instantanément d'une station à l'autre, la durée observée indiquait le temps qu'avait mis le son à se propager.

La moyenne d'un grand nombre de mesures effectuées pendant presque toute la nuit donna $340^{m},89$ par seconde pour la vitesse de la propagation du son; cela ferait 1 224 kilomètres par heure, à peu près 20 fois la vitesse de nos trains de chemin de fer.

Le vent, qui permet d'entendre le son de plus loin quand il est favorable, n'a qu'une faible influence sur la rapidité de sa transmission. La température en a une plus considérable : par les grands froids de l'hiver, le son ne parcourt que 330 mètres par seconde ; par les fortes chaleurs de l'été, il se propage avec une vitesse de 345 mètres.

Tous les sons, du reste, si différents qu'ils soient les uns des autres, se propagent avec la même vitesse.

Divers savants ont aussi mesuré la vitesse de progression du son dans les liquides et dans les solides. Dans l'eau, le son parcourt 1 435 mètres par seconde; dans la fonte, il a une vitesse de 3500 mètres.

III. — RÉFLEXION DU SON.

106. Réflexion du son. — Le son, lorsqu'il rencontre un obstacle résistant, est renvoyé comme le serait une balle élastique. Le mouvement vibratoire se réfléchit suivant des lois que nous allons énoncer.

Considérons un son parti du point C (*fig.* 93) et prenant la direction CR. En R, il rencontre un obstacle AB, et se réfléchit suivant la direction RC'.

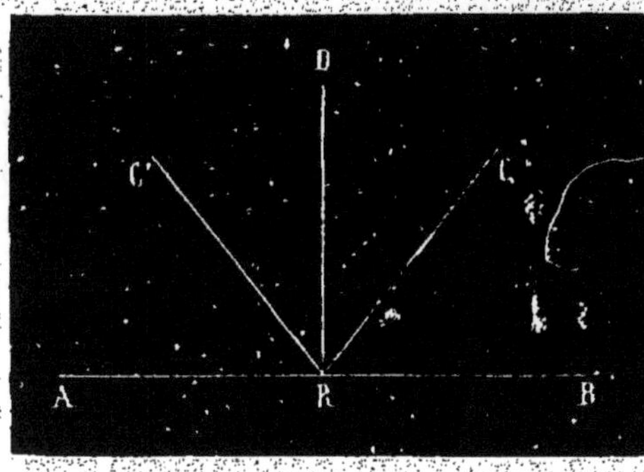

Fig. 93.

L'angle CRD, que fait le son *incident* avec la perpendiculaire menée en R à l'obstacle, se nomme l'*angle d'incidence*; l'angle C'RD, que fait le son *réfléchi* avec la même perpendiculaire, se nomme *l'angle de réflexion.*

Les lois de la réflexion sont les suivantes :

1° *Le rayon incident CR, le rayon réfléchi RC', et la perpendiculaire RD à l'obstacle sont dans un même plan,* ce qui veut dire que si l'obstacle est vertical et le rayon incident horizontal, le rayon réfléchi sera aussi horizontal.

2° *L'angle de réflexion est égal à l'angle d'incidence.*

Les conséquences de ces lois de la réflexion du son sont nombreuses et intéressantes.

Lorsqu'une montre est placée convenablement devant un miroir sphérique concave AB (*fig.* 94), tous les rayons sonores émanés de la montre F forment, après leur réflexion, un faisceau sensiblement cylindrique, qui se transmet sans affaiblissement à une grande distance.

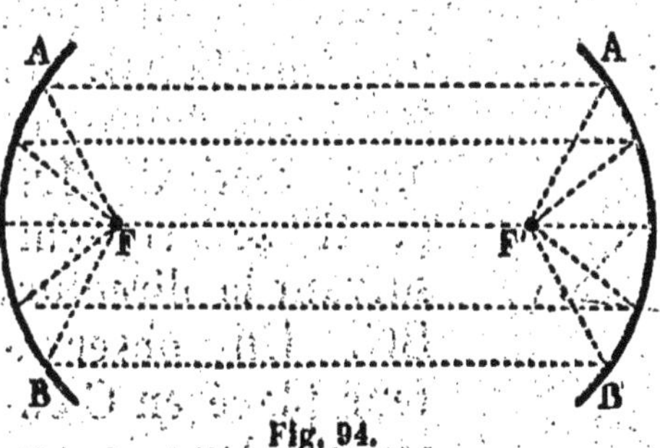

Fig. 94.

Qu'on reçoive ce faisceau sur un second miroir sphérique placé bien en face du premier, et les rayons, réfléchis une seconde fois, viendront converger en un même point F', où l'oreille pourra les recueillir. En ce point on entendra très distinctement le tic-tac de la montre, tandis que dans l'intervalle compris entre les deux miroirs on ne percevra aucun son.

Une des salles du Conservatoire des Arts et Métiers, à Paris, présente une disposition analogue. La voûte elliptique réfléchit les vibrations sonores, émanées d'un certain point de la salle, de manière à les faire converger en un autre point très éloigné du premier. Les paroles prononcées à voix basse en l'un de ces points sont très distinctement entendues à l'autre, tandis qu'elles ne le sont en aucun des points intermédiaires.

Dans les *tuyaux acoustiques* et dans les *porte-voix* les réflexions successives des vibrations sonores le long des parois finissent par rendre tous les rayons à peu près parallèles entre eux, et leur permettent de se propager au loin sans affaiblissement sensible. Dans les *cornets acoustiques*, les réflexions successives font converger vers l'oreille les vibrations sonores qui ont été recueillies par le pavillon.

107. Écho. — La réflexion du son se produit fréquemment dans la nature contre les rochers, les collines, les murs, ou même contre les bouquets d'arbres. Il en résulte le phénomène de l'*écho*.

Considérons un son parti du point A (*fig.* 95) et prenant la direction horizontale AB. En B, il rencontre un mur vertical MN, et il se réfléchit suivant la direction BC. Un observateur placé en C entendra donc le son arrivant directement de A en C, et ensuite le son réfléchi, l'*écho*, qui aura parcouru le chemin ABC. S'il y a 340 mètres de distance de A en C, et 680 mètres en suivant le chemin ABC, l'écho arrivera une seconde après le son venu directement.

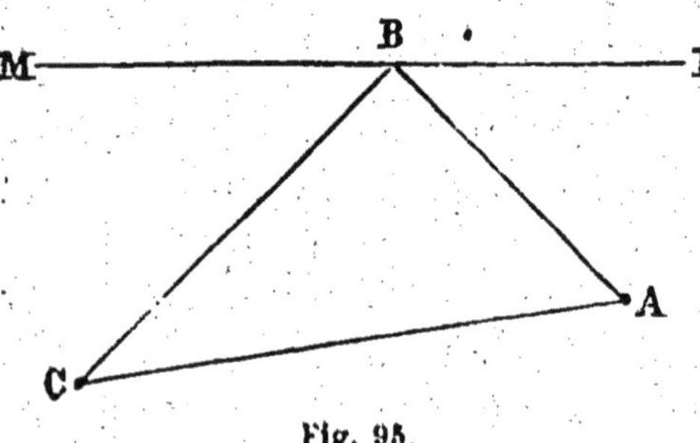

Fig. 95.

Quand le son arrive perpendiculairement sur l'obstacle, il revient exactemeut sur ses pas, et l'observateur qui a parlé entend revenir sa propre voix. S'il y a 340 mètres de l'observateur à l'obstacle, le son mettra une seconde à aller et une seconde à revenir : on entendra l'écho deux secondes après le bruit. Tout ce qu'on aura dit pendant ces deux secondes sera répété et distinctement entendu. Un écho répétera donc d'autant plus de syllabes que l'obstacle sera plus éloigné de l'endroit où l'on parle.

L'expérience a montré qu'il faut au moins $\frac{1}{20}$ de seconde pour prononcer distinctement une syllabe : il faudra que la distance de l'observateur à l'obstacle soit d'au moins $\frac{340}{20} = 17$ mètres, pour qu'on puisse entendre distinctement l'écho. Si la distance est double, triple, quadruple, il sera possible de prononcer deux, trois, quatre syllabes, avant le retour du son : l'écho pourra répéter deux, trois, quatre syllabes.

Si, au contraire, la surface réfléchissante est située à moins de 17 mètres de distance, l'écho rapportera chaque syllabe avant même qu'on ait fini de la prononcer : il y aura *résonance*.

Quand on parle dans un appartement, le son se réfléchit contre les murs, de sorte que celui qui parle, de même que les auditeurs, entendent, après le son direct, plusieurs sons réfléchis. Dans la plupart des cas, les dimensions de la salle étant petites, ces sons réfléchis arrivent à l'oreille presque en même temps que le son direct, et ne font que le renforcer : la salle est *sonore*. Mais si les dimensions augmentent, les sons réfléchis prolongent d'une manière fatigante le son direct, qui devient alors bourdonnant et confus ; les grandes salles, dont les murs sont nus, possèdent souvent de ces résonances extrêmement gênantes pour les orateurs et leur auditoire. Les draperies et les tentures, n'étant pas élastiques, réfléchissent peu le son et amortissent les résonances.

Les architectes qui ont à construire des églises, des salles de théâtre, de réunions ou de cours publics, doivent se préoccuper vivement de ces questions; malheureusement, ils ne le font pas assez, ce qui explique la détestable sonorité qu'ils obtiennent le plus souvent.

A côté des échos *simples*, qui répètent une seule fois la syllabe prononcée, se placent les échos *multiples*. On a un écho multiple quand plusieurs obstacles peuvent renvoyer successivement une ou plusieurs syllabes en un point déterminé. Deux murs parallèles, suffisamment éloignés l'un de l'autre, suffisent pour créer un écho multiple : les rayons sonores, renvoyés de l'un à l'autre, peuvent arriver plusieurs fois de suite à l'oreille. Les échos multiples sont fréquents dans les montagnes. « En Bohême, on trouve, près d'Aderbach, une espèce de cirque de six lieues de diamètre, hérissé de rochers nus et pointus. Au milieu de ce chaos, il existe un endroit où l'écho répète trois fois une phrase de sept syllabes, sans la moindre confusion. »

La villa Simonetta, près de Milan, possède un écho plus extraordinaire encore. Lorsqu'on tire un coup de pistolet d'une certaine fenêtre de la cour intérieure, l'écho le répète jusqu'à cinquante fois. Ce fait a été constaté par un grand nombre de savants.

TABLE DES MATIÈRES
DU COURS DE PHYSIQUE
(DEUXIÈME ANNÉE)

CHAP. IV. — PROPRIÉTÉS DES CORPS A L'ÉTAT GAZEUX.

CHAP. V. — APPLICATIONS DES PROPRIÉTÉS DES GAZ.

CHAP. VI. — ACOUSTIQUE.

FIN DE LA PHYSIQUE.

CHIMIE

CHAPITRE PREMIER.

EAU : ANALYSE ET SYNTHÈSE. — OXYGÈNE. — HYDROGÈNE.

I. — ANALYSE ET SYNTHÈSE DE L'EAU.

1. Ce que c'est qu'une étincelle et qu'un courant électriques. — Nous aurons souvent à faire intervenir dans nos expériences de chimie un agent, l'*électricité*, dont nous n'entreprendrons l'étude que plus tard. Il est donc bon de donner dès maintenant quelques définitions relatives à cet agent.

Quand on frotte vivement un bâton de verre contre un morceau de drap, ce bâton prend la propriété d'attirer les corps légers ; la cause de cette attraction a reçu le nom d'électricité.

Si le bâton est de grandes dimensions, et qu'on en approche le doigt après l'avoir vivement frotté, on entend un bruit sec, en même temps qu'on voit une lueur, une étincelle, aller du bâton au doigt : c'est l'*étincelle électrique*.

Une *machine électrique* est un appareil de grandes dimensions qui produit beaucoup d'électricité ; elle donne de nombreuses et longues étincelles ; elle est d'un fréquent usage en chimie.

Les *piles*, absolument différentes des machines électriques, produisent aussi de l'électricité. Versons quelques gouttes d'acide sulfurique dans un verre plein d'eau et plongeons dans le liquide une lame de zinc et une lame de cuivre : nous aurons constitué une *pile*. Deux sortes d'électricité, appelées *électricité positive* et *électricité négative*, se porteront, la première sur le cuivre, la seconde sur le zinc. Pour cette raison, la lame de cuivre se nomme le *pôle positif* de la pile, et la lame de zinc le *pôle négatif*.

Si l'on joint par un fil métallique le pôle positif au pôle négatif, ce fil est traversé dans les deux sens par l'électricité positive et par l'électricité négative, qui vont à la rencontre l'une de l'autre. On donne le nom de *courant* à ce passage de l'électricité dans le fil conducteur. Le courant produit un grand nombre de phénomènes chimiques, que nous aurons à étudier.

2. Décomposition de l'eau par la pile. — Prenons le *voltamètre*, représenté par la figure 1. Il se compose d'un verre à pied V traversé, à sa partie inférieure, par deux fils de platine, qui pénètrent dans l'intérieur. Versons-y de l'eau légèrement acidulée par de l'acide sulfurique (l'acide a simplement pour but de rendre l'eau plus conductrice de l'électricité); retournons au-dessus de chaque fil une petite *éprouvette* pleine d'eau, et mettons les fils en communication avec les deux pôles d'une pile, de manière que l'eau soit traversée par le courant. Nous voyons aussitôt les bulles de gaz se dégager le long des fils de platine et monter dans les éprouvettes. Le passage du courant a donc eu pour effet de décomposer l'eau en deux gaz : l'un, celui qui correspond au pôle positif, qui est renfermé dans le tube *a*, a la propriété de rallumer une allumette qui ne présente plus que quelques points en ignition : nous l'étudierons sous le nom d'*oxygène* ; l'autre, qui se dégage dans le tube *b*,

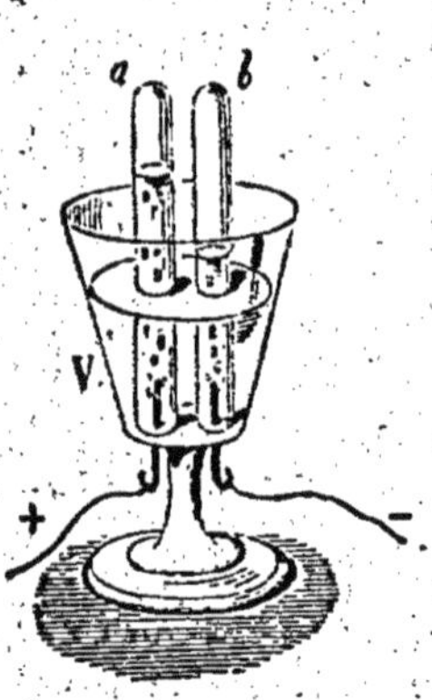

Fig. 1.

correspondant au pôle négatif, est inflammable : c'est l'*hydrogène*. Il y a deux fois plus d'hydrogène que d'oxygène. Donc : *le courant électrique décompose l'eau en deux gaz, l'oxygène et l'hydrogène : le volume de l'hydrogène est double de celui de l'oxygène ; l'oxygène se dégage au pôle positif, et l'hydrogène au pôle négatif.*

3. Analyse. — Il faut conclure de là que l'eau est composée d'oxygène et d'hydrogène. L'opération que nous avons faite en *décomposant* l'eau pour en tirer les corps qui la forment se nomme une *analyse*.

Analyser un corps, c'est le décomposer de manière à en tirer les éléments qui le constituent.

4. Synthèse. — Mais ne serait-il pas possible, inversement, de reformer l'eau au moyen de l'oxygène et de l'hydrogène que nous venons d'en tirer? L'opération est aisée : elle peut se faire de plusieurs manières; indiquons seulement la méthode de l'*eudiomètre*.

L'*eudiomètre* se compose d'une *éprouvette* AB, longue et étroite (*fig.* 2), graduée en parties d'égale capacité; deux fils de platine, M et N, la traversent à son extrémité supérieure et se terminent intérieurement par deux petites boules, placées dans le voisinage l'une de l'autre. On pourra, au moyen d'une machine électrique, faire jaillir l'étincelle entre les deux boules.

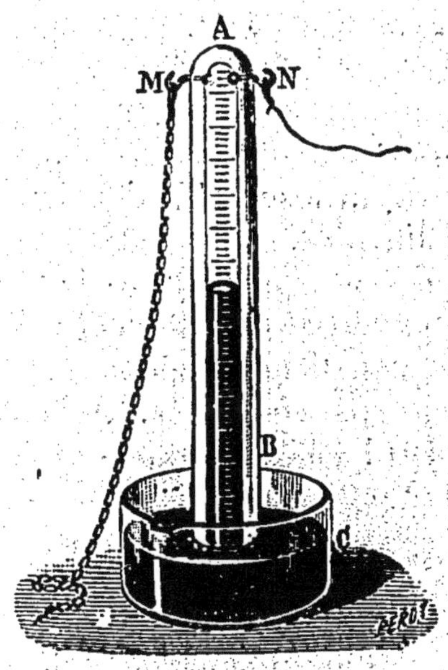

Fig. 2.

Remplissons l'eudiomètre de mercure, et retournons-le au-dessus de la cuve à mercure : le liquide, soutenu par la pression atmosphérique, ne cessera pas de remplir l'appareil. Introduisons maintenant de l'oxygène et de l'hydrogène dans les proportions de deux volumes d'hydrogène pour un volume d'oxygène. Si alors nous faisons passer une étincelle électrique entre les deux boules de platine, nous entendrons une détonation sourde, et nous verrons immédiatement le mercure remonter jusqu'au sommet du tube : le mélange des deux gaz semblera avoir complètement disparu. Cependant, en y regardant de près, nous constaterons la présence de quelques gouttelettes d'eau en haut de la colonne de mercure. Donc : *sous l'influence de l'étincelle électrique, l'hydrogène et l'oxygène se sont combinés pour former de l'eau.*

L'opération que nous venons de faire en *combinant* l'hydrogène et l'oxygène pour former l'eau se nomme une *synthèse.* Faire la synthèse d'un corps, c'est le former par la combinaison de ses éléments constituants.

5. Corps simples, corps composés. — Il y a donc des corps, et l'eau en est un exemple, qui résultent de l'union de deux ou plusieurs autres éléments plus simples. Par l'analyse on peut retirer de ces corps les éléments constituants : par la synthèse on peut unir les éléments de manière à former le corps complexe. D'autres, au contraire, l'oxygène et l'hydrogène sont de ce nombre, ne peuvent être ni décomposés par l'analyse, ni formés par la synthèse. Ces derniers corps se nomment les *corps simples*, et les autres les *corps composés.*

Il est indispensable de connaître exactement les propriétés des corps simples constituants pour pouvoir comprendre celle des corps composés. Aussi, avant d'entreprendre l'étude de l'eau, allons-nous nous occuper de l'oxygène et de l'hydrogène.

II. — OXYGÈNE.

6. Propriétés physiques. — L'oxygène est un gaz incolore, sans odeur ni saveur. Sa densité, prise par rapport à l'air[1], est 1,1056; le poids d'un litre d'air, à la température de 0° et à la pression de 760^{mm}, est donc égal à $1{,}1056 \times 1{,}293 = 1^{gr}429$.

L'oxygène a longtemps été considéré, avec quelques autres gaz, comme *permanent*, c'est-à-dire comme incapable d'être amené à l'état liquide. En 1877, M. Cailletet, en France, et M. Pictet, en Suisse, l'ont liquéfié : pour arriver à ce résultat, il a fallu faire agir sur l'oxygène en même temps un froid intense et une très forte pression. Depuis cette époque, il n'existe plus de gaz permanents ; tous ont pu être liquéfiés par l'emploi de procédés convenables.

L'oxygène est peu soluble dans l'eau. Un litre d'eau pure, agitée dans une atmosphère d'oxygène à la pression de 760 millimètres, en dissout seulement 41 centimètres cubes, c'est-à-dire 0,041 de son volume. On exprime ce fait en disant que le coefficient de solubilité de l'oxygène dans l'eau est 0,041. Le coefficient de solubilité n'a cette valeur qu'à la température de zéro degré ; dès que l'eau s'échauffe, le gaz en dissolution s'échappe peu à peu. A la température de l'ébullition de l'eau tout le gaz est chassé ; le coefficient de solubilité devient nul.

7. Propriétés chimiques. — L'oxygène se combine aisément avec un grand nombre d'autres corps, pour

1. On adopte, lorsqu'il s'agit des gaz, une définition de la densité différente de celle que nous avons donnée en physique pour les solides et les liquides. On nomme densité d'un gaz le rapport qui existe entre le poids d'un litre de ce gaz et le poids d'un litre d'air, le gaz et l'air étant pris tous les deux à la température de zéro degré, et sous la pression de 760 millimètres.

Il faut donc, pour avoir le poids d'un litre d'un gaz, multiplier sa densité par le poids d'un litre d'air, $1^{gr},293$.

former des composés très divers. La combinaison d'un corps quelconque avec l'oxygène porte le nom de *combustion :* tout corps capable de brûler dans l'oxygène est appelé *corps combustible.* Par opposition, l'oxygène, dans lequel se fait la combustion, est dit *comburant.* Voici quelques exemples de combustion dans l'oxygène.

1° Un morceau de charbon qui ne présente plus que quelques points incandescents se rallume vivement quand on le plonge dans un flacon plein d'oxygène. Au bout de quelques instants, le charbon a disparu totalement brûlé.

Quel phénomène s'est-il produit? Le charbon s'est *combiné* avec l'oxygène.

Le corps formé par cette combinaison a reçu le nom d'*anhydride carbonique :* c'est un gaz incolore et inodore. Le charbon, qu'on ne voit plus, n'a pas été anéanti; il est maintenant répandu dans l'atmosphère du flacon à l'état d'anhydride carbonique, c'est-à-dire de combinaison avec l'oxygène.

2° Un fragment de soufre, placé dans une petite coupelle (*fig.* 3), et préalablement enflammé, brûle avec une flamme bleue quand on le plonge dans l'oxygène. L'*anhydride sulfureux* qui résulte de la combinaison du soufre et de l'oxygène est un gaz incolore comme l'anhydride carbonique, mais doué de l'odeur suffocante que dégage une allumette qu'on vient d'enflammer.

Fig. 3.

3° Un morceau de phosphore brûle aussi très vivement dans l'oxygène. Dans ce cas, la flamme est tellement vive que l'œil n'en peut pas supporter l'éclat; le résultat de la combinaison, l'*anhydride phosphorique*, n'est plus un gaz, mais un solide; il se répand dans le flacon en épaisse fumée blanche.

4° Les métaux peuvent aussi se combiner avec l'oxygène, et il y a incandescence.

Qu'on attache un morceau d'amadou enflammé à l'extrémité d'un fil de fer (*fig.* 4), qu'on enfonce le tout dans un flacon plein d'oxygène : on verra l'amadou brûler rapidement, communiquer l'inflammation au fer, et celui-ci se consumer en lançant autour de lui de brillantes étincelles. L'*oxyde de fer* formé, combinaison de fer et d'oxygène, est un solide qui tombe en globules fondus sur le fond du flacon.

Fig. 4.

Les corps que nous venons de citer ne sont pas les seuls qui puissent se combiner avec l'oxygène en dégageant de la chaleur et de la lumière. D'autres corps simples, que nous aurons à étudier, et beaucoup de corps composés, jouissent de la même propriété.

Nous reviendrons plus longuement, dans le chapitre III, sur les combustions et les circonstances dans lesquelles elles se produisent.

8. Préparation. — L'oxygène se rencontre presque partout dans la nature : aussi existe-t-il un grand nombre de réactions chimiques qui permettent de l'obtenir pur en le séparant des éléments avec lesquels il se trouve combiné ou mélangé. Indiquons seulement les deux procédés qui sont réellement employés dans les laboratoires.

1° *Préparation par le bioxyde de manganèse.* — Le *bioxyde de manganèse*, minerai assez abondant, de couleur noire, est une combinaison d'oxygène avec un autre corps simple, le manganèse. Une forte chaleur le décompose, chasse un tiers de l'oxygène, et laisse comme résidu un autre composé d'oxygène et de manganèse, l'*oxyde rouge de manganèse*, sur lequel la chaleur n'a pas d'action.

L'opération se fait de la manière suivante : le bioxyde de manganèse, réduit en petits morceaux, est introduit dans une *cornue* en grès (*fig.* 5). On place la

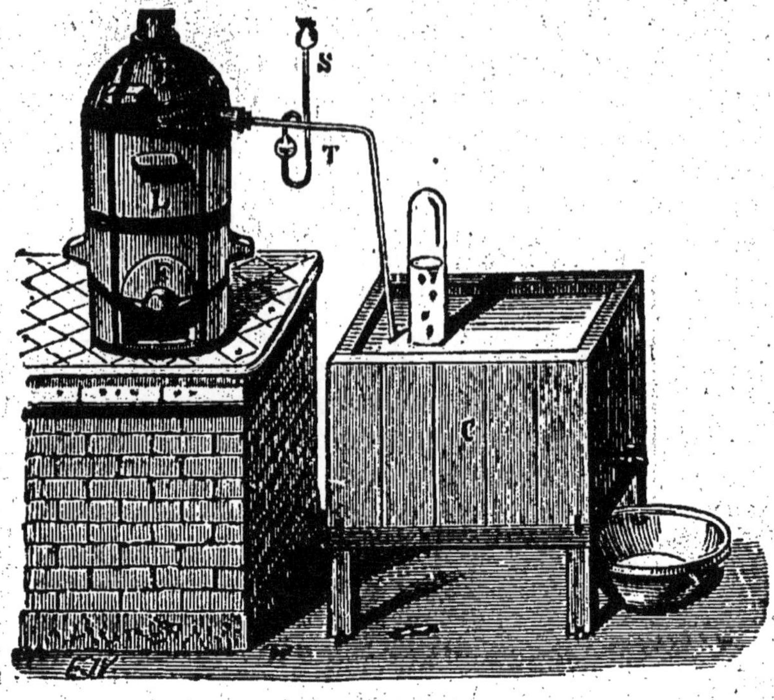

Fig. 5.

cornue dans un *fourneau à réverbère*[1] FLR, qui permettra de l'entourer complètement de charbon. Un *tube à dégagement*, fixé au col de la cornue par un bouchon percé, conduit le gaz jusqu'à la *cuve à eau*, sur laquelle on le recueille dans une *éprouvette* ou dans un flacon. Quand le charbon du fourneau est entièrement pris, la décomposition du bioxyde de manganèse commence, et l'on voit le gaz se dégager en bulles nombreuses à travers l'eau de la cuve. On laisse perdre la première portion, formée en grande partie de l'air qui remplissait la cornue, et on recueille le reste.

1. Nous trouvons absolument inutile de donner la description des appareils si simples employés dans les laboratoires, et d'insister sur la manière de s'en servir. Le détail des manipulations chimiques ne peut pas s'apprendre dans un livre, et les instruments que l'on voit à chaque instant fonctionner dans les cours se font assez connaître par eux-mêmes.

2° *Préparation par le chlorate de potassium.* — Le *chlorate de potassium*, que l'on prépare artificiellement dans l'industrie, se présente sous forme de cristaux blancs parfaitement secs. Il renferme à peu près le tiers de son poids d'oxygène, combiné avec deux autres corps simples, le chlore et le potassium. Quand on le chauffe au rouge, il fond d'abord, puis se décompose : la totalité de l'oxygène est chassée, tandis que le chlore et le potassium restent comme résidu sous forme d'une combinaison, le *chlorure de potassium*, analogue au sel marin.

Pour opérer, on chauffe le chlorate de potassium dans une cornue de verre munie d'un tube de dégagement (*fig.* 6), qui arrive sur une cuve à eau. Il fond d'abord, puis commence à se décomposer.

La décomposition du chlorate de potassium par la chaleur est facilitée par son mélange avec certains corps pulvérulents. C'est ainsi que, lorsqu'on y ajoute une petite proportion de bioxyde de manganèse, ou d'oxyde rouge de manganèse, la décomposition se produit avant même que les cristaux se soient fondus. Le corps ajouté semble agir par sa seule présence, sans éprouver lui-même aucune altération. Dans ce cas, le dégagement est même quelquefois si rapide, qu'il peut se produire une explosion si le tube à dégagement n'est pas assez large pour donner écoulement au gaz.

Fig. 6.

Remarque. — Dans ces deux préparations de l'oxygène, il faut avoir soin de déboucher la cornue et d'enlever le tube à dégagement avant de laisser le feu s'éteindre. Si l'on ne prenait pas cette précaution, il se produirait une diminution de pression, par suite du refroidissement graduel du gaz intérieur; l'eau de la cuve, poussée par la pression atmosphérique, s'élèverait alors dans le tube à dégagement et arriverait jusque dans la cornue encore chaude; la volatilisation instantanée de cette eau amènerait une explosion dangereuse.

Quelquefois, pour se mettre plus sûrement à l'abri d'une *absorption*, on prend un tube à dégagement *de sûreté* (*fig.* 5). Ce tube porte une branche supplémentaire TS recourbée comme l'indique la figure; de l'eau se trouve dans le coude inférieur, empêchant le gaz de partir par là. Mais si la pression intérieure vient à diminuer, le niveau baisse en T, et l'air extérieur rentre en bulles à travers la colonne d'eau, pour venir combler le vide.

9. État naturel, usages. — L'oxygène est le plus important des corps de la nature; il forme à lui seul à peu près la moitié du poids de l'écorce terrestre. Combiné avec d'autres corps simples, il entre dans la composition de l'eau, du plus grand nombre des roches, des tissus animaux et végétaux. L'air contient un cinquième de son poids d'oxygène, non plus combiné, mais simplement mélangé avec d'autres gaz.

Aussi ce corps joue-t-il dans la nature un rôle absolument prépondérant. Il est l'agent essentiel de toutes les combustions, de la respiration des animaux, de la décomposition et de la transformation spontanée des matières organiques animales et végétales.

Dans les laboratoires, il intervient dans un très grand nombre de réactions chimiques.

Quant à l'oxygène pur, tel que nous venons de l'étudier, il n'est employé que dans les laboratoires. L'industrie en tirerait un grand parti pour la production de températures très élevées, si on lui indiquait le moyen de le préparer à bon marché; mais, jusqu'à ce jour les nombreux efforts tentés dans ce sens n'ont pas donné de résultats réellement satisfaisants.

Il est singulier qu'un corps que nous rencontrons ainsi partout ait été méconnu pendant si longtemps. Il a été isolé et étudié pour la première fois en 1774 par Priestley[1], puis, presque à la même époque, par Scheele[2].

III. — HYDROGÈNE.

10. Propriétés physiques. — L'hydrogène est, comme l'oxygène, un gaz incolore, inodore, insipide.

Sa densité est 0,0692, c'est-à-dire qu'un litre d'hydrogène, pris à la température de zéro degré et sous la pression de 760 millimètres, pèse $0{,}0692 \times 1{,}293 = 0^{gr},0895$. C'est le plus léger de tous les gaz, et, par conséquent, de tous les corps connus; il est quatorze fois et demi plus léger que l'air, seize fois plus léger que l'oxygène.

Cette grande légèreté peut être mise en évidence par des expériences simples. Si, par exemple, on gonfle des bulles de savon avec de l'hydrogène enfermé dans un sac de caoutchouc, ces bulles s'élèvent dans l'air très rapidement. Aussi l'hydrogène est-il le meilleur de tous les gaz pour le gonflement des ballons : c'est l'hydrogène, en effet, qui donne la plus grande force ascensionnelle.

L'hydrogène, comme l'oxygène, n'a été liquéfié qu'en 1877. Il est encore beaucoup plus difficilement liquéfiable que l'oxygène, et on ne peut le conserver liquide que quelques secondes.

Il est encore moins soluble dans l'eau que ne l'est l'oxygène. Son coefficient de solubilité n'est que 0,019.

1. *Priestley* (1733-1804), chimiste anglais, l'un des fondateurs de la chimie moderne, découvrit et étudia plusieurs gaz.

2. *Scheele* (1742-1786), grand chimiste suédois, l'un des fondateurs de la chimie moderne, fit le premier l'analyse de l'air et découvrit un grand nombre de corps : chlore, manganèse, acide prussique, glycérine, etc.

L'hydrogène a la propriété de traverser avec une grande facilité les cloisons poreuses. Ce n'est pas une propriété qui lui soit particulière; mais il doit à sa grande légèreté de la posséder au plus haut degré: de nombreuses expériences ont montré, en effet, que les gaz traversent, en général, les cloisons poreuses d'autant plus rapidement qu'ils sont plus légers. Cette *propriété endosmotique* de l'hydrogène peut être mise en évidence par l'expérience suivante. Un vase A (*fig.* 7) en porcelaine poreuse non vernie est fermé par un bouchon que traverse un long tube recourbé BCD, dans lequel on a mis de l'eau. On place au-dessus du vase A une cloche de verre E, sous laquelle on fait arriver un rapide courant d'hydrogène par un tube F. On voit aussitôt le niveau de l'eau baisser rapidement en B, indiquant ainsi le passage de l'hydrogène dans le vase poreux. Qu'on enlève alors la cloche, et le liquide s'élèvera, au contraire, en B au-dessus de son niveau primitif, par suite de la sortie rapide de l'hydrogène.

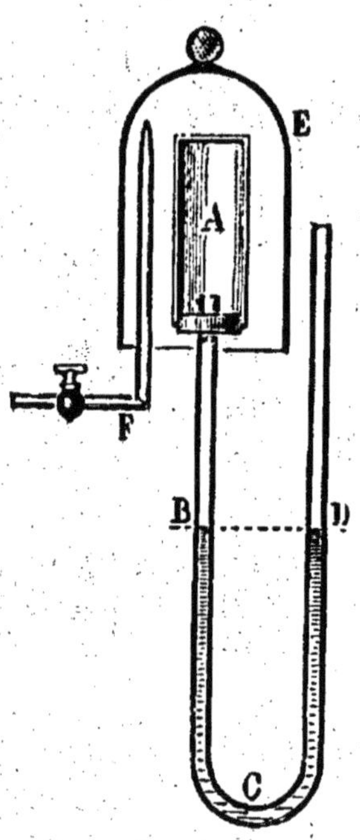

Fig. 7.

Mais bientôt le liquide reviendra à la même hauteur dans les deux branches, ce qui montre que l'air, à son tour, a pu rentrer, après la sortie de l'hydrogène. Le passage de l'hydrogène est à peu près trois fois plus rapide que celui de l'air.

Les métaux, si peu poreux pourtant, sont aussi traversés par l'hydrogène lorsqu'ils sont à une température élevée. Renfermé dans des réservoirs de platine, de fer, de fonte ou d'acier absolument clos, l'hydrogène s'en échappe quand ces réservoirs sont chauffés jusqu'au rouge.

11. Propriétés chimiques. — L'hydrogène est un

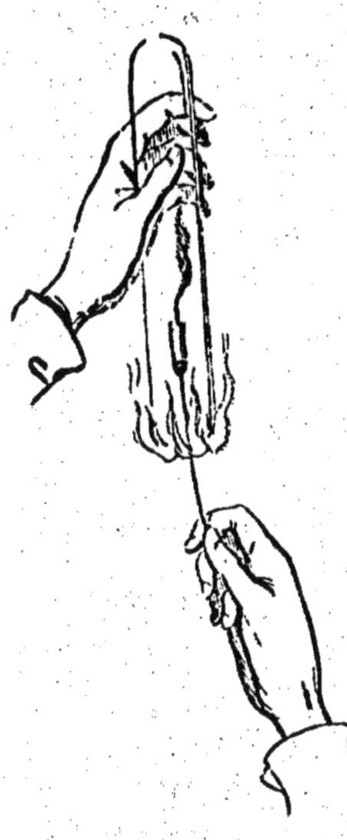

Fig. 8.

gaz combustible, c'est-à-dire susceptible de se combiner directement avec l'oxygène.

Qu'on approche une allumette enflammée de l'ouverture d'une éprouvette pleine d'hydrogène : on verra immédiatement le gaz s'enflammer et brûler avec une flamme pâle à peine visible. Si l'ouverture de l'éprouvette est tournée vers le haut, le gaz, s'élevant rapidement à cause de sa légèreté, brûlera très rapidement; la combustion sera plus lente si l'ouverture de l'éprouvette est tournée vers le bas (*fig.* 8). On peut même, dans ce cas, enfoncer dans l'éprouvette la bougie qui a servi à enflammer le gaz; elle s'éteint aussitôt : il en faut conclure que l'hydrogène est incapable d'entretenir la combustion; il est combustible, mais non comburant.

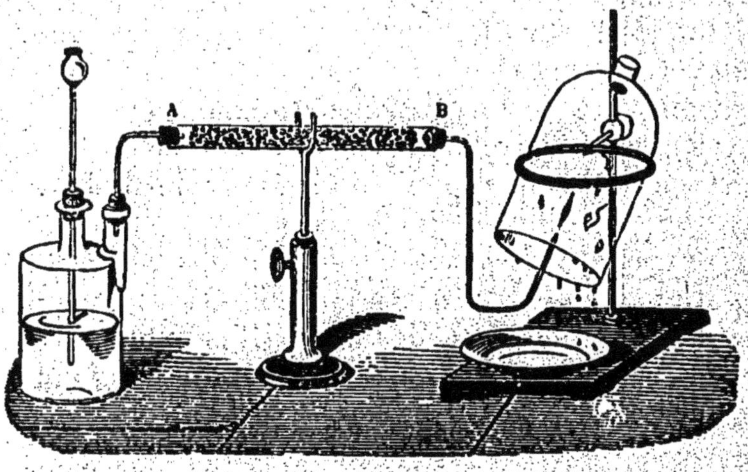

Fig. 9.

Le résultat de la combustion de l'hydrogène est de

l'eau ; on peut le montrer en recouvrant d'une cloche de verre la flamme de l'hydrogène qui brûle dans l'air. La vapeur d'eau produite se condense sur les parois (*fig.* 9).

La combustion de l'hydrogène est très rapide quand on le mélange avec un volume d'oxygène égal à la moitié du sien, et qu'on enflamme le mélange. On a alors une détonation très bruyante, et le vase dans lequel était enfermé le *mélange détonant* est brisé en cent morceaux.

La combustion de l'hydrogène ne se produit jamais spontanément, c'est-à-dire qu'il faut *allumer* le gaz dans l'oxygène ou dans l'air pour que la combinaison ait lieu. Cependant si l'on plonge de la *mousse de platine* (platine spongieux obtenu par un procédé chimique) dans un mélange d'oxygène et d'hydrogène, la détonation se produit. La mousse de platine a agi comme aurait fait une allumette enflammée : elle a déterminé la combinaison. Elle se conduit d'une manière analogue dans beaucoup de circonstances.

La grande tendance qu'a l'hydrogène à se combiner avec l'oxygène pour former de l'eau joue en chimie un rôle considérable. Quand on fait passer un courant d'hydrogène sur un composé oxygéné chauffé au rouge, ce composé est souvent *réduit :* son oxygène se combine avec l'hydrogène, tandis que l'élément avec lequel était d'abord combiné l'oxygène reste isolé. C'est là ce qu'on appelle le *pouvoir réducteur* de l'hydrogène.

L'oxygène n'est pas le seul corps avec lequel l'hydrogène puisse entrer en combinaison ; mais nous n'indiquerons la suite des propriétés chimiques de l'hydrogène que successivement, quand nous étudierons les autres corps[1].

1. Il est impossible, en effet, d'étudier avec fruit l'action de l'hydrogène sur le chlore, le brome, l'iode, les oxydes métalliques, etc., avant de connaître aucun de ces corps. L'étude de l'hydrogène se complétera donc peu à peu, à mesure qu'on avancera dans l'é-

12. Préparation.—On retire toujours l'hydrogène de l'eau, qui en renferme 1216 litres par kilogramme.

1° *Décomposition de l'eau par le fer.* — Quand on fait arriver de la vapeur d'eau sur du fer chauffé au rouge, elle est décomposée : le fer, très avide d'oxygène (§ 7) se combine avec ce gaz pour former de l'oxyde de fer ; et l'hydrogène, devenu libre, se dégage à l'état gazeux.

On met du fil de fer dans un tube de porcelaine AB (*fig.* 10) ; on fixe à l'une des extrémités de ce tube

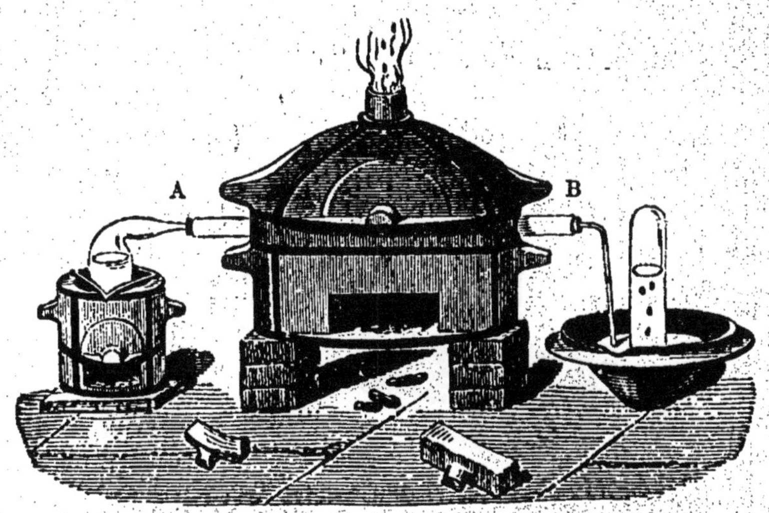

Fig. 10.

une petite cornue à moitié remplie d'eau, et à l'autre extrémité un tube à dégagement. Le tube AB étant fortement chauffé dans un fourneau long, on fait bouillir l'eau. La vapeur est décomposée ; l'hydrogène

tude de la chimie. Il en sera de même pour l'oxygène, l'eau, l'azote, etc. Du reste, aucun corps ne peut être complètement étudié dans le chapitre qui lui est spécialement consacré. Les élèves ne sauraient se livrer à un exercice plus profitable que celui qui consiste à rechercher, dans les différentes parties de leur cours, tout ce qui a rapport à un corps déterminé, et à le réunir dans un résumé succinct, véritable histoire complète de ce corps.

se rend dans le tube à dégagement, tandis que l'oxyde de fer formé reste dans le tube.

2° *Décomposition de l'eau par le zinc et l'acide sulfurique.* — Le fer et le zinc décomposent l'eau au rouge, lorsqu'on les fait agir seuls; ils la décomposent à la température ordinaire quand ils sont en présence d'un acide énergique, comme l'acide sulfurique ou l'acide chlorhydrique. Le zinc alors s'empare de l'oxygène pour former avec ce gaz de l'*oxyde de zinc*, lequel, s'unissant à l'acide sulfurique, produit du *sulfate de zinc;* en même temps, l'hydrogène, devenu libre, se dégage.

Dans un flacon à deux tubulures (*fig.* 11) on a mis

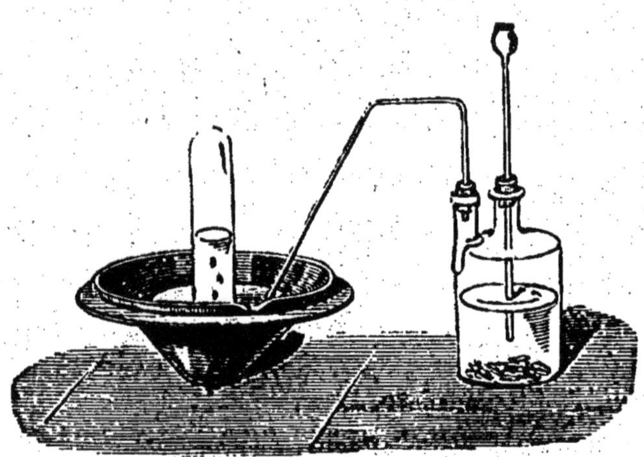

Fig. 11.

des rognures de zinc et de l'eau. L'une des tubulures est fermée par un tube droit, qui plonge dans l'eau; l'autre, par un tube à dégagement. On verse par le tube droit une petite quantité d'acide sulfurique ou d'acide chlorhydrique, et le dégagement d'hydrogène se produit. Quand il commence à devenir moins rapide, on ajoute un peu plus d'acide sulfurique, et ainsi de suite, jusqu'à ce que tout le zinc ait disparu, transformé en sulfate de zinc soluble dans l'eau.

Remarque. — Dans les laboratoires, on a souvent besoin d'obtenir les gaz secs, c'est-à-dire privés de vapeur d'eau. Dans ce cas, on a soin de les faire passer, à la sortie des appareils de préparation, à travers des tubes renfermant des substances avides d'eau, *desséchantes* : les corps les plus employés à cet usage sont la *chaux vive*, le *chlorure de calcium* ou la *pierre ponce imprégnée d'acide sulfurique concentré*.

Ainsi, le tube AB de la figure 9 est un tube desséchant rempli de l'une de ces substances. Cette figure montre comment on peut employer directement l'appareil à préparation de l'hydrogène pour montrer la combustion de ce gaz.

Si l'on voulait faire brûler l'hydrogène tel qu'il sort de l'appareil, sans le dessécher, on emploierait la disposition de la figure 12. Dans l'un et l'autre cas, il faut avoir soin, avant d'enflammer le gaz, de le laisser se dégager pendant quelques instants : sans cette précaution, la flamme se communiquerait au mélange détonant d'air et d'hydrogène qui se trouverait encore dans le flacon, et il se produirait une explosion.

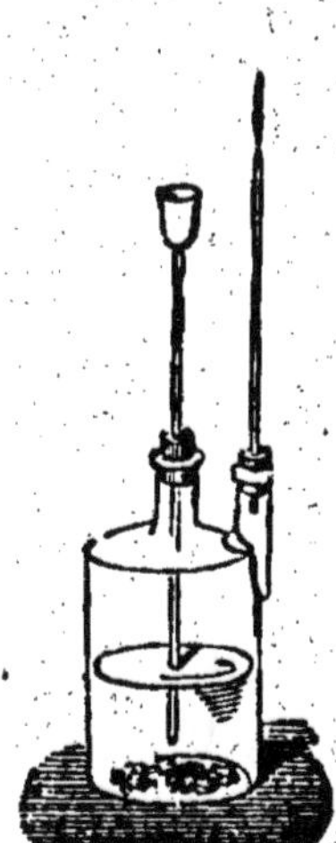

Fig. 12.

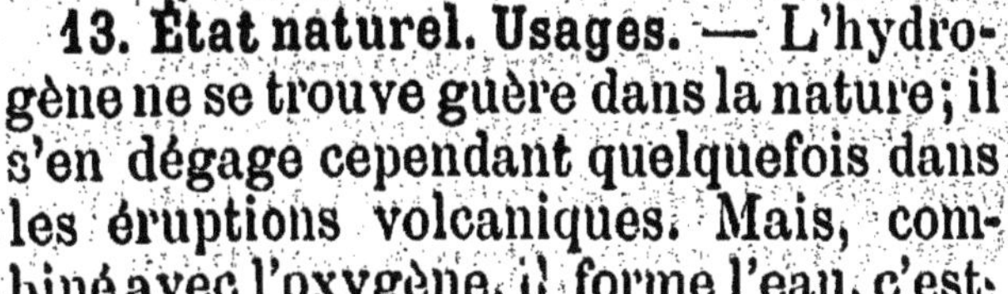

13. État naturel. Usages. — L'hydrogène ne se trouve guère dans la nature; il s'en dégage cependant quelquefois dans les éruptions volcaniques. Mais, combiné avec l'oxygène, il forme l'eau, c'est-à-dire le corps le plus abondant qui soit à la surface du globe; il entre aussi, pour une forte proportion, dans la constitution des matières organiques animales et végétales.

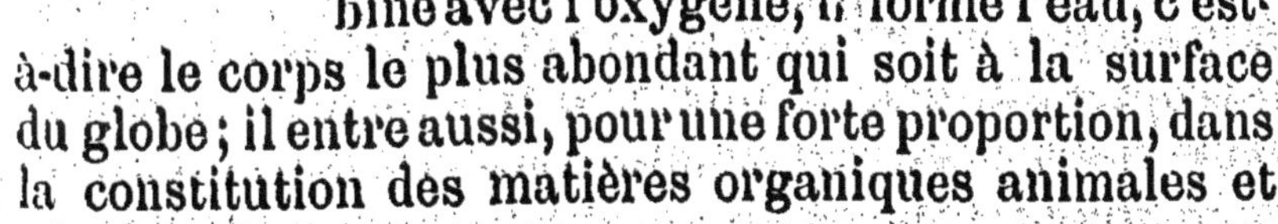

Les usages de l'hydrogène sont peu nombreux. Il est employé pour gonfler les aérostats, et surtout, dans les laboratoires, pour produire par sa combustion une température très élevée ou une lumière très vive; nous reviendrons bientôt sur ces applications. Les chimistes s'en servent fréquemment aussi pour *réduire* les composés oxygénés, c'est-à-dire pour les décomposer en leur enlevant leur oxygène.

L'hydrogène a été connu des alchimistes dès le quinzième siècle; mais c'est Cavendish[1] qui, le premier, le recueillit et le distingua nettement des autres gaz en 1777.

IV. — EAU.

14. Propriétés physiques. — Nous dirons seulement quelques mots des propriétés physiques de l'eau: ces propriétés ont une telle importance dans l'équilibre de la nature que nous les étudierons d'une manière toute particulière dans les diverses parties de notre cours de physique. Nous n'avons qu'à les résumer très sommairement et très incomplètement ici.

L'eau, lorsqu'elle est pure, est un liquide incolore, inodore, insipide. Elle se présente à nous, dans la nature, à l'état solide, à l'état liquide et à l'état gazeux.

Eau solide. — Lorsque l'eau se refroidit à 0°, elle se prend en un solide transparent, la *glace*. La densité de la glace est moindre que celle de l'eau, et égale à 0,916. — La neige est aussi de l'eau solide; mais, au lieu de se présenter sous forme d'une masse homogène, elle est composée de particules très petites, présentant des formes variées, mais parfaitement régulières, offrant toujours la disposition générale d'une étoile hexagonale. Ces particules, de forme géométriquement régulière, portent le nom de *cristaux*; un

1. *Cavendish* (1731-1810), physicien et chimiste anglais, a donné la première analyse exacte de l'air, et y a démontré la présence du gaz carbonique; il a découvert la composition de l'eau.

grand nombre de corps solides, le chlorate de potassium par exemple, peuvent être obtenus de même en cristaux plus ou moins réguliers.

Eau liquide. — A l'état liquide, l'eau est parfaitement fluide. Elle se forme par suite de la fusion de la glace, dès que la température devient égale à 0°; elle disparaît, au contraire, à l'état de vapeur, quand on la fait bouillir, à la température de 100°, sous la pression normale de 760 millimètres.

Eau gazeuse. — L'eau peut exister à l'état gazeux à toutes les températures. La glace, tout aussi bien que l'eau liquide, se réduit lentement en vapeur quand on l'abandonne à l'air. Seulement, l'évaporation est d'autant plus rapide que la température est plus élevée: quand la température atteint 100°, l'évaporation lente se change en ébullition tumultueuse.

La vapeur produite par l'évaporation ou par l'ébullition de l'eau se conduit comme un véritable gaz, incolore, inodore et insipide: elle se condense, pour former de la glace ou de l'eau, soit quand on la soumet à un froid assez vif, soit quand on la comprime.

La densité de la vapeur d'eau est 0,622.

15. Propriétés chimiques. — L'eau est décomposée en oxygène et hydrogène par le passage d'un courant électrique (§ 2).

Elle est aussi décomposée par la chaleur; mais la décomposition est toujours fort incomplète, parce que l'oxygène et l'hydrogène, à peine séparés, tendent à se combiner de nouveau pour reformer l'eau détruite. Ces décompositions incomplètes, qui se produisent souvent, se nomment *dissociations*.

L'eau est décomposée par un grand nombre de corps simples ou composés.

Les corps simples qui, comme le *charbon*, le *fer*, le *zinc*, sont susceptibles de se combiner avec l'oxygène, mettent l'hydrogène en liberté et forment avec l'oxygène des composés nouveaux, tels que l'*anhydride carbonique*, l'*oxyde de fer* et l'*oxyde de zinc*.

D'autres éléments, et le *chlore* est le type de ceux-là, se combinent, au contraire, avec l'hydrogène, et mettent l'oxygène en liberté. Il en est, enfin, qui, comme le phosphore, peuvent décomposer l'eau en se combinant avec ses deux éléments : avec l'oxygène, pour donner de l'*anhydride phosphorique*; avec l'hydrogène, pour donner de l'*hydrogène phosphoré*.

La décomposition de l'eau peut donc s'obtenir par l'action : 1° de corps avides d'oxygène; 2° de corps avides d'hydrogène; 3° de corps avides à la fois d'oxygène et d'hydrogène. Nous verrons de nombreux exemples de ces divers modes d'action. Dans presque tous les cas, pour obtenir la décomposition, il faudra faire intervenir la chaleur par une disposition analogue à celle du paragraphe 10.

Outre les corps fort nombreux qui décomposent l'eau, il en est qui se combinent avec elle sans la décomposer. L'acide sulfurique et la potasse caustique renferment de l'eau à l'état de combinaison.

Enfin, beaucoup de solides, de liquides et de gaz sont susceptibles de se dissoudre dans l'eau sans la décomposer ni se combiner avec elle. L'eau sucrée est une *dissolution* de sucre dans l'eau; l'eau-de-vie, une dissolution d'alcool dans l'eau; l'alcali volatil, une dissolution de *gaz ammoniac* dans l'eau.

16. Analyse de l'eau.—Pour les anciens, *l'eau*, *l'air*, *la terre* et *le feu* étaient les quatre *éléments* dont étaient formés tous les corps. C'est seulement à la fin du dix-huitième siècle, après la découverte de l'oxygène et de l'hydrogène, que les recherches de Cavendish, de Watt[1], de Priestley et de Lavoisier[2] éta-

1. *Watt* (1736-1819), un des plus grands hommes de l'Angleterre, transforma, presque à lui seul, la machine à vapeur primitive, pour en faire la machine actuelle.

2. *Lavoisier* (1743-1794), le plus grand des chimistes français, l'un des fondateurs de la chimie moderne, trouva la composition

blirent enfin que l'eau est une combinaison d'oxygène et d'hydrogène.

En 1783, Lavoisier fit l'analyse de l'eau en la décomposant par le fer (*fig.* 10) ; en 1800, les deux savants Carlisle et Nicholson la décomposèrent par le voltamètre (§ 2).

La synthèse fut faite en 1783 par Lavoisier, qui fit brûler de l'hydrogène dans un flacon plein d'oxygène, puis en 1805 par Gay-Lussac, au moyen de l'eudiomètre (§ 4). Gay-Lussac remarqua, le premier, que l'eau résulte de la combinaison de l'oxygène et de l'hydrogène dans la proportion rigoureusement exacte de 1 volume d'oxygène pour 2 volumes d'hydrogène.

Enfin, en 1843, J. B. Dumas[1] trouva, en *réduisant* l'oxyde de cuivre par l'hydrogène, que 9 grammes d'eau contiennent 8 grammes d'oxygène et 1 gramme d'hydrogène.

Nous ne nous étendrons pas sur les dispositions expérimentales adoptées par ces divers savants.

17. Composition de l'eau. — La connaissance de la composition exacte de l'eau résulte de ces divers procédés d'analyse et de synthèse.

Si l'on considère les poids des éléments, on voit que l'eau renferme 8 parties d'oxygène pour 1 partie d'hydrogène, formant 9 parties d'eau.

Les méthodes volumétriques ont montré, de leur côté, que l'oxygène et l'hydrogène se combinent dans la proportion de 1 volume d'oxygène pour 2 volumes d'hydrogène. Mais quel est le volume de l'eau produite?

de l'air et celle de l'eau; expliqua le phénomène de la respiration et renversa les théories stériles des chimistes du dix-huitième siècle.

1. J. B. *Dumas* (1800-1884), chimiste français, a fait un grand nombre d'analyses et de synthèses remarquables par leur exactitude; il est un des chimistes qui ont le plus contribué au progrès de la chimie organique.

Puisque l'oxygène et l'hydrogène combinés sont primitivement à l'état gazeux, il est naturel de rechercher non pas le volume de l'eau liquide, mais le volume de la vapeur d'eau produite.

On le fait par l'expérience. Certains eudiomètres sont disposés de telle sorte qu'on puisse les entourer d'un liquide ou d'un gaz à une température supérieure à 100 degrés. Dans ce cas, l'eau produite reste entièrement à l'état de vapeur, et on peut mesurer le volume de cette vapeur : il se trouve être égal à 2.

Donc : *deux volumes de vapeur d'eau sont formés par la combinaison d'un volume d'oxygène avec deux volumes d'hydrogène.*

18. Substances en dissolution dans l'eau ordinaire. — L'eau qui coule à la surface du sol rencontre sur sa route de l'air et un grand nombre de solides : elle doit donc dissoudre ceux qui sont solubles et ne pas conserver sa pureté primitive.

Pour se convaincre de l'impureté des eaux naturelles les plus limpides, il suffit de les faire bouillir dans un vase bien propre. On ne tarde pas à voir des bulles de gaz se dégager : ce sont les gaz en dissolution qui partent. Puis l'eau se trouble un peu, et,

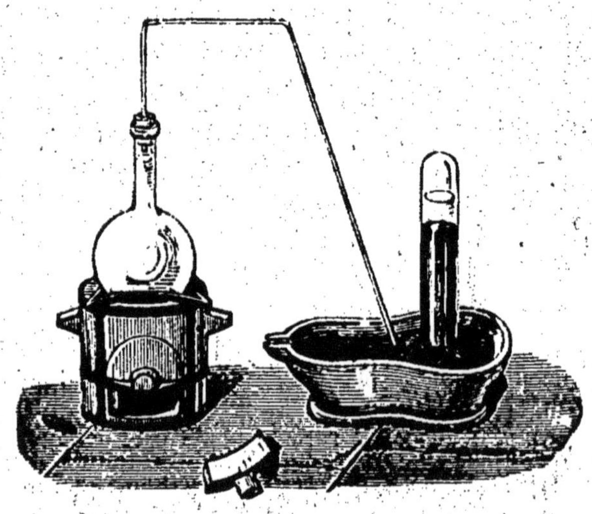

Fig. 13.

quand elle s'est complètement évaporée, on voit au fond du vase un abondant résidu solide.

1° *Gaz en dissolution dans l'eau.* — Pour recueillir et étudier les gaz en dissolution dans l'eau, on prend un grand ballon, que l'on emplit complètement d'eau, et que l'on ferme avec un bouchon muni d'un tube à dégagement également plein d'eau. Le flacon est placé sur un fourneau (*fig.* 13), et le tube à dégagement débouche sous une éprouvette remplie de mercure.

On chauffe peu à peu. Les gaz en dissolution, chassés par la chaleur (§ 6), se dégagent et vont se réunir dans l'éprouvette. On peut alors mesurer le volume des gaz obtenus et l'analyser.

Les résultats varient avec l'origine de l'eau employée. Dans une expérience, un litre d'eau de pluie a donné 23 centimètres cubes de gaz formés de

azote	15cc,1
oxygène	7cc,4
anhydride carbonique	0cc,5

Dans une autre, un litre d'eau de Seine a donné 54 centimètres cubes de gaz formés de

azote	21cc,4
oxygène	10cc,1
anhydride carbonique	22cc,6

En général, les eaux courantes renferment plus de gaz, et surtout plus d'anhydride carbonique que les eaux de pluie.

2° *Solides en dissolution dans l'eau.* — Un litre d'eau de rivière ou d'eau de source donne, quand on l'évapore à siccité, un résidu solide dont le poids varie de 1 à 6 décigrammes. Ce résidu est formé de sels très nombreux, dont les plus abondants sont habituellement le *carbonate de calcium* ou calcaire, le *sulfate de calcium*, et le *chlorure de sodium* ou sel marin.

On reconnaît, au moyen de réactifs simples, la présence de ces corps dans la plupart des eaux.

Une eau qui renferme du *carbonate de calcium* se trouble par l'ébullition; elle se colore en blanc quand on y verse quelques gouttes d'une dissolution d'oxalate d'ammonium, ou quelques gouttes d'une dissolution de *savon dans l'alcool.*

Une eau qui renferme du *sulfate de calcium* se trouble quand on y verse quelques gouttes d'une dissolution d'*azotate de baryum.*

Enfin, une eau qui renferme du *chlorure de sodium* se trouble quand on y verse quelques gouttes d'une dissolution d'*azotate d'argent.*

L'eau absolument pure ne se trouble sous l'action d'aucun de ces réactifs.

19. Eaux potables. — Les eaux potables sont celles qui servent de boisson; le plus souvent, elles sont aussi employées aux divers usages du ménage, et notamment à la cuisson des légumes, ainsi qu'au savonnage.

Pour qu'une eau soit potable, il faut qu'elle satisfasse à diverses conditions : elle doit être limpide, inodore, d'une saveur agréable, légère à digérer, fraîche en été, tempérée en hiver; elle doit dissoudre le savon sans former de grumeaux, et cuire les légumes sans les durcir. Toute eau qui serait trouble, qui aurait une mauvaise odeur ou un mauvais goût, devrait être rejetée absolument : elle serait nuisible à la santé.

Ces diverses conditions ne sont remplies que si l'eau ne renferme pas trop de matières solides en dissolution, et si elle renferme assez de gaz.

L'expérience a montré, en effet, que l'eau est indigeste et d'un goût fade lorsqu'elle n'est pas suffisamment aérée. L'air est la seule substance étrangère sans laquelle l'eau ne puisse pas être potable. L'eau distillée, parfaitement pure, constitue une bonne boisson si elle a été préalablement battue au contact de l'air.

De petites quantités de certaines substances solides ne sont pourtant pas nuisibles à la potabilité de l'eau, et la rendent même peut-être plus apte à remplir sa fonction de nutrition. Aussi les eaux qui renferment un peu de carbonate de calcium et de chlorure de sodium sont-elles considérées comme supérieures aux eaux trop pures, pourvu que ces deux corps réunis ne forment pas plus de 2 à 3 décigrammes par litre d'eau. Si cette proportion était dépassée, l'eau serait indigeste, elle prendrait le nom d'*eau crue*. Le *sulfate de calcium*, au contraire, est toujours nuisible, et les eaux sont, en général, d'autant meilleures qu'elles en renferment moins. Les eaux riches en sulfate de calcium sont dites *séléniteuses :* elles sont impropres au savonnage et à la cuisson des légumes; employées comme boissons, elles sont indigestes.

Enfin, et c'est là le caractère le plus essentiel, une eau, pour être potable, doit être le plus possible exempte de matières organiques, et surtout organisées. Ces substances, en se décomposant, communiquent au liquide une odeur fétide, et le rendent pernicieux. Les organismes vivants (*microbes*) qu'elles renferment si souvent sont l'origine d'un grand nombre de maladies épidémiques.

La présence des *matières organiques* se reconnaît à l'aide de quelques gouttes de *chlorure d'or*, qui, par ébullition, donnent un trouble brun, dû à la précipitation du métal pulvérulent.

20. Purification des eaux. — On a souvent besoin de purifier l'eau pour la rendre potable, propre aux usages domestiques.

L'eau *trouble* doit être filtrée à travers des matières poreuses. Celle qui renferme des substances gazeuses et organiques putrides est filtrée à travers du charbon de bois en poudre, qui doit être renouvelé dès que son pouvoir absorbant commence à diminuer.

Le *filtre Chamberland*, formé de tubes en porcelaine dégourdie, que l'eau traverse quand elle est soumise à une pression suffisante, arrête tous les microbes susceptibles de donner naissance aux maladies infectieuses, et fournit, par suite, une boisson inoffensive.

Il est encore plus sûr de faire bouillir l'eau pendant 10 à 15 minutes, la température de 100° étant suffisante pour déterminer la mort des microbes. Avant d'être consommée comme boisson, cette eau doit être abandonnée au refroidissement, puis battue au contact de l'air.

Pour les eaux trop riches en matières minérales, on a la ressource de la *distillation* dans l'alambic. Cette opération fournit une eau pure, qui, préalablement agitée au contact de l'air, constitue une bonne boisson, fort usitée sur les navires et dans les pays où manquent les eaux potables.

21. Eaux minérales. — On appelle *eaux minérales* les eaux naturelles qui renferment en dissolution soit une grande quantité d'anhydride carbonique (*eaux gazeuses* de Seltz, de Pougues....), soit une forte proportion de divers sels minéraux (*eaux alcalines* de Vichy, *ferrugineuses* de Spa, *sulfureuses* de Barèges, *salines* de Pullna....).

Ces eaux, qui sont tantôt chaudes (*eaux thermales*), tantôt froides, exercent sur l'économie une action souvent puissante. On les administre comme boissons ou en bains à un grand nombre de malades.

CHAPITRE II.

AIR : ANALYSE. — AZOTE.

I. — AZOTE.

22. Analyse de l'air par Lavoisier. — Jusqu'à la fin du dix-huitième siècle, l'air fut considéré comme un élément, aussi bien que l'eau, la terre et le feu. Lavoisier démontra que l'*air n'est pas un corps simple*, mais qu'il se compose *d'une portion salubre et d'une mofette irrespirable.*

Ayant chauffé pendant longtemps du mercure renfermé dans un espace clos, il le vit se recouvrir de pellicules rouges, en même temps que le volume de l'air diminuait notablement. A la fin de l'expérience, le gaz restant éteignait les corps en ignition ; il possédait toutes les propriétés de l'*azote*, que Rutherford avait découvert quelques années auparavant (1772). Quant aux pellicules rouges, elles furent recueillies et chauffées dans une petite cornue : la chaleur en chassa de l'oxygène.

Ainsi, Lavoisier ne découvrit ni l'oxygène ni l'azote ; mais il montra que l'air est un mélange de ces deux gaz. Dès lors il put expliquer tous les phénomènes chimiques qui se forment au contact de l'air, en montrant qu'ils proviennent d'une combinaison de l'oxygène avec les divers corps que l'on considère ; il put expliquer le phénomène de la respiration et renverser les théories erronées qui entravaient les progrès de la chimie. La chimie moderne a pour fondateur Lavoisier : elle date de la découverte de la composition de l'air.

Avant d'insister davantage sur cette composition, il nous faut étudier l'azote, l'un des éléments principaux de l'air.

23. Propriétés physiques de l'azote. — L'azote est un gaz incolore, inodore, sans saveur. Sa densité est 0,971.

Il a été liquéfié pour la première fois en 1877 par M. Cailletet, comme l'oxygène et l'hydrogène. Son coefficient de solubilité dans l'eau est très faible, comme celui de l'hydrogène, et égal à 0,020.

24. Propriétés chimiques de l'azote. — Ce gaz se distingue aisément de l'oxygène et de l'hydrogène, en ce qu'il n'est ni comburant ni combustible. Si l'on approche une allumette de l'ouverture d'une éprouvette contenant de l'azote, le gaz ne s'enflamme pas; si on plonge l'allumette dans l'éprouvette elle s'éteint immédiatement.

L'azote n'entretient pas non plus la respiration; mais il n'est pas délétère, puisque nous vivons dans l'air, qui en renferme une grande quantité.

Dire que l'azote n'est pas combustible, c'est dire qu'il ne peut pas se combiner directement avec l'oxygène quand on chauffe un mélange de ces deux corps; on peut cependant obtenir des *combinaisons* de l'azote avec l'oxygène, mais par des procédés plus complexes que la combustion directe.

De même, avec divers corps simples, tels que l'hydrogène, le phosphore, le charbon, l'azote peut former des composés nombreux; mais aucun de ces composés ne se forme quand on se contente de chauffer l'azote au contact de ces corps simples. On exprime ce fait en disant que l'azote *ne se combine directement* avec aucun d'eux.

25. Préparation de l'azote. — On retire l'azote de l'air, qui en renferme beaucoup, de même qu'on retire l'hydrogène de l'eau. Il suffit, pour le faire, de mettre l'air en contact avec un des nombreux corps capables d'absorber l'oxygène en se combinant avec ce gaz.

1° *Préparation par le phosphore et l'air.* — Sur un bouchon qui flotte à la surface de l'eau (*fig.* 14) on place

Fig. 14.

une coupelle renfermant un morceau de phosphore. Après avoir enflammé le phosphore, on recouvre la coupelle avec une grande cloche de verre. Le phosphore brûle dans l'air de la cloche jusqu'à ce qu'il se soit combiné avec la totalité de l'oxygène pour former de l'anhydride phosphorique, puis il s'éteint. On laisse le gaz se refroidir, les fumées blanches d'anhydride phosphorique solide se dissoudre dans l'eau, et on peut utiliser l'azote qui reste.

2° *Préparation par le cuivre et l'air.* — Le cuivre chauffé peut absorber l'oxygène aussi bien que le mercure, mais beaucoup plus rapidement. De là un nouveau procédé, que l'on emploie quand on veut avoir un courant continu et lent d'azote.

Un flacon bitubulé rempli d'air communique avec des tubes desséchants T et T' (*fig.* 15), puis avec un

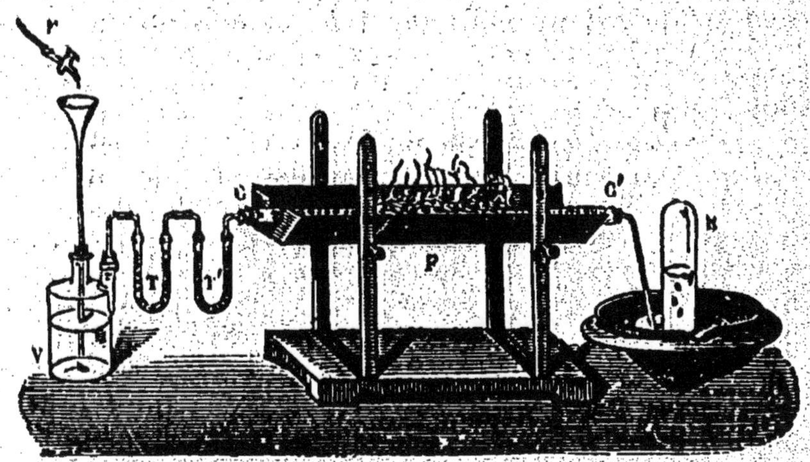

Fig. 15.

long tube CC' dans lequel on a placé de la tournure de cuivre ; à la suite vient un tube à dégagement.

On chauffe le cuivre avec une grille à charbon F ; puis on fait arriver très lentement l'air du flacon sur ce métal, en versant de l'eau dans l'entonnoir qui surmonte le tube droit. L'air se dessèche en passant dans les tubes TT', et laisse dans le tube CC' son oxygène à l'état d'*oxyde de cuivre*; alors l'azote se dégage.

26. État naturel de l'azote. Ses usages. — L'azote forme à peu près les $\frac{4}{5}$ du poids de l'air; il est donc fort répandu. C'est un des éléments constituants de certains tissus végétaux et de tous les tissus animaux. Enfin, plusieurs sels minéraux en renferment.

Le rôle de l'azote dans la nature est considérable. Dans l'air, il tempère l'action trop active qu'aurait l'oxygène, s'il était pur, en même temps qu'il joue un rôle actif dans les phénomènes de la végétation[1].

II. — AIR.

27. L'air est un mélange très complexe. — L'air renferme de l'oxygène : l'expérience de Lavoisier, et toutes les combustions qui se produisent dans l'air le prouvent. Il contient aussi de l'azote, comme le montre bien simplement le premier procédé indiqué pour la préparation de ce gaz.

Mais il y a dans l'air beaucoup d'autres substances : *vapeur d'eau*, *anhydride carbonique*, *ammoniaque*, *carbure d'hydrogène*, *acide azotique*, et *un grand nombre de particules solides en suspension*. Ces substances si diverses ne forment, en réalité, que *quatre ou cinq millièmes* du poids de l'air, tout le reste étant constitué par l'oxygène et l'azote. Nous

1. En 1894, MM. Rayleigh et Ramsay (Angleterre) ont établi que l'azote retiré de l'air renferme une notable proportion d'un nouveau corps simple, qu'ils ont appelé *argon*, lequel aurait des propriétés moins actives encore que celles de l'azote. Nous ne pouvons insister sur cet élément, encore trop peu connu à l'heure actuelle.

allons donc tout d'abord nous occuper seulement de ces deux derniers gaz, comme s'ils formaient à eux seuls la totalité de l'atmosphère.

28. Analyse de l'air. Recherche des proportions d'oxygène et d'azote. — Les méthodes qui permettent de doser l'oxygène et l'azote de l'air sont nombreuses. Toutes reposent sur le principe de l'analyse de Lavoisier : on absorbe l'oxygène par un corps oxydable, et on mesure l'azote restant. Voici quelques-unes de ces méthodes.

1° *Analyse par le phosphore à chaud.* — C'est la méthode qui sert à préparer l'azote, mais appliquée à une petite quantité d'air.

Un volume connu d'air, préalablement mesuré dans un tube gradué, est introduit dans une cloche courbe placée sur une cuvette pleine de mercure (*fig.* 16).

Fig. 16.

Dans cette cloche courbe on fait passer un fragment de phosphore, que l'on chauffe avec une lampe à alcool. Ce phosphore s'enflamme, forme de l'anhydride phosphorique solide en se combinant avec l'oxygène, puis s'éteint. On laisse refroidir l'appareil, on fait repasser le gaz dans le tube gradué, et on mesure le volume de l'azote restant.

2° *Analyse par le phosphore à froid.* — Le phosphore se combine lentement avec l'oxygène, absorbe lentement l'oxygène, même à la température ordinaire, sans qu'il se produise de flamme. De là un nouveau procédé.

Dans un tube, gradué en parties d'égale capacité, placé sur le mercure (*fig.* 17), on introduit un volume d'air, que l'on mesure; puis on y fait arriver un fragment de phosphore attaché à un fil de fer, et on aban-

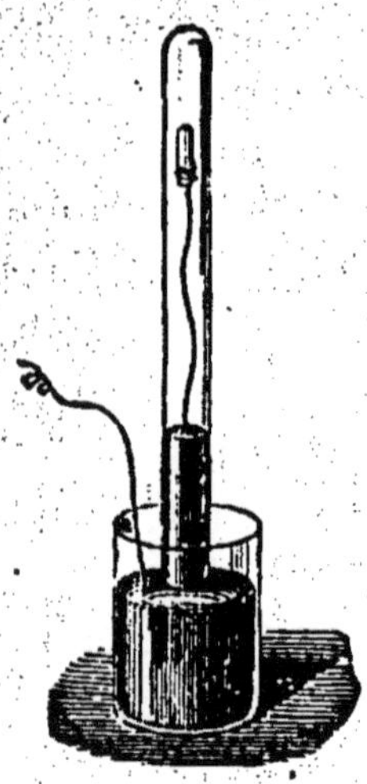

Fig. 17.

donne l'expérience à elle-même pendant quarante-huit heures. Au bout de ce temps, le volume gazeux, qui avait progressivement diminué, devient invariable ; on retire le phosphore, et on mesure le volume du résidu, qui est formé d'azote pur.

3° *Analyse par l'eudiomètre.* — Le corps absorbant est ici l'hydrogène. On introduit dans l'eudiomètre (*fig.* 2) 100 centimètres cubes d'air, puis 50 centimètres cubes d'hydrogène, et on y fait passer l'étincelle électrique. On constate que, après la détonation, il ne reste plus que 87 centimètres cubes de gaz. Cela suffit pour qu'on en déduise la composition de l'air.

Puisque, des 150 centimètres cubes primitifs, il ne reste plus que 87 centimètres cubes, c'est que 150 — 87 = 63 centimètres cubes ont disparu. Ces 63 centimètres cubes disparus étaient formés d'oxygène et d'hydrogène dans les proportions qui constituent l'eau : car la détonation a déterminé la production d'une certaine quantité d'eau, qui s'est condensée ; ils renfermaient donc 21 centimètres cubes d'oxygène et 42 centimètres cubes d'hydrogène. Par conséquent, il y avait 21 centimètres cubes d'oxygène et 79 d'azote dans nos 100 centimètres cubes d'air ; les 87 centimètres cubes qui restent dans l'eudiomètre sont justement formés de 79 centimètres cubes d'azote, plus 8 centimètres cubes de résidu d'hydrogène.

29. Composition de l'air. — Les diverses méthodes d'analyse que nous venons d'indiquer, mises en pratique par de nombreux opérateurs, ont conduit aux résultats suivants.

L'air est un mélange *homogène et de composition constante* d'oxygène et d'azote. L'air pris dans un grand nombre de localités très éloignées les unes des autres, et à diverses altitudes, a présenté presque exactement le même rapport dans les proportions de l'oxygène et de l'azote.

Ces proportions sont les suivantes :

En volumes : 100 volumes d'air sont formés de 21 volumes d'oxygène pour 79 volumes d'azote.

En poids : 100 grammes d'air sont formés de 23 grammes d'oxygène pour 77 grammes d'azote.

30. Vapeur d'eau dans l'air.— L'air, même le plus sec en apparence, renferme toujours de la vapeur d'eau. Qu'on mette de l'eau bien fraîche dans une carafe : on verra immédiatement la vapeur atmosphérique, condensée par le froid, ruisseler sur les parois du vase.

La quantité de vapeur d'eau que renferme l'air est essentiellement variable : elle change avec la température et les conditions météorologiques ; dans les conditions moyennes, le poids de vapeur d'eau varie de 3 à 6 millièmes du poids de l'air.

Un litre d'air, qui pèse $1^{gr},293$, contient donc, en général, de quatre à huit milligrammes de vapeur d'eau.

Nous verrons en météorologie que cette vapeur, en si petite quantité qu'elle soit, est indispensable à la vie du globe, puisque c'est à elle que nous devons les pluies, sans lesquelles les végétaux, et par suite les animaux, ne tarderaient pas à périr.

Nous verrons aussi comment on peut, à l'aide d'instruments d'un maniement facile nommés *hygromètres*, mesurer en un instant, et plusieurs fois par jour, la quantité de vapeur répandue dans l'atmosphère. Nous n'indiquerons ici (§ 32) qu'un seul procédé, le plus exact, mais aussi le plus complexe.

31. Anhydride carbonique dans l'air. — L'anhydride carbonique est un gaz incolore, provenant de la combinaison du charbon avec l'oxygène. Un grand nombre de causes, que nous aurons plus tard à passer en revue, en répandent constamment dans l'atmosphère (combustions, respiration des animaux, émanations volcaniques, décomposition des matières organiques). Inversement, le phénomène de la nutrition des plantes enlève à l'air, à chaque instant, de grandes quantités d'anhydride carbonique.

La proportion de ce gaz qui se trouve dans l'air est toujours extrêmement faible, comprise entre 4 et 6 dix millièmes, c'est-à-dire dix fois plus petite encore que la proportion déjà si faible de la vapeur d'eau. Mais, tandis que la proportion de la vapeur d'eau varie dans de très larges limites, celle de l'anhydride carbonique est à peu près aussi invariable que celle de l'oxygène ou celle de l'azote.

L'anhydride carbonique de l'air est indispensable à la nutrition des plantes : sans ce gaz la végétation ne saurait se produire. Il ne doit donc pas être considéré, non plus que la vapeur d'eau, comme une impureté de l'air, mais comme un de ses éléments essentiels.

Il est aisé de mettre en évidence, par une expérience simple, la présence de l'anhydride carbonique dans l'air. Ce gaz, en effet, est absorbé par l'*eau de chaux*, liquide limpide avec lequel il forme, à la suite de son absorption, une substance insoluble. Qu'on expose donc à l'air une soucoupe pleine d'eau de chaux : on verra, au bout de quelques minutes, le liquide se recouvrir d'une croûte insoluble de *carbonate de calcium*, qui dénotera la présence de l'anhydride carbonique.

32. Analyse de l'air. Recherche des proportions de vapeur d'eau et d'anhydride carbonique. — Quand on veut doser exactement la vapeur d'eau et l'anhydride carbonique, il faut opérer sur de grandes quantités d'air, à cause de la très faible proportion de ces substances qui y est contenue.

Boussingault[1] a imaginé de faire passer plu-

1. *Boussingault* (1802-1887), chimiste et agronome, a fait faire de grands progrès à la chimie agricole.

sieurs centaines de litres d'air à travers des tubes desséchants, qui absorbent la vapeur d'eau, et à travers des tubes renfermant de la *potasse*, qui absorbe l'anhydride carbonique.

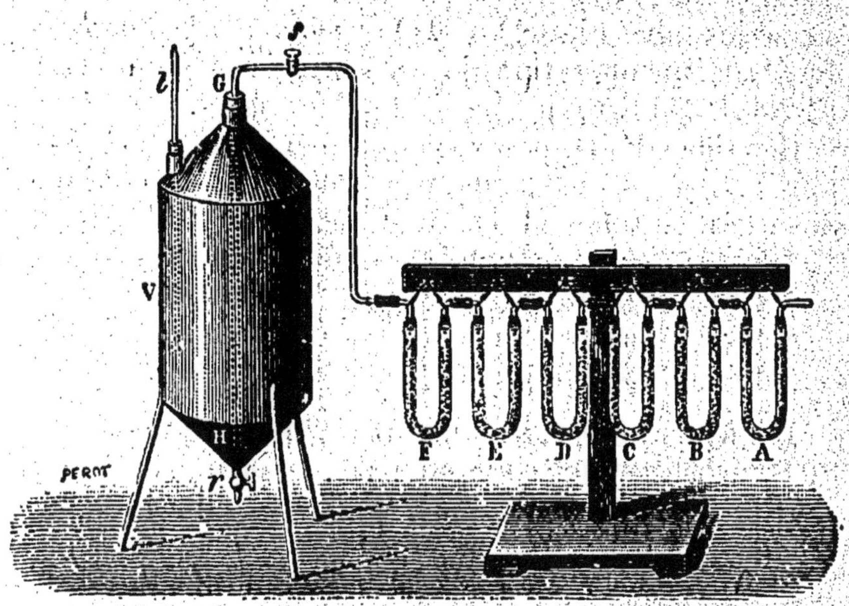

Fig. 18.

Un grand vase en fer-blanc, V, de 50 litres de capacité au moins (*fig.* 18), est destiné à *aspirer* l'air. A sa partie inférieure, il porte un tuyau d'écoulement muni d'un robinet *r*; à sa partie supérieure, il livre passage à un long tube GH, qui plonge presque jusqu'au fond. Ce tube communique avec une série de tubes en forme d'U, renfermant : le premier, F, une substance desséchante destinée à empêcher l'humidité de l'aspirateur V de remonter dans les autres tubes ; les deux suivants, E, D, de la *potasse*, qui arrêtera l'anhydride carbonique ; les trois autres, C, B, A, de la pierre ponce imbibée d'*acide sulfurique concentré*, pour absorber la vapeur d'eau.

L'aspirateur V étant plein d'eau, on ouvre les robinets *s* et *r*. L'eau s'écoule par *r*, et, comme l'air ne peut pas rentrer par la même voie, à cause du coude que forme le tuyau d'écoulement, il est aspiré à travers les tubes en U pour arriver par GH dans l'aspirateur. Quand l'écoulement est terminé, on sait qu'un volume d'air égal à la capacité de l'aspirateur a traversé les tubes absorbants. On recommence plusieurs fois la même opération, jusqu'à ce qu'un volume d'air de 200 à 300 litres ait passé dans les tubes.

Les tubes E, D, pesés avant l'opération, puis pesés après, donnent le poids p d'anhydride carbonique absorbé; les tubes C, B, A, pesés avant l'opération, puis pesés après, donnent le poids p' de vapeur d'eau absorbée. Le poids de l'air se déduit de son volume.

On voit ainsi qu'un poids d'air connu renferme p d'anhydride carbonique et p' de vapeur d'eau.

33. Autres gaz contenus dans l'air. — Nous avons dit que l'atmosphère renferme encore divers gaz (§ 27); ces gaz sont en proportions tellement faibles qu'à peine a-t-on pu constater leur présence en mettant en œuvre les procédés les plus délicats de l'analyse chimique.

Il est à croire cependant que ces gaz, quoique en proportions presque infiniment petites, ne sont pas sans influence sur les phénomènes de la vie du globe: c'est ainsi que l'*ammoniaque* et l'*acide azotique*, ramenés sur la terre par les eaux pluviales, ont une puissante action sur la végétation.

34. Particules solides en suspension dans l'air. — Quand un rayon solaire pénètre dans une chambre obscure par l'ouverture d'un volet, il rend visible une prodigieuse quantité de particules solides qui flottent dans l'atmosphère, où elles sont maintenues en suspension grâce à leur extrême ténuité et aux mouvements incessants de l'air.

Ces particules, maintenant étudiées avec soin, sont formées de matières minérales diverses, de filaments de laine et de coton, de débris végétaux et animaux.

M. Pasteur[1] a montré qu'elles renferment aussi les germes des animaux et des végétaux microscopiques qui produisent les putréfactions, les fermentations et les maladies infectieuses.

35. Importance de l'analyse de l'air. — S'il est important de connaître la composition exacte de l'eau que nous buvons, avec les proportions des substances diverses qu'elle tient en dissolution, combien ne l'est-il pas davantage d'étudier celle de l'air qui nous entoure, et que nous respirons. La salubrité de l'air est la première des conditions d'une bonne hygiène.

Nous ne pouvons changer en rien la composition de l'atmosphère ; mais nous pouvons veiller, au moins, à ce que l'air de nos demeures ne soit pas rendu irrespirable par suite de trop nombreuses souillures. L'air confiné n'a pas la même composition que celui du dehors : la respiration des hommes et des animaux qui y vivent a pour effet de diminuer progressivement la quantité d'oxygène pour augmenter celle d'anhydride carbonique et de vapeur d'eau ; en même temps, les exhalaisons qui se dégagent du corps répandent dans l'espace clos des miasmes malsains d'une odeur repoussante. L'air confiné devient rapidement irrespirable, et les pièces habitées doivent être constamment ventilées.

36. Usages de l'air. — L'air nous entoure de toutes parts. C'est l'air qui entretient la respiration des animaux, la nutrition des plantes, les combustions de toutes sortes ; c'est l'air qui apporte les germes de toutes les putréfactions et de toutes les fermentations.

Au point de vue industriel, il intervient directement dans la préparation de nombreux produits chimiques, il est employé comme force motrice dans les moulins

1. *M. Pasteur*, chimiste contemporain, a rendu les plus grands services à diverses industries agricoles, à l'art vétérinaire, à la chirurgie et à la médecine, par ses recherches sur l'origine des altérations putrides, des fermentations et des maladies infectieuses.

à vent, et comme organe de transmission de force dans les machines à air comprimé.

On a tenté enfin d'en retirer l'oxygène industriellement pour employer ce gaz à la production de températures élevées.

CHAPITRE III.

COMBUSTION.

Notions générales sur la combinaison chimique. — Chaleur dégagée : changements de propriétés.

I. — COMBUSTION.

37. Phénomènes qui se produisent dans la combustion. — Dans ce qui va suivre, nous conserverons au mot *combustion* son sens habituel. Pour nous, *combustion* voudra dire *combinaison avec l'oxygène;* puis nous montrerons que la combustion n'est qu'un cas particulier du phénomène plus général des combinaisons chimiques. L'étude particulière que nous allons faire de la combustion jettera un nouveau jour sur les chapitres qui précèdent, et nous aidera puissamment à comprendre ceux qui vont suivre.

Voyons donc exactement en quoi consiste la *combustion.*

Quand un morceau de charbon brûle dans l'air, il se consume peu à peu, puis finit par disparaître presque entièrement ; il ne reste bientôt plus qu'une pincée de cendres, venant des minéraux non combustibles que renfermait le charbon.

Ce charbon qui a ainsi disparu a-t-il été détruit ? Nous savons que non. Il s'est combiné avec l'oxygène de l'air pour former de l'anhydride carbonique ; le résultat de la combustion est un gaz dont les propriétés sont entièrement différentes de celles des éléments qui le constituent.

De plus, la combinaison a été accompagnée d'un dégagement considérable de chaleur, de la production d'une vive lumière.

Nous avons donc à examiner dans la combustion les trois points suivants :

1° Changement de propriétés du corps brûlé ;

2° Production de chaleur pendant la combustion ;

3° Production de lumière pendant la combustion ;

Il nous faudra enfin déterminer quelles conditions doivent être remplies pour que la combustion se produise :

4° Conditions déterminantes de la combustion.

II. — CHANGEMENT DE PROPRIÉTÉS.

38. Changement de propriétés à la suite de la combustion. — Prenons quelques exemples de combustion. Le charbon, corps solide noir, infusible, brûle dans l'oxygène : il se produit de l'anhydride carbonique. Il n'y a presque aucune analogie entre l'anhydride carbonique et ses éléments constituants.

Le charbon était combustible, l'anhydride carbonique ne l'est pas ; l'oxygène entretenait la respiration et la combustion, l'anhydride carbonique asphyxie les animaux et éteint les corps enflammés. En se combinant l'un avec l'autre, de manière à n'en plus former qu'un seul, les deux éléments ont perdu tous leurs caractères distinctifs.

Ils n'ont pas été détruits pourtant, et ils subsistent l'un et l'autre dans le composé formé : il suffira de détruire la combinaison par des moyens convenables, pour voir réapparaître les éléments. Qu'on fasse passer, par exemple, l'anhydride carbonique sur du *potassium* chauffé au rouge : il sera détruit ; l'oxygène, retrouvant ses propriétés comburantes, se combinera avec le potassium, pour former de la potasse, et le charbon sera régénéré avec sa couleur noire, son infusibilité et sa combustibilité.

Quand le phosphore brûle, il se produit de l'*anhydride phosphorique*. Le phosphore était fusible, très vénéneux, inflammable; l'anhydride phosphorique est fixe, corrosif, mais non vénéneux, incapable de brûler; il ne ressemble en aucune façon non plus à l'oxygène, son autre élément constituant.

Quelle différence aussi entre l'anhydride sulfureux et ses éléments, soufre et oxygène; entre l'eau et les gaz oxygène et hydrogène, qui la constituent; entre l'oxyde rouge de mercure et les deux corps, mercure et oxygène, dont il est formé!

39. Conservation des propriétés dans les mélanges. — Au contraire, lorsque deux corps sont simplement mélangés, ils conservent leurs propriétés caractéristiques. Pulvérisez très finement du soufre et du fer, et mélangez intimement les deux substances : vous obtiendrez une poudre grise dans laquelle il sera impossible, au premier abord, de distinguer ni soufre ni fer. Cependant nous n'avons pas là une combinaison.

En regardant la poudre au microscope, on y reconnaîtra tout de suite les grains de soufre et ceux de fer, placés les uns à côté des autres, mais non unis, ayant conservé leur aspect particulier et leur individualité. Si l'on approche un aimant, les grains de fer seront attirés, et ceux de soufre resteront en place; si l'on verse le tout dans le *sulfure de carbone*, liquide capable de dissoudre le soufre, ce corps se dissoudra, en effet, et le fer tombera au fond du vase. Mais si l'on chauffe le mélange, on observera bientôt une ébullition tumultueuse, peut-être même une incandescence soudaine, puis, la masse étant refroidie, on pourra la regarder au microscope, la traiter par le sulfure de carbone, en approcher un aimant : on n'y distinguera plus ni soufre ni fer ; on aura une masse homogène, insoluble dans le sulfure de carbone, non attirée par l'aimant, en un mot une *combinaison* de soufre et de fer, le *sulfure de fer*.

40. L'air est un mélange. — Quand nous avons étudié l'eau, nous avons prononcé souvent le mot de *combinaison*; en parlant de l'air, nous avons remplacé le mot *combinaison* par celui de *mélange*. L'eau est, en effet, une combinaison d'oxygène et d'hydrogène; l'air est un mélange d'oxygène, d'azote, de vapeur d'eau et d'anhydride carbonique.

Chacun des éléments a conservé ses propriétés particulières. L'azote est resté un gaz incolore, inodore, insipide, sans action sur la plupart des autres corps; l'oxygène a continué à entretenir la combustion et la respiration ; la vapeur d'eau y est toujours absorbable par la chaux et l'acide sulfurique, elle est toujours condensée par le froid; l'anhydride carbonique, enfin, est encore absorbé par la potasse, il trouble encore l'eau de chaux. Quand on agite l'air au contact de l'eau, chacun des gaz qui s'y trouve se dissout suivant son coefficient propre de solubilité; l'air dissous est plus riche en anhydride carbonique et en oxygène que l'air ordinaire, parce que l'anhydride carbonique et l'oxygène sont plus solubles que l'azote.

L'air est donc un mélange et non une combinaison.

41. Combustions lentes. — Le changement des propriétés des éléments est le caractère le plus constant qui distingue la combinaison du mélange. Nous avons jusqu'ici reconnu la combustion au développement de chaleur et de lumière qui l'accompagne ; la combustion se produit souvent sans dégagement de lumière et avec un dégagement de chaleur qui peut passer inaperçu. Lorsque le fer, abandonné à l'air humide, se recouvre progressivement de rouille, on ne voit ni dégagement de lumière ni dégagement de chaleur; et pourtant la rouille est une combinaison de fer et d'oxygène : elle renferme à peu près les deux tiers de son poids de fer et un tiers de son poids d'oxygène. Ici la combinaison est indiquée par l'augmentation de poids du fer et par les changements qui se produisent dans ses propriétés.

Il y a eu combustion du fer, *mais combustion lente.*

De même, le phosphore, abandonné à l'air, laisse dégager des fumées blanches d'*anhydride phosphoreux*, combinaison de phosphore et d'oxygène. Il y a là encore *combustion lente* sans dégagement apparent de lumière ni de chaleur.

Les combustions lentes sont, dans la nature, beaucoup plus fréquentes que les combustions vives. Presque tous les métaux se ternissent à la longue dans l'air humide à la suite d'une combustion lente ; la décomposition progressive des matières organiques, des feuilles mortes par exemple, est un phénomène de combustion lente ; le vinaigre provient de l'oxydation lente de l'alcool au contact de l'air.

42. Respiration. — La respiration des animaux est aussi, comme l'a montré Lavoisier, un phénomène de combustion lente.

Le sang arrive dans les poumons ; il y trouve l'oxygène de l'air, qu'il entraîne avec lui dans le torrent de la circulation. Grâce à cet oxygène, il se produit dans toutes les parties du corps une combustion lente de l'hydrogène et du charbon, combustion qui a pour premier rôle de faire disparaître les cellules vieillies et de les rejeter à l'extérieur à l'état de vapeur d'eau et d'anhydride carbonique. Lorsque le sang revient aux poumons, il abandonne ces impuretés pour prendre une nouvelle provision d'oxygène.

Fig. 19.

Chacun sait que l'air expiré renferme beaucoup de vapeur d'eau ; une expérience bien simple montre qu'il renferme aussi de l'anhydride carbonique. On n'a qu'à souffler pendant quelques instants avec une paille (*fig.* 19) dans de l'eau de chaux bien limpide, pour la voir se troubler par suite de la formation du carbonate de calcium insoluble.

Dans cette combustion lente, un homme de moyenne

taille brûle à peu près 300 grammes de charbon par jour, et fabrique ainsi plus de 500 litres d'anhydride carbonique. La chaleur qui se produit ici est loin d'être insensible: c'est cette chaleur, en effet, qui maintient notre corps à la température à peu près constante de 38°, et qui fournit la force nécessaire à tous nos mouvements.

Les animaux aquatiques respirent aussi : ils emploient l'oxygène qui se trouve constamment en dissolution dans l'eau.

III. — CHALEUR PRODUITE DANS LES COMBUSTIONS.

43. Toute combustion produit de la chaleur. — Quand un corps combustible brûle dans l'air ou dans l'oxygène, il y a production de chaleur. Nous utilisons cette chaleur à chaque instant : la combustion du bois, du charbon, des huiles minérales, est la source à laquelle nous demandons la chaleur nécessaire au chauffage de nos appartements, à la préparation de nos aliments, à la marche de nos machines à vapeur. Sans la chaleur de combustion nous serions forcés de nous contenter de la radiation solaire, presque toujours insuffisante pour nos besoins.

Chaque corps, en brûlant, produit une quantité déterminée de chaleur. Ainsi, la chaleur de combustion d'un gramme d'hydrogène est capable d'élever de 100° la température de 345 grammes d'eau. La combustion d'un gramme de charbon produit à peu près quatre fois moins, et celle d'un gramme de soufre seize fois moins de chaleur.

Du reste, les circonstances dans lesquelles a lieu la combustion n'ont aucune influence sur la quantité de chaleur produite. Quand, au bout de 24 heures, un homme a brûlé, en respirant, 300 grammes de charbon, il a développé autant de chaleur que si ces

300 grammes de charbon avaient été brûlés dans un fourneau. Il y a donc développement de chaleur dans les combustions lentes, comme dans les combustions vives. Le fer qui se rouille à l'air produit de la chaleur, mais si lentement qu'elle se perd au fur et à mesure par rayonnement, sans que nous puissions en constater la présence.

44. Élévation de température produite par la combustion. — Si la quantité de chaleur développée est indépendante des circonstances de la combustion, il n'en est pas de même de la température obtenue. Le charbon qui brûle dans le corps des animaux brûle lentement, pendant que le sang circule dans toutes les parties du corps ; la chaleur produite se répand dans la masse entière du corps ; elle se perd à l'extérieur par rayonnement, et la température ne s'élève beaucoup en aucun point.

Que la même quantité de charbon soit, au contraire, enflammée dans l'oxygène : la combustion sera complète au bout de quelques instants ; la chaleur se portera presque entièrement sur le corps en ignition, et le rayonnement ne suffira pas à la faire dissiper à l'extérieur. La température s'élèvera beaucoup plus. Voilà pourquoi en aucun point du corps de l'homme le thermomètre ne marque plus de 39°, tandis que l'argent et l'or peuvent être fondus au contact du charbon en ignition.

On comprend tout aussi bien pourquoi la combustion dans l'oxygène doit produire une température plus élevée que la combustion dans l'air. Durant la combustion dans l'air, la chaleur de combinaison est employée à échauffer non seulement le charbon et l'oxygène qui se combinent, mais encore la masse considérable d'azote mélangé avec l'oxygène ; dans l'oxygène pur, au contraire, la chaleur de combinaison se porte entièrement sur les éléments de la combustion, et la température s'élève davantage. Dans l'un et l'autre cas, la *quantité de chaleur* est la même; mais *l'élévation de température* est différente.

45. Chalumeau oxhydrique. — L'hydrogène produit une très grande quantité de chaleur de combustion. En brûlant dans des conditions convenables, il peut donc donner une température très élevée. La flamme à peine visible de l'hydrogène est, en effet, très chaude, plus chaude que le feu de forge le plus ardent : l'argent et l'or y fondent avec la plus grande facilité. Mais la température s'élève encore davantage quand on remplace l'air par l'oxygène. Le *chalumeau à gaz oxhydrique*, dont la forme la plus commode est due à Henri Sainte-Claire Deville[1], permet de fondre aisément le platine. Deux cylindres métalliques ayant même axe (*fig.* 20) reçoivent : le gros, de l'hydrogène par le tuyau à robinet H; le petit, de l'oxy-

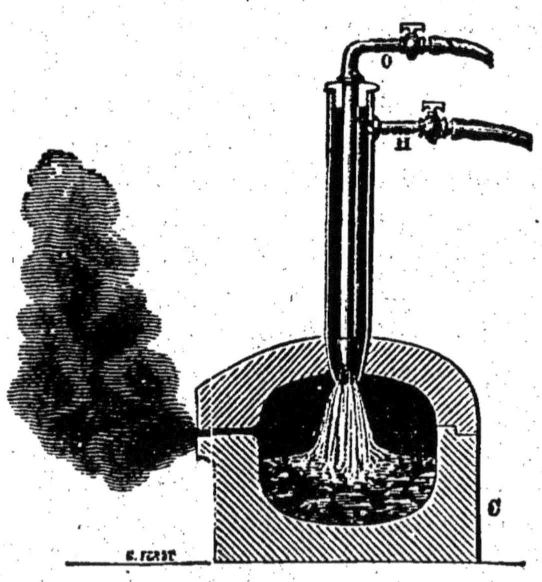

Fig. 20.

1. *H. Sainte-Claire Deville* (1818-1881), un des plus grands chimistes contemporains, a découvert et étudié les phénomènes de dissociation, donné la préparation industrielle du sodium et de l'aluminium.

gène par le tuyau à robinet O; les deux gaz sont renfermés dans des sacs de caoutchouc pressés par des poids un peu forts. Il ne serait pas possible d'enfermer le mélange dans un *gazomètre* unique, et de le faire sortir par un seul tuyau, parce que la flamme, rétrogradant, déterminerait l'explosion subite du mélange détonant.

Pour employer le chalumeau, on commence par ouvrir tout grand le robinet H, et par enflammer l'hydrogène. Puis on ouvre progressivement le robinet O, de manière à injecter l'oxygène au milieu même de la flamme; l'habitude permet de reconnaître, à l'aspect de la flamme et au bruit qu'elle produit, à quel moment le robinet O est assez ouvert pour donner le meilleur effet. Suivant l'usage qu'on en veut faire, le chalumeau est tenu à la main ou porté par un support; quand on veut fondre du platine, on le fixe à l'ouverture d'un four en chaux vive C, dans lequel on a mis le métal en morceaux.

46. Chalumeaux à gaz.—Dans le chalumeau Deville, on peut remplacer l'hydrogène par le gaz d'éclairage. Le fonctionnement est alors plus facile, puisqu'on n'a plus besoin que d'un seul sac de caoutchouc, le tuyau H communiquant simplement avec une conduite de gaz; mais on obtient une chaleur un peu moins forte.

L'oxygène même peut être remplacé par l'air. Par H on fait arriver le gaz d'éclairage, que l'on enflamme; par O on injecte l'air d'un soufflet, qu'on manœuvre avec le pied. Le chalumeau ainsi simplifié suffit encore parfaitement à fondre la plupart des métaux, et à ramollir rapidement le verre qu'on veut travailler: il est d'un usage constant dans les laboratoires.

Le chalumeau ordinaire des géologues est basé sur le même principe. Un tuyau courbé ERS (*fig.* 21) est muni à l'une de ses extrémités d'une embouchure d'ivoire E, à l'autre d'un petit bec S, dont le trou est très fin. On souffle par E pendant que le bec est

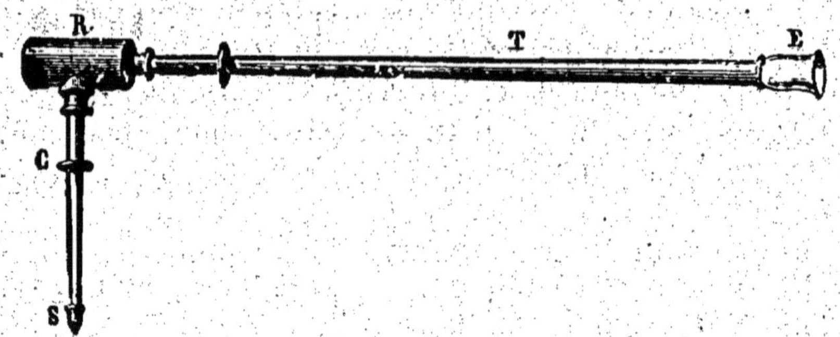

Fig. 21.

plongé dans la flamme d'une bougie; sous l'influence de ce courant d'air intérieur qui active la combustion, la flamme s'incline, perd son éclat, mais devient en même temps beaucoup plus chaude. Les orfèvres se servent de cet outil admirablement simple, pour souder l'or et l'argent.

47. Bec de Bunsen. Fourneaux à gaz. — Les chalumeaux précédents ne peuvent servir d'appareils de chauffage continu : car l'expérimentateur doit être constamment présent pour souffler l'air au sein de la flamme du gaz ou de la bougie. Le chimiste Bunsen a imaginé une disposition ingénieuse qui permet à l'appareil de fonctionner seul.

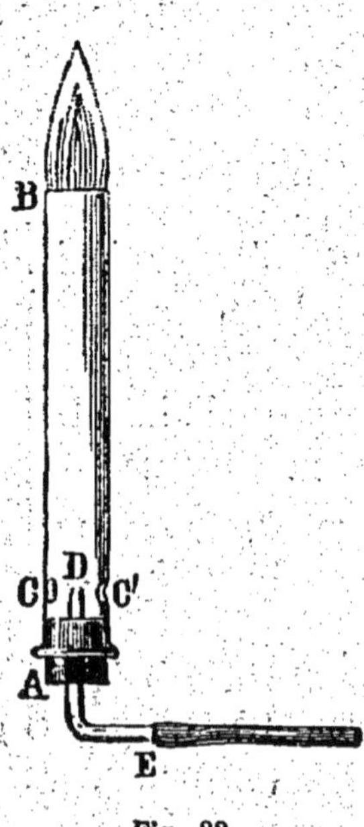

Fig. 22.

Prenons un tube de verre AB d'un centimètre de diamètre intérieur, percé sur les côtés de deux petites ouvertures C et C' (*fig.* 22). A son extrémité inférieure fixons, au moyen d'un bouchon, un tube DE plus étroit communiquant avec une conduite de gaz d'éclairage; nous réglerons ce tube de manière que son bout D soit juste à la hauteur des ouvertures CC'.

Faisons maintenant arriver le gaz : le jet qui s'élancera par D, à une pression un peu supérieure à la pression atmosphérique, produira sur l'air extérieur une sorte d'aspiration, et déterminera son entrée par C et C'. Nous aurons donc dans la portion DB du gros tube un mélange intime de gaz et d'air, qu'on enflammera en B, et qui produira une température élevée. Pour que ce chalumeau marche régulièrement, il suffit que le gaz injecté ait une pression un peu supérieure à la pression atmosphérique, et cette condition est toujours remplie quand les usines à gaz fonctionnent convenablement ; si, de plus, les ouvertures CC' ont un diamètre convenable, la flamme sera aussi chaude que celle du chalumeau à soufflet.

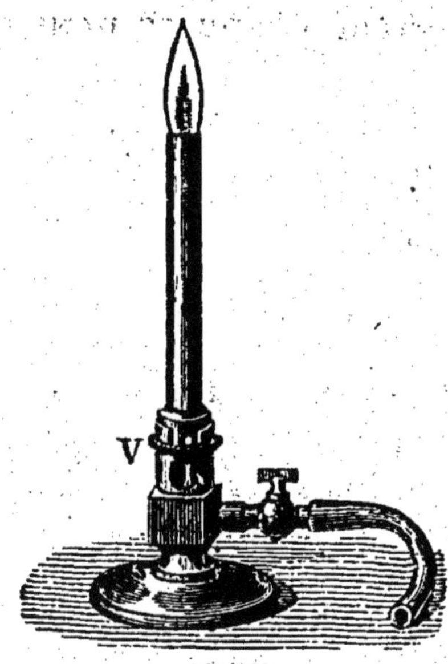

Fig. 23.

Le bec de Bunsen (*fig.* 23) ne diffère de cette disposition théorique que par l'adjonction d'une virole V, qui permet de régler l'ouverture des trous C et C', suivant la force du courant de gaz d'éclairage. Les ouvertures étant fermées, et le bec allumé, on tourne la virole jusqu'à ce que la flamme cesse d'être éclairante ; si l'on ouvrait davantage, on aurait un excès d'air qui abaisserait la température.

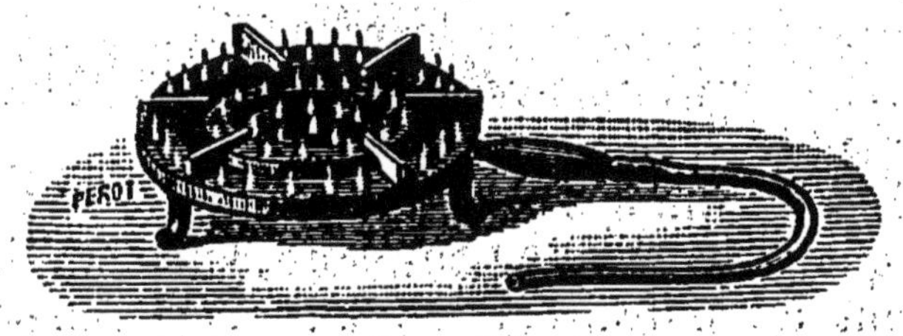
Fig. 24.

Tous les fourneaux à gaz, qui, dans les laboratoires, ont remplacé presque complètement les anciens fourneaux à charbon, et qui tendent de plus en plus à les remplacer aussi dans les usages domestiques, ne sont autre chose que des becs de Bunsen. Une ouverture pratiquée près du manche permet à l'air aspiré de se mélanger au gaz avant sa sortie par les petits trous du fourneau (*fig.* 24).

IV. — LUMIÈRE PRODUITE DANS LES COMBUSTIONS.

48. Les combustions sont souvent accompagnées de lumière. — Lorsque la température développée dans une combustion est assez élevée, il y a production de lumière. Les combustions vives sont généralement accompagnées de lumière, tandis que les combustions lentes, dans lesquelles la température s'élève peu, sont obscures ; seule, la combustion lente du phosphore donne une faible lueur visible dans l'obscurité.

Tantôt la lumière qu'on observe est due à l'incandescence d'un corps solide, tantôt elle est envoyée par une flamme plus ou moins brillante.

49. Lumière produite dans la combustion des solides. — Le charbon de bois brille d'un vif éclat quand il brûle dans l'air, et surtout dans l'oxygène. Cependant aucune flamme n'accompagne le phénomène ; le charbon, fortement chauffé, devient incandescent à la manière d'une masse métallique rougie au feu. La combustion du fer présente les mêmes caractères.

Le soufre, le phosphore, le magnésium, le zinc, etc., brûlent, au contraire, avec une *flamme* plus ou moins grande, plus ou moins éclatante.

Or, le charbon, le fer, sont des solides non volatils, tandis que le soufre, le phosphore, le magnésium, le zinc, sont, au contraire, très volatils : nous en pouvons conclure que la flamme est due à la vapeur de soufre, de phosphore, de magnésium ou de zinc portée à l'incandescence par la chaleur de combustion.

50. Lumière produite dans la combustion des liquides et des gaz. — Les liquides volatils, comme le pétrole et l'alcool, les gaz, comme l'hydrogène et le gaz d'éclairage, brûlent avec flamme. Ces nouveaux exemples, joints aux premiers, permettent d'affirmer *que la flamme est toujours un gaz ou une vapeur portée à l'incandescence par la combustion.*

Il est bien des liquides non volatils, tels que l'huile à quinquet, qui brûlent avec flamme ; mais nous verrons, par la suite, que ces corps sont décomposables par la chaleur : les gaz résultant de cette décomposition sont chauffés à une haute température et produisent la flamme.

51. Éclat des flammes. — Les solides non volatils, charbon et fer, émettent autour d'eux une lumière éclatante quand ils sont chauds; on exprime ce fait d'expérience en disant que *les solides ont un grand pouvoir émissif pour la lumière.*

Au contraire, les gaz, tels que l'hydrogène, qui, dans leur combustion, donnent naissance à des corps également gazeux, comme la vapeur d'eau, brûlent avec des flammes qui, bien qu'extrêmement chaudes, ne sont presque pas lumineuses ; on exprime ce second fait en disant que *les gaz ont un très faible pouvoir émissif pour la lumière.*

Ces deux observations fournissent l'explication des différences d'éclat que présentent les diverses flammes. Considérons quelques cas.

La flamme du soufre est d'une agréable couleur bleue, mais peu éclatante; elle n'éclaire pas dans l'obscurité. C'est que cette flamme, comme celle de l'hydrogène, ne renferme que des gaz (vapeur de soufre et anhydride sulfureux) dont le pouvoir émissif pour la lumière est faible.

La flamme du phosphore est tellement éclatante que l'œil a peine à en supporter l'éclat. Mais cette flamme renferme (outre la vapeur de phosphore non encore brûlée) l'anhydride phosphorique résultant de la combustion. L'anhydride phosphorique est solide, même à la température élevée qu'il possède; il rayonne autour de lui beaucoup de lumière et donne à la flamme son pouvoir éclairant. Les magnifiques flammes du magnésium et du zinc doivent aussi leur éclat à l'oxyde de magnésium solide et à l'oxyde de zinc solide qu'elles renferment.

La flamme d'une chandelle (*fig.* 25) est éclairante pour la même raison. Le suif, fondu par la chaleur, monte dans la mèche; là, il est décomposé et produit des gaz riches en charbon et en hydrogène. L'air extérieur ne pouvant pénétrer jusqu'au centre même de la flamme, ces gaz ne prennent pas feu immédiatement : aussi peut-on voir en *b* un espace sombre à peine chaud, dans lequel il ne se produit aucune combustion. Un peu plus loin, en *c*, arrive de l'air, mais en quantité insuffisante pour tout brûler : l'hydrogène s'enflamme seul, tandis que le charbon, moins combustible, reste en suspension sous forme de particules solides extrêmement petites. Il y a donc en *c*, en même temps qu'un gaz en ignition, un solide porté à une haute température : de là l'éclat de cette partie de la flamme. On montrera aisément la présence du charbon non brûlé en *c*, en y plaçant une soucoupe de porcelaine : du noir de fumée s'y déposera. Si ce noir de fumée ne se voit pas dans les conditions ordinaires, c'est que, arrivé sur les bords de la flamme, en *d*, il trouve assez d'air pour être brûlé complètement et transformé en anhydride carbonique : dans cette région *d* il n'y a donc plus de corps solide incandescent, aussi n'y a-t-il plus d'éclat.

Fig. 25.

Le gaz d'éclairage se comporte de la même manière. Il renferme du charbon et de l'hydrogène; au centre l'hydrogène brûle seul, et le charbon, porté à l'incandescence, donne à la flamme son pouvoir éclairant ; à la périphérie le charbon brûle à son tour, ce qui fait qu'il ne se produit pas de fumée.

En résumé : une flamme est éclairante chaque fois qu'elle renferme des matières solides ; son pouvoir éclairant est alors d'autant plus grand qu'elle est plus chaude, c'est-à-dire que le solide en suspension est porté à une température plus élevée.

52. Lumière Drummond. — La flamme la plus pâle pourra acquérir un vif éclat toutes les fois qu'elle sera très chaude : il suffira d'y enfoncer un corps solide non volatil.

Un fil de platine roulé en spirale devient très éclairant quand on le chauffe dans un bec de Bunsen. Un morceau de chaux vive sur lequel on fait arriver la flamme du chalumeau oxhydrique devient presque aussi éblouissant que la lumière électrique. Ce système d'éclairage, connu sous le nom de lumière Drummond, est employé dans les laboratoires et les cours publics ; il remplace la lumière solaire dans un grand nombre d'expériences.

53. Complément à la théorie du chalumeau à gaz. — Supposons que la soufflerie d'un chalumeau à gaz ne fonctionne pas : la flamme sera éclairante comme celle d'un bec ordinaire. Si l'on y place un objet que l'on veut chauffer, le charbon non encore brûlé se déposera sur l'objet et le recouvrira d'une couche épaisse : il en résultera forcément un abaissement dans la température de la flamme, puisque la combustion ne sera plus complète.

Faisons maintenant marcher la soufflerie : l'air arrive au centre de la flamme ; la combustion se fait complètement dès le voisinage de l'ouverture : il se produit donc à la fois *une diminution très notable des dimensions de la flamme et une élévation considérable de la température.* En même temps, l'éclat disparaît, puisque le charbon est brûlé aussitôt que l'hydrogène, pour produire un corps gazeux, qui est l'anhydride carbonique.

En ouvrant la virole inférieure d'un bec de Bunsen, on voit pareillement la flamme perdre son pouvoir éclairant, et devenir beaucoup plus petite et beaucoup plus chaude.

Le chalumeau ordinaire agit encore de la même manière sur la flamme d'une bougie.

Comme conséquence pratique de cette étude, nous voyons que : pour avoir une flamme éclairante avec le gaz, une bougie ou une lampe, il faudra fournir tout juste assez d'air pour qu'il n'y ait pas de fumée ; pour avoir une flamme chaude, il faudra injecter au centre de la flamme assez d'air ou d'oxygène pour que la combustion soit immédiatement complète.

V. — CONDITIONS DÉTERMINANTES DE LA COMBUSTION.

54. Combustions spontanées. — Certains corps se combinent avec l'oxygène dès qu'on les met en présence de ce gaz. C'est ainsi que l'*hydrogène phosphoré* s'enflamme dès qu'il est au contact de l'air (§ 137). Le phosphore (§ 130), le potassium (§ 194), réagissent aussi sur l'oxygène à la température ordinaire ; mais ici la combustion reste lente, il n'y a pas production de lumière.

Ce ne sont là que des cas exceptionnels. Le plus souvent l'oxygène n'a aucune action sur les corps combustibles, si l'on ne fait intervenir des circonstances particulières qui déterminent la combinaison. Ainsi, le mélange d'oxygène et d'hydrogène se conserve indéfiniment sans former de l'eau, si on ne l'enflamme pas : de même, le charbon, le soufre, le fer, le cuivre, restent inaltérés dans l'oxygène pur et sec à la température ordinaire.

Il nous faut maintenant examiner ces causes déterminantes sans le concours desquelles la plupart des combustions ne peuvent se produire.

55. Action de la chaleur comme cause déterminante de la combustion. — Il suffit généralement d'*enflammer* le combustible plongé dans l'air, pour que la combustion commence et se continue. Il ne faut pas confondre la chaleur qu'on apporte ainsi du dehors avec la chaleur produite dans la combustion : la première est simplement la cause provocatrice de la réaction, la seconde est le résultat même de la combinaison.

Dès que, à la suite de l'inflammation, la combustion a commencé en un point, elle se continue d'elle-même, parce que la chaleur qu'elle produit suffit pour mettre les parties voisines dans les conditions convenables. Une étincelle très petite, agissant comme cause déterminante, produit l'explosion de tout un mélange détonant ou la combustion complète d'une masse énorme de phosphore.

La combinaison, une fois commencée, se continuera d'autant plus vite que la chaleur dégagée sera plus considérable, et qu'elle échauffera davantage les parties voisines. Le phosphore, par exemple, commence sa combustion lente dans l'air à la température ordinaire : il se forme de l'*anhydride phosphoreux* avec dégagement lent de chaleur. Si le phosphore est abandonné à l'air, la chaleur se perdra par rayonnement dans l'atmosphère, la température ne s'élèvera presque pas, et la combustion demeurera lente ; mais si l'on entoure le corps avec un peu de ouate, qui empêche le rayonnement de la chaleur sans arrêter l'arrivée de l'air, la température s'élèvera progressivement jusqu'à ce que la combustion devienne vive ; le phosphore s'enflammera de lui-même et produira de l'*anhydride phosphorique*.

D'autres fois la chaleur déterminante devra continuer à agir, sous peine de voir la combustion s'arrêter. Le cuivre, le mercure, ne s'oxydent dans l'air que si, au moyen de chaleur venant de l'extérieur, on les maintient à une température élevée : cela tient à ce que la chaleur de combustion n'est pas assez grande pour maintenir ces métaux à la température nécessaire à leur oxydation.

Inversement, on fera généralement cesser une combustion en abaissant la température du combustible par un procédé quelconque. L'eau que l'on jette sur le feu l'éteint en refroidissant le charbon ou le bois au-dessous du point nécessaire à la production de l'oxydation. En soufflant sur le feu on le rend plus vif, parce qu'on lui fournit plus d'oxygène ; mais si l'on souffle trop fort, l'excès d'air occasionnera un refroidissement capable d'arrêter la combustion ; on éteint une chandelle en soufflant sur la flamme.

Les toiles métalliques produisent un effet analogue. Placée sur la flamme d'un bec de gaz, une toile métallique, grâce à sa grande conductibilité, lui enlève une notable quantité de chaleur : aussi les gaz combustibles, quand ils ont traversé les tissus métalliques, ne sont plus assez chauds pour continuer à brûler : la flamme ne peut traverser la toile (*fig.* 26). Inversement, présentons, le bec étant éteint, une allumette au-dessus de la toile métallique : le gaz s'allumera ; mais la flamme ne se propagera pas au-dessous.

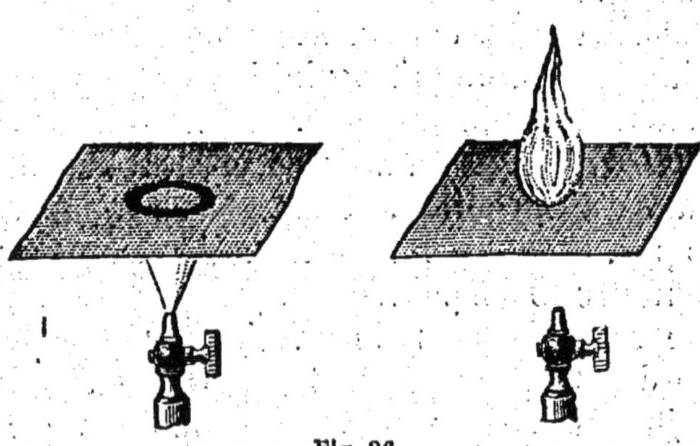

Fig. 26.

Davy[1] a utilisé cette propriété pour mettre les mineurs à l'abri des explosions du *feu grisou*. Il se dégage fréquemment, dans les mines de houille, un gaz combustible qui forme avec l'air un mélange détonant redoutable. Davy a imaginé d'entourer la lampe des mineurs d'une toile métallique : quand le grisou se dégage, il s'enflamme dans la lampe ; mais la détonation ne peut se communiquer à l'extérieur (*fig.* 27).

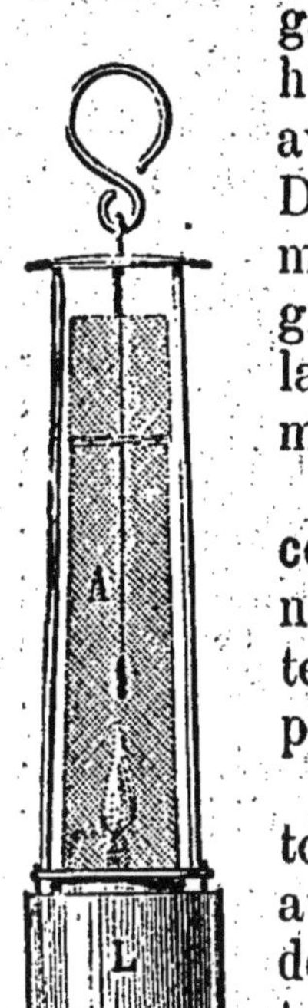

Fig. 27.

56. Autres causes déterminantes de la combustion. — La chaleur est la plus générale, la plus importante des causes déterminantes de la combustion ; elle n'est pas la seule.

L'étincelle électrique suffit à faire détoner le mélange de l'oxygène ou de l'air avec un gaz combustible : elle agit sans doute là tout simplement par sa température élevée ; mais il est des cas où elle a une action propre, indépendante de celle de la chaleur qu'elle développe.

Nous avons vu que le platine très divisé, la mousse de platine (§ 11), détermine aussi l'explosion des mélanges détonants. Quand le platine est en fil, il peut encore entretenir la combustion à la condition qu'on l'ait chauffé au rouge. Dans la flamme d'une lampe à alcool on suspend un fil de platine enroulé en spirale (*fig.* 28) : quand la spirale est chauffée au rouge, on éteint la lampe en soufflant dessus, et l'on voit le fil rester incandescent pendant fort longtemps. La vapeur d'alcool, se mélangeant à l'air, brûle lentement sous l'influence du

Fig. 28.

1. *Davy* (1778-1829), grand chimiste anglais.

métal chaud, et la chaleur produite maintient l'incandescence.

L'expérience réussit mieux encore quand on place la spirale au-dessus d'un bec de Bunsen. Dans ce cas, la température du métal s'élève de plus en plus, du rouge sombre au rouge vif, puis détermine une nouvelle inflammation du bec.

57. Influence de l'état physique du combustible. — L'état physique dans lequel se trouve le combustible influe aussi beaucoup sur la facilité de la combustion. Un morceau de houille s'éteint aussitôt, quand il n'est allumé qu'en un point, tandis que la combustion se propage lentement, mais sûrement, à travers la masse, si la houille est réduite en une fine poussière. En général, l'état de grande division du combustible, qui laisse pénétrer l'air dans la masse et empêche la chaleur de se perdre par conductibilité, est très favorable à la combustion.

Le fer, qui ne brûle dans l'air qu'autant qu'on maintient constamment sa température au-dessus de 1000 degrés, s'enflamme de lui-même quand il est en poudre impalpable donnée par un procédé chimique. Le phosphore très divisé, qu'on obtient en arrosant une feuille de papier d'une dissolution de ce corps dans le sulfure de carbone, s'enflamme aussitôt que le dissolvant s'est complètement évaporé.

Les gaz, par cela même qu'ils sont dans un état extrême de division, ne s'éteignent jamais d'eux-mêmes quand on les a une fois enflammés.

VI. — COMBINAISON CHIMIQUE.

58. Généralisation du mot combustion. — Dans ce qui précède, nous avons appelé *combustion* la combinaison d'un corps avec l'oxygène, qu'elle soit ou ne soit pas accompagnée d'un dégagement de lumière (combustion vive, combustion lente). Nous allons voir maintenant que les combinaisons dans lesquelles n'entre pas l'oxygène présentent exactement les mêmes caractères que les combustions. Aussi a-t-on pu généraliser le mot *combustion* et l'appliquer à toutes les combinaisons chimiques qui se produisent avec dégagement de lumière ou même sans ce dégagement : ainsi, on dit fréquemment *combustion du cuivre dans le chlore*, et même *combustion du zinc dans l'acide sulfurique* (§ 12).

L'oxygène cependant a une telle importance dans la nature, les combinaisons avec l'oxygène se produisent si fréquemment partout, vives ou lentes, qu'il est bon de conserver un mot particulier pour indiquer ces combinaisons. Pour cette raison, nous continuerons à n'appliquer le mot *combustion* qu'aux réactions ayant l'oxygène pour base, le mot *combinaison* indiquant les réactions dans lesquelles l'oxygène n'entrera pas. Mais il n'y aura là qu'une différence de mots, les phénomènes étant de même nature.

59. Changement de propriétés dans les combinaisons. — On dit que deux ou plusieurs corps se combinent lorsqu'ils s'unissent entre eux pour donner un corps nouveau et unique, dont les propriétés sont différentes de celles des corps primitifs. — On prend donc justement pour définir la combinaison le caractère absolument constant du changement de propriétés.

De l'union du soufre et du fer résulte le sulfure de fer, qui ne ressemble en rien à aucun de ses éléments. Le soufre, chauffé au contact du charbon, donne le sulfure de carbone, qui n'a conservé de ses éléments que la combustibilité : il est liquide, extrêmement volatil, incolore, très odorant, vénéneux, tandis que le soufre et le charbon sont l'un et l'autre solides, peu volatils, colorés, inodores, non vénéneux.

Il est inutile de multiplier les exemples : nous en étudierons des centaines. Le changement de propriétés est le caractère auquel on distingue toujours une combinaison d'un mélange.

60. Chaleur produite dans les combinaisons. — Les combinaisons sont presque toujours accompagnées d'un dégagement de chaleur. Ici, comme dans les combustions, la quantité de chaleur produite dépend uniquement de l'état primitif et de l'état final, et nullement des circonstances qui déterminent la combinaison.

Quelques combinaisons s'accomplissent, non plus avec production, mais avec absorption de chaleur. Ainsi, lorsque le chlore se combine avec l'oxygène, lorsque l'azote se combine avec l'oxygène, lorsque l'azote se combine avec le chlore, il y a absorption de chaleur. Dès lors, ces combinaisons-là ne peuvent ni se produire d'elles-mêmes, ni se continuer sans le secours d'une énergie étrangère.

Lorsqu'on fait passer une étincelle électrique à travers un mélange d'oxygène et d'hydrogène, cette étincelle enflamme le mélange en un point; puis la combinaison se propage d'elle-même dans toute la masse, par suite de la chaleur qu'elle produit : l'étincelle n'a été qu'une cause déterminante, qui a mis la combinaison en train; celle-ci, pour se continuer, n'a eu besoin d'aucune énergie étrangère.

Faisons passer, au contraire, l'étincelle à travers un mélange d'oxygène et d'azote : elle déterminera sur son passage la combinaison des deux gaz; mais cette combinaison produisant un abaissement de température, elle ne se propagera pas au reste de la masse gazeuse, elle sera purement locale; pour que la réaction se continue, il faudra faire passer incessamment les étincelles. Ici l'étincelle ne sera pas seulement une cause déterminante nécessaire au début de la combinaison; ce sera une énergie étrangère qui devra agir pendant toute la durée de la réaction.

Cet exemple suffit pour faire comprendre qu'il sera toujours difficile de combiner deux corps dont l'union absorbe de la chaleur; le plus souvent même la combinaison ne pourra pas s'obtenir directement, et il faudra préparer le composé à l'aide de réactions complexes dans lesquelles interviendront des éléments multiples.

61. Lumière et électricité produites dans les combinaisons. — Un grand nombre de combinaisons sont accompagnées d'une incandescence plus ou moins vive. Le soufre, le phosphore, l'arsenic, l'hydrogène, le cuivre, le fer, parmi les corps simples, et beaucoup de corps composés, brûlent dans le gaz chlore absolument comme le charbon brûle dans l'oxygène. De même, le cuivre et le charbon brûlent dans la vapeur de soufre.

Il y a moins souvent production de lumière dans les réactions qui ont lieu entre les solides et les liquides: qu'on verse de l'eau sur de la chaux vive, il y aura élévation de température, mais sans incandescence; qu'on mélange une dissolution concentrée de potasse avec de l'acide sulfurique, il se produira encore beaucoup de chaleur, mais sans incandescence.

L'acide sulfurique concentré, versé sur la baryte solide, amène, au contraire, ce corps jusqu'à la température du rouge vif.

Les combinaisons donnent lieu fort souvent aussi à une production d'électricité. L'électricité des piles provient de l'action chimique qu'exerce le zinc sur l'acide sulfurique.

62. Conditions déterminantes des combinaisons. — Les corps simples réagissent rarement les uns sur les autres quand on se contente de les mettre en présence : il faut presque toujours, comme pour les combustions, faire intervenir une cause déterminante, chaleur, lumière, électricité, mousse de platine.

Le chlore et l'hydrogène, par exemple, restent indéfiniment mélangés dans l'obscurité et à la température ordinaire. Mais qu'on chauffe le mélange, qu'on l'expose à l'action de la lumière, qu'on le fasse traverser par une étincelle électrique, qu'on y introduise un morceau de mousse de platine : la combinaison se produira instantanément, accompagnée d'une forte détonation.

Les corps composés entrent plus souvent en réaction par le fait seul de leur contact, comme cela a lieu dans l'action du zinc sur l'acide sulfurique (§ 12).

D'une manière générale, les combinaisons s'effectuent d'autant plus aisément que le contact est plus intime entre les corps en présence. Deux solides réagissent rarement l'un sur l'autre, tandis que l'action est souvent immédiate entre un liquide et le solide qu'on y plonge, entre deux liquides, entre deux gaz. Dans nombre de réactions chimiques, l'application de la chaleur n'a pas d'autre but que de liquéfier l'un des corps pour lui permettre de s'unir à l'autre ; les substances solides, solubles dans l'eau, s'emploient presque toujours à l'état de dissolution, quand on veut les faire entrer dans une combinaison. Les anciens alchimistes avaient posé comme un fait d'expérience que : « les solides ne réagissent pas s'ils ne sont dissous. »

63. Décomposition chimique. — La décomposition chimique est l'inverse de la combinaison. On dit qu'il y a décomposition toutes les fois qu'une substance unique en produit deux ou plusieurs nouvelles, ayant des propriétés différentes.

Après le changement de propriétés, le phénomène le plus saillant de la décomposition chimique est le phénomène d'absorption de chaleur.

La chaleur absorbée dans la décomposition d'un corps est égale à la chaleur dégagée lors de la formation du même composé.

Mais, par contre, les corps dont la formation correspond à une absorption de chaleur se décomposent avec élévation de température : c'est ce qui arrive pour les composés oxygénés de l'azote et du chlore.

Les décompositions chimiques se produisent sous l'influence de causes multiples. La chaleur, cause déterminante d'un grand nombre de combinaisons, produit tout aussi souvent des décompositions : nous avons vu comment le bioxyde de manganèse (§ 8) et le chlorate de potassium (§ 8) sont décomposés par la chaleur. Il arrive même fréquemment que la chaleur détruit son propre ouvrage, comme cela a lieu pour l'oxyde de mercure, qui se produit quand on chauffe le mercure au contact de l'air, puis se détruit lorsqu'on chauffe plus fort.

L'électricité, employée surtout sous forme de courant, est un agent de décomposition plus puissant encore que la chaleur (§ 2). Peu de composés résistent à son action.

La lumière, enfin, et la mousse de platine opèrent des décompositions.

La photographie est basée sur les décompositions chimiques que produit la lumière. Les plantes ne s'assimilent le charbon qu'à la suite d'une décomposition de l'anhydride carbonique, dont la lumière du soleil est le facteur principal.

64. Affinité. — Que se passe-t-il au moment où l'oxygène et l'hydrogène s'unissent pour former de l'eau ? Pourquoi l'oxygène et l'hydrogène, tout en continuant à exister, perdent-ils leurs propriétés distinctives ? L'état actuel de la science ne permet pas de répondre à ces questions.

On admet qu'il se produit, entre les atomes d'oxygène et les atomes d'hydrogène, une attraction qui les fait se précipiter les uns contre les autres.

Cette force attractive hypothétique a reçu le nom d'*affinité*.

L'*affinité* est donc la force qui sollicite les corps à entrer en combinaison, et qui maintient unis les uns aux autres les atomes des corps simples qui constituent le corps composé. Cette force ne s'exerce pas à distance, puisque les corps doivent être en contact intime pour se combiner ; elle ne s'exerce pas non plus indifféremment entre tous les corps, puisque tous les corps ne peuvent pas s'unir entre eux ; enfin, l'affinité est une force susceptible d'avoir une intensité plus ou moins grande, puisque certains composés se détruisent sans les moindres influences, tandis que d'autres résistent à l'action de presque tous les agents physiques ou chimiques.

La chaleur, la lumière, l'électricité, agissent sur l'affinité, tantôt pour la diminuer, tantôt pour l'augmenter. Lorsqu'on chauffe un mélange d'oxygène et d'hydrogène, la détonation se produit : la chaleur, qui a déterminé la combinaison, a donc fait naître ou augmenté l'affinité ; lorsqu'on chauffe l'acide azotique, il se décompose en oxygène et azote : donc la chaleur a détruit l'affinité.

Mais comment mesurer l'affinité, cette quantité susceptible de plus ou de moins? Comment décider si l'hydrogène a plus de tendance à s'unir au chlore qu'à l'oxygène, ou bien à l'oxygène qu'au chlore ; laquelle des deux affinités, de l'hydrogène pour le chlore ou pour l'oxygène, est la plus grande? On mesure l'affinité par un de ses effets. Lorsque les atomes de deux corps simples vont se combiner, ils se précipitent les uns contre les autres sous l'action de l'affinité ; arrivés au contact, ils se choquent violemment. Du choc d'une balle contre la cible résulte une élévation de température suffisante pour fondre la balle ; de même, du choc des atomes les uns contre les autres résulte la chaleur de combinaison. Plus l'affinité sera grande, plus la vitesse des atomes sera considérable, plus le choc sera violent, et plus la quantité de chaleur dégagée sera considérable.

Nous le voyons : « l'affinité étant la cause, la chaleur dégagée est l'effet produit par cette cause et lui est proportionnelle, » d'où il résulte qu'on peut mesurer l'affinité par la quantité de chaleur dégagée dans la combinaison.

En somme, l'*affinité* n'est qu'un mot ; la seule réalité est la possibilité qu'ont les corps de dégager, en se combinant, une quantité de chaleur plus ou moins considérable. Aussi, lorsque, pour nous conformer à l'usage, nous dirons que deux corps ont l'un pour l'autre une grande affinité, nous entendrons dire tout simplement qu'ils sont capables de dégager beaucoup de chaleur en se combinant.

CHAPITRE IV.

PRINCIPES DE LA NOMENCLATURE ET DE LA NOTATION CHIMIQUE.

Acides. — Bases.

I. — NOMENCLATURE.

65. Nomenclature. — Jusqu'à la fin du siècle dernier, les chimistes désignaient les divers corps par des noms absolument arbitraires, souvent barbares, et variant d'un pays à l'autre. Il en résultait une extrême confusion de langage. Guyton de Morveau, le premier, eut l'idée d'établir des règles précises pour la formation des noms des composés. Sur sa proposition, l'Académie des sciences nomma une commission de quatre membres (Guyton de Morveau, Lavoisier, Fourcroy et Berthollet), qui établit, en 1787, la nomenclature encore universellement adoptée.

Telle qu'elle est, avec ses imperfections, cette nomenclature a rendu les plus grands services à la chimie. La clarté du langage n'a pas été sans influence sur la clarté des idées et l'exactitude des méthodes.

66. Nomenclature des corps simples. — Les corps simples actuellement connus sont au nombre de 67; dans ces dernières années, les nouvelles méthodes d'a*nalyse spectrale* ont conduit à la découverte de plusieurs métaux. Il est à croire que d'autres encore seront découverts, et que le nombre des corps simples continuera à s'accroître; mais les corps qui ont jusqu'à ce jour échappé aux recherches des chimistes doivent être fort peu répandus dans la nature, et ils ne sauraient jamais acquérir une bien grande importance. Le nom des corps simples est absolument arbitraire.

Voici la liste complète des éléments actuellement connus. Nous expliquerons successivement le sens des lettres placées dans la seconde colonne de ce tableau, et celui des chiffres écrits dans la troisième. Nous dirons aussi pourquoi on a établi une division des corps simples en *métalloïdes* et *métaux*, et pourquoi chaque groupe principal est formé de plusieurs familles ou sections. Les corps marqués d'un astérisque sont ceux que nous aurons à étudier par la suite.

MÉTALLOÏDES.

*Hydrogène,	H	1,00

Première famille.

Fluor,	Fl	19,00	Brome,	Br	80,00
*Chlore,	Cl	35,50	*Iode,	Io	127,00

Deuxième famille.

*Oxygène,	O	16,00	Sélénium,	Se	79,00
*Soufre,	S	32,00	Tellure,	Te	126,00

Troisième famille.

*Azote,	Az	14,00	Arsenic,	As	75,00
*Phosphore,	P	31,00	Antimoine,	Sb	120,00

Quatrième famille.

*Carbone,	C	12,00	*Silicium,	Si	28,00
*Bore,	Bo	11,00			

MÉTAUX.

Première section.

*Potassium,	K	39,00	Thallium,	Tl	204,00
*Sodium,	Na	23,00	Baryum,	Ba	137,00
Lithium,	Li	7,00	Strontium,	St	87,50
Rubidium,	Rb	85,00	*Calcium,	Ca	40,00
Cæsium,	Cæ	133,00			

Deuxième section.

*Magnésium,	Mg	24,00	Cérium,	Ce	141,00
Manganèse,	Mn	55,00	Lanthane,	La	139,00
*Aluminium,	Al	27,50	Didyme.	Di	»
Glucinium,	Gl	14,00	Erbium,	Er	»
Zirconium,	Zr	89,50	Therbium,	Th	»
Yttrium,	Yt	89,00	Gallium,	Ga	70,00
Thorium,	Th	234,50	Indium,	In	113,00

Troisième section.

*Fer,	Fe	56,00	*Zinc,	Zn	66,00
Nickel,	Ni	59,00	Cadmium,	Cd	112,00
Cobalt,	Co	59,00	Vanadium,	Va	51,00
Chrome,	Cr	52,20	Uranium,	U	240,00

Quatrième section.

Tungstène,	Tu	184,00	Ilménium,	Il	»
Molybdène,	Mo	96,00	Tantale,	Ta	182,00
Osmium,	Os	200,00	Titane,	Ti	50,00
Niobium,	Ni	»	*Etain,	Sn	118,00
Pélopium,	Pe	»			

Cinquième section.

*Cuivre,	Cu	63,00	Bismuth,	Bi	210,00
*Plomb,	Pb	207,00			

Sixième section.

*Mercure,	Hg	200,00	Palladium,	Pd	106,60
*Argent,	Ag	108,00	Iridium,	Ir	193,20
*Or,	Au	197,00	Rhodium,	Ro	104,00
*Platine,	Pt	197,00	Ruthénium,	Ru	104,00

67. Acides. — Bases. — Sels. — Les divers composés se distinguent les uns des autres par un grand nombre de propriétés. Mais on peut les rapprocher de telle manière, que les composés placés dans un même groupe présentent un ensemble de propriétés communes, caractérisant ce qu'on nomme la *fonction chimique* du groupe.

Nous avons à définir d'abord trois groupes importants.

On nomme *acides* des composés doués d'une saveur aigre, analogue à celle du vinaigre, et possédant la propriété de rougir une matière colorante bleue nommée *teinture de tournesol* (extraite d'un *lichen* nommé *tournesol*).

Au point de vue de leur composition, les acides renferment toujours de l'*hydrogène*, combiné avec un corps simple, tel que le chlore (*acide chlorhydrique*), ou avec deux corps simples, dont l'un est l'oxygène (*acide azotique*).

On nomme *bases* des composés doués d'une saveur caustique ou styptique, très différente de celle des acides, et possédant la propriété de ramener au bleu la teinture de tournesol préalablement rougie par l'action d'un acide.

Au point de vue de leur composition, les bases, comme les acides, renferment toujours de l'*hydrogène*, combiné avec deux corps simples, dont l'un est l'*oxygène* (*potasse caustique*, composée de potassium, oxygène et hydrogène).

Enfin on nomme *sels* les composés qui résultent du remplacement total ou partiel de l'hydrogène des acides par un métal. Ainsi à l'*acide sulfurique* (soufre, oxygène, hydrogène), correspond un sel, le *sulfate de potassium* (soufre, oxygène, potassium), qui résulte de la substitution du potassium à l'hydrogène. De même, à l'*acide chlorhydrique* (chlore, hydrogène) correspond le *chlorure de potassium* (chlore, potassium), qui résulte de la substitution du potassium à l'hydrogène.

Les circonstances de formation de ces composés sont très variées. Ainsi, l'*acide phosphorique* se produit quand on fait brûler le phosphore dans l'air, sous une cloche (*fig.* 29), et qu'on fait dissoudre dans l'eau la poudre blanche (anhydride phosphorique) qui résulte de la combustion. La *potasse caustique* se produit quand on jette un morceau de potassium sur l'eau (*fig.* 30) : l'eau est décomposée avec inflammation du potassium, et on a une dissolution de potasse.

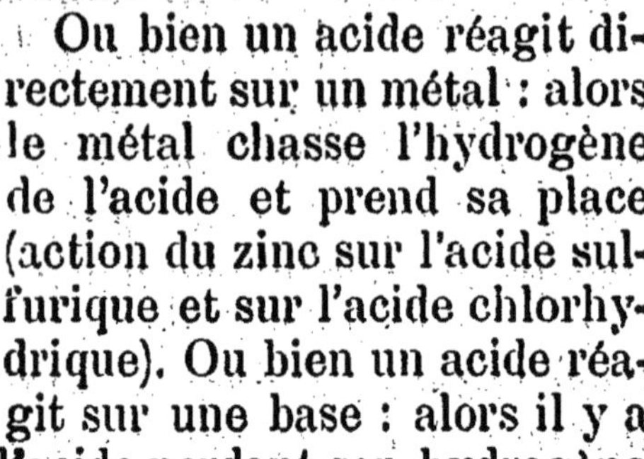

Fig. 29.

Quant aux sels, leurs deux plus importantes circonstances de production sont les suivantes :

Ou bien un acide réagit directement sur un métal : alors le métal chasse l'hydrogène de l'acide et prend sa place (action du zinc sur l'acide sulfurique et sur l'acide chlorhydrique). Ou bien un acide réagit sur une base : alors il y a double décomposition, l'acide perdant son hydrogène et la base perdant son métal. L'hydrogène de l'acide va prendre la place du métal de la base (ce qui donne de l'eau); le métal de la base va prendre la place de l'hydrogène de l'acide (ce qui donne le sel).

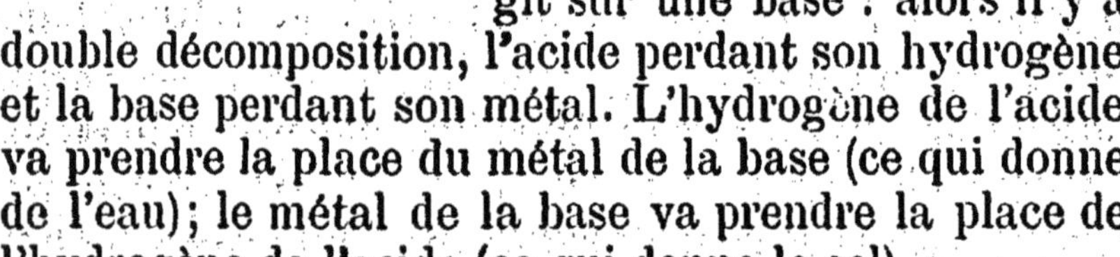

68. Métalloïdes. — Métaux. — La considération des acides et des bases, ainsi que l'examen des propriétés physiques, a permis de diviser les corps simples en deux grandes catégories.

Fig. 30.

Les *métalloïdes*, au nombre de 16, ont, en général, peu d'éclat; ils conduisent mal la chaleur et l'électricité. En se combinant avec l'oxygène et l'hydrogène, ils produisent des corps *acides*, mais jamais *basiques*; ils forment des combinaisons avec l'hydrogène seul, tandis que les métaux n'en forment pas.

Les *métaux*, au nombre de 51, ont un éclat particulier, appelé *éclat métallique*; ils conduisent bien la chaleur et l'électricité. En se combinant avec l'oxygène, ils produisent chacun au moins un composé *basique*.

Au point de vue des propriétés physiques, la distinction entre les métalloïdes et les métaux n'est pas toujours parfaitement tranchée : l'antimoine, qui a l'éclat métallique, est placé fort souvent au rang des métalloïdes. Le caractère distinctif le plus essentiel est le caractère chimique, fondé sur la formation des acides et des bases.

69. Divisions principales de la nomenclature des corps composés. — La nomenclature actuelle est l'expression des idées de Lavoisier sur les combinaisons.

Frappé du rôle considérable que joue l'oxygène dans les combustions et dans la respiration, Lavoisier crut que ce corps occupait une place à part dans la nature, et qu'il ne se comportait pas comme les autres : aussi établit-il pour les composés oxygénés une nomenclature spéciale. En réalité, des règles uniformes, s'appliquant à tous les corps, seraient préférables.

Nous allons donc examiner successivement les règles adoptées pour nommer *les composés oxygénés*, puis *les composés non oxygénés.*

70. Nomenclature des composés oxygénés. — I. — On nomme composés oxygénés *binaires* les composés renfermant de l'oxygène uni à un autre corps simple. Ces composés ont reçu le nom d'*oxydes*; nous distinguerons trois catégories d'*oxydes*:

1° *Oxydes acidifiables* ou *anhydrides.* — Certains oxydes ont la propriété de se combiner avec l'eau pour donner naissance à des *acides.* On les nomme *anhydrides.*

Pour dénommer un semblable composé, on fait suivre le mot *anhydride* du nom de l'élément combiné avec l'oxygène, et on ajoute la terminaison *ique.* Par exemple, le *soufre* avec l'*oxygène* donne l'*anhydride sulfurique.*

Quand l'oxygène et un corps simple, en s'unissant en plusieurs proportions différentes, donnent naissance à deux anhydrides, on désigne ces composés en attribuant la terminaison *ique* à celui qui renferme le plus d'oxygène, et *eux* à celui qui en renferme le moins. Ainsi, le *soufre* et l'*oxygène* donnent aussi l'*anhydride sulfureux*.

Si le nombre des anhydrides est supérieur à deux, on les désigne en faisant précéder le nom de l'élément des préfixes *hypo* (moins d'oxygène), ou *per* (plus d'oxygène). Exemple : l'*anhydride persulfurique*.

2° *Oxydes basiques.* — On nomme *oxydes basiques* les oxydes métalliques susceptibles de se combiner avec l'eau pour donner naissance à des *bases*. Pour dénommer un oxyde basique, on fait suivre le mot *oxyde* du nom du métal combiné avec l'oxygène. Ainsi, on a l'*oxyde de potassium* (oxygène et potassium).

Quand un même métal forme avec l'oxygène plusieurs oxydes basiques, on les distingue les uns des autres à l'aide des terminaisons qui servent à distinguer les acides (*oxyde ferreux*, *oxyde ferrique*).

3° *Oxydes neutres.* — Les métalloïdes et les métaux, en s'unissant à l'oxygène, forment fréquemment des oxydes qui ne sont susceptibles de se combiner avec l'eau ni pour donner des acides, ni pour donner des bases. Ces oxydes se nomment comme les oxydes basiques (*oxyde azoteux*, *oxyde azotique*, *peroxyde d'azote*).

II. — On nomme composés *oxygénés ternaires* des composés renfermant de l'oxygène uni à deux autres corps simples. Ils constituent trois groupes :

1° *Acides oxygénés.* — Les *acides oxygénés* se nomment, comme les anhydrides correspondants, par la simple substitution du mot *acide* au mot *anhydride*. Ainsi, l'*anhydride sulfurique*, en se combinant avec l'eau, donne l'*acide sulfurique*.

2° *Bases oxygénées.* — Les bases oxygénées se nomment comme les oxydes basiques correspondants, par la substitution du mot *hydrate* au mot *oxyde*. Ainsi, l'*oxyde de potassium*, en se combinant avec l'eau, donne l'*hydrate de potassium* (communément appelé *potasse caustique*).

3° *Sels oxygénés.* — On forme le nom d'un sel oxygéné en remplaçant, dans le nom de l'acide, la terminaison *ique* par la terminaison *ate*, ou la terminaison *eux* par la terminaison *ite*, et en faisant suivre le mot ainsi obtenu du nom du métal contenu dans le sel.

Ainsi, l'*acide azotique* donne l'*azotate de cuivre* par substitution du cuivre à l'hydrogène.

Remarquons que, pour certains acides, la substitution du métal à l'hydrogène peut être soit complète, soit seulement partielle. Quand tout l'hydrogène est remplacé par une quantité correspondante de métal, on a un *sel neutre* (*sulfate neutre de potassium*, qui ne renferme plus d'hydrogène). On a un *sel acide* si la substitution est incomplète (*sulfate acide de potassium*, qui renferme encore de l'hydrogène). Le nom de *sulfate acide* donné au second sel exprime ce fait, que ce sel jouit encore des propriétés acides, puisqu'il renferme encore un atome d'hydrogène, susceptible d'être remplacé par un atome de potassium.

71. Nomenclature des composés non oxygénés. — Les règles sont encore plus simples, mais différentes.

1° *Acides non oxygénés.* — Les acides non oxygénés résultent de l'union de l'*hydrogène* avec un *métalloïde*. On les désigne en faisant suivre le nom du métalloïde de la terminaison *hydrique* (*acide chlorhydrique*, renfermant *chlore* et *hydrogène*).

2° *Sels non oxygénés.* — Quand un métal se substitue à l'hydrogène dans un acide non oxygéné, pour donner un sel, on forme le nom de ce sel en remplaçant, dans le nom du métalloïde, la terminaison *hydrique* par la terminaison *ure*, et en faisant suivre le nom du métal. Par exemple, l'*acide chlorhydrique* donne le *chlorure de potassium*.

3° *Autres composés binaires non oxygénés.* — Le plus souvent, deux corps simples se combinent entre eux, pour donner un composé qui ne peut pas être considéré comme un sel, car il n'existe pas d'acide correspondant.

Les composés ainsi formés se nomment comme les sels non oxygénés, c'est-à-dire qu'on donne la terminaison *ure* à l'un des éléments, et qu'on ajoute à la suite le nom de l'autre élément. C'est ainsi que le *soufre* et le *carbone* forment le *sulfure de carbone.*

Fréquemment l'union se fait en deux ou plusieurs proportions différentes. On distingue, là encore, les divers composés en faisant intervenir les terminaisons *eux* et *ique*, comme dans les oxydes, les acides et les sels. Ainsi, on a le *chlorure cuivreux* et le *chlorure cuivrique.*

D'autres fois on fait précéder le nom du premier élément des préfixes *proto*, *sesqui*, *bi*, *tri*, *penta*, *per*, qui indiquent les proportions selon lesquelles les éléments se sont combinés. Ainsi, dans le *pentachlorure de phosphore* il y a, pour la même quantité de phosphore, cinq fois plus de chlore qu'il n'y en aurait dans le *protochlorure.*

Quand le composé renferme un métalloïde et un métal, c'est toujours le nom du métalloïde qu'on met le premier, et auquel on ajoute la terminaison *ure*.

Quand ce sont deux métalloïdes qui se combinent, on nomme le premier celui qui est *électro-négatif* par rapport à l'autre, c'est-à-dire celui qui se rendrait au pôle positif dans la décomposition du composé sous l'influence du courant électrique (voir l'*Électricité*, Actions chimiques des courants). La liste suivante a été dressée de telle manière que, dans la combinaison de deux métalloïdes, on doit toujours placer le premier celui qui est le premier sur cette liste :

1. Fluor.	**6. Soufre.**	**11. Arsenic.**
2. Chlore.	**7. Sélénium.**	**12. Carbone.**
3. Brome.	**8. Tellure.**	**13. Silicium.**
4. Iode.	**9. Azote.**	**14. Bore.**
5. Oxygène.	**10. Phosphore.**	**15. Hydrogène.**

On dira donc *chlorure de soufre, sulfure de carbone, carbure d'hydrogène.*

4° *Alliages.* — Les combinaisons des métaux entre eux, encore peu connues et mal définies au point de vue chimique, ne suivent pas les règles de la nomenclature : on les nomme simplement alliages.

Exemples : Alliage de cuivre et d'or.
Alliage de cuivre, de zinc et d'étain.

Les alliages qui renferment du mercure s'appellent *amalgames.*

Exemples : Amalgame de sodium (mercure et sodium).
Amalgame d'or et d'argent (mercure, or et argent).

II. — NOTATIONS CHIMIQUES.

72. Notation des corps simples. — Berzelius[1] a complété la nomenclature de Lavoisier, en y introduisant un système de notations symboliques qui simplifie singulièrement l'écriture et permet de représenter les réactions chimiques sous forme d'équations algébriques d'une admirable simplicité.

Grâce à ce système de notations, les transformations les plus complexes sont immédiatement comprises, et les calculs numériques qui s'y rapportent facilement effectués.

Les élèves qui débutent dans l'étude de la chimie doivent s'appliquer, avant toutes choses, à connaître à fond, sans aucune espèce d'hésitation, les règles de la nomenclature et des notations chimiques. Les progrès ultérieurs ne s'obtiendront qu'à ce prix.

Chaque corps simple est représenté symboliquement par la première lettre, et quelquefois par les

1. *Berzelius* (1779-1848), célèbre chimiste suédois.

deux premières lettres de son nom. Pour quelques-uns on a pris la ou les premières lettres du nom latin ou du nom ancien. Ainsi, le potassium se représente par K, le sodium par Na, l'or par Au, le mercure par Hg. La seconde colonne du tableau des corps simples porte, en face de chaque corps, le symbole conventionnel employé pour le désigner.

Ces symboles ont un autre sens encore. Ils représentent non pas une quantité quelconque du corps symbolisé, mais une quantité déterminée, appelée *poids atomique* de ce corps, quantité proportionnellement à laquelle le corps entre dans toutes ses combinaisons. La troisième colonne du tableau des corps simples donne l'indication du poids atomique de chacun d'eux.

73. Notation des combinaisons. — Pour représenter un composé binaire, on écrit à la suite l'un de l'autre les symboles des deux corps simples qui le constituent.

Ainsi, l'acide chlorhydrique, combinaison de chlore et d'hydrogène, s'écrit HCl. Ce symbole si simple, HCl, permet d'affirmer : 1° que l'acide chlorhydrique renferme du chlore et de l'hydrogène; 2° que le rapport des poids des deux corps est de 1 à 35,5, puisque le tableau des corps simples nous donne 1 et 35,5 pour poids atomiques de l'hydrogène et du chlore.

De même, l'oxyde de mercure, combinaison d'oxygène et de mercure, s'écrit HgO; il renferme 200 grammes de mercure pour 16 d'oxygène, puisque les poids atomiques du mercure et de l'oxygène sont 200 et 16.

Les corps simples ne se combinent pas toujours poids atomique à poids atomique : souvent 1, 2, 3, 4 poids atomiques de l'un des corps s'unissent à 1, 2, 3, 4 poids atomiques de l'autre. Le nombre des poids atomiques de chaque corps se représente par un petit chiffre placé en exposant en haut et à droite du symbole. Ainsi, la formule du sesquioxyde de fer est

Fe^2O^3; ceci veut dire que ce corps renferme 2 poids atomiques de fer pour 3 d'oxygène; les poids atomiques du fer et de l'oxygène étant 56 et 16, cela signifie que le rapport des poids de fer et d'oxygène qui constituent le sesquioxyde de fer est le rapport de 2×56 à 3×16.

74. Notation des sels. — On représente un sel par le symbole de sa base ajouté à celui de son acide. Ainsi, la formule de l'acide sulfurique est SO^3, la formule de l'oxyde de zinc est ZnO; le sulfate de zinc s'écrira SO^3ZnO, ou, plus simplement, SO^4Zn.

De même, l'acide carbonique a pour formule CO^2, la soude Na^2O; le carbonate de sodium s'écrira CO^2Na^2O, ou, plus simplement, CO^3Na^2.

De même encore, l'acide azotique a pour formule Az^2O^5, l'oxyde d'argent Ag^2O; l'azotate d'argent s'écrira $Az^2O^5Ag^2O$, ou, plus simplement, $Az^2O^6Ag^2$, ou, plus simplement encore, AzO^3Ag.

75. Notation des réactions chimiques. — Grâce aux notations symboliques, les réactions chimiques peuvent se représenter par des égalités. En voici quelques exemples :

1° Le mercure chauffé au contact de l'air se transforme en protoxyde de mercure. Cela s'écrit :

$$Hg + O = HgO.$$

2° Le fer exposé à l'air humide se rouille, il se transforme en hydrate de sesquioxyde de fer. Cela s'écrit :

$$2Fe + 3O + H^2O = Fe^2O^3, H^2O.$$

3° Le chlorate de potassium chauffé au rouge perd tout son oxygène et se réduit à l'état de chlorure de potassium :

$$ClO^3K = 3O + KCl.$$

4° L'azotite d'ammonium chauffé modérément se décompose en azote et en vapeur d'eau :

$$AzO^2(AzH^4) = 2Az + 2H^2O.$$

5° Le bioxyde de manganèse chauffé au rouge blanc perd le tiers de son oxygène et se transforme en oxyde brun de manganèse :

$$3MnO^2 = 2O + Mn^3O^4.$$

6° La vapeur d'eau passant sur le fer chauffé au rouge se décompose et produit de l'oxyde magnétique de fer, en même temps qu'un dégagement d'hydrogène :

$$3Fe + 4H^2O = Fe^3O^4 + 8H.$$

7° Le zinc agissant sur l'acide sulfurique étendu d'eau donne un dégagement d'hydrogène et une production de sulfate de zinc :

$$Zn + SO^4H^2 = SO^4Zn + 2H.$$

8° Le zinc agissant sur l'acide chlorhydrique donne un dégagement d'hydrogène et produit du chlorure de zinc :

$$Zn + 2HCl = ZnCl^2 + 2H.$$

76. Conditions auxquelles doivent satisfaire les égalités chimiques. — Mais, ne l'oublions pas, les égalités que l'on écrit ainsi ne doivent représenter que des résultats d'expérience, que des réactions obtenues dans les laboratoires. Nous n'avons pas le droit d'écrire :

$$Zn + 3O = ZnO^3,$$

parce que jamais on n'a préparé dans les laboratoires un corps renfermant un poids atomique de zinc uni à trois poids atomiques d'oxygène.

Une égalité chimique devra donc simplement traduire en notations symboliques une réaction réalisée par l'expérience. Elle devra contenir dans le premier membre tous les corps que l'on a mis en présence, et dans le second tous les corps qui ont pris naissance dans la réaction : comme dans aucun cas un corps simple ne peut être créé ni détruit, *on devra toujours retrouver dans le second membre tous les corps simples qui étaient dans le premier, et en même quantité.*

Ainsi, dans l'exemple 4, nous avons, dans le premier membre, 2 poids atomiques d'azote, 4 poids atomiques d'hydrogène, 2 poids atomiques d'oxygène : nous les retrouvons exactement dans le second membre.

Enfin, *on ne devra jamais écrire une égalité chimique sans indiquer dans quelles circonstances expérimentales s'accomplit la réaction qu'elle représente.* S'affranchir de cette dernière condition serait faire, non plus de la chimie, mais une simple manipulation de symboles.

77. Applications numériques. — 1er *Problème.* — Combien y a-t-il d'oxygène et de fer dans 35 grammes de sesquioxyde de fer? On sait que le poids atomique de l'oxygène est 16, et celui du fer 56.

Solution. — La formule du sesquioxyde de fer est Fe^2O^3. Il y a donc $2 \times 56 = 112$ grammes de fer, et $3 \times 16 = 48$ grammes d'oxygène dans $112 + 48 = 160$ grammes de sesquioxyde : donc 35 grammes de sesquioxyde renfermeront :

$$48 \times \frac{35}{160} = 10^{gr},5 \text{ d'oxygène,}$$

et

$$112 \times \frac{35}{160} = 24^{gr},5 \text{ de fer.}$$

2e *Problème.* — Combien faut-il prendre de chlorate de potassium pour préparer 51 grammes d'oxygène? On sait que le poids atomique du chlore est 35,5, celui de potassium 39, et celui de l'oxygène 16.

Solution. — La formule de la préparation de l'oxygène par le chlorate de potassium est :

$$ClO^3K = 3O + KCl.$$

Le poids moléculaire du chlorate de potassium est :

$$35,5 + 3 \times 16 + 39 = 122,5.$$

Cette équation signifie qu'on a $3 \times 16 = 48$ grammes d'oxygène quand on chauffe $122^{gr},5$ de chlorate de potassium. Pour avoir 51 grammes d'oxygène, il faudrait donc prendre $122,5 \times \frac{51}{48} = 130^{gr},1$ de chlorate de potassium.

3ᵉ *Problème.* — Combien faut-il prendre d'acide sulfurique concentré et de zinc pour préparer 25 litres d'hydrogène à la température de 0° et sous la pression de 760 millimètres? On sait que le poids atomique du zinc est 66, celui du soufre 32, celui de l'hydrogène 1, celui de l'oxygène 16.

Solution. — Les 25 litres d'hydrogène, dans les conditions indiquées de température et de pression pèsent :

$$25 \times 0,0692 \times 1,293 = 2^{gr},237.$$

Il faut donc préparer $2^{gr},237$ d'hydrogène.

La formule de la préparation est :

$$Zn + SO^4H^2 = SO^4Zn + 2H,$$

SO^4H^2 représentant la formule de l'acide sulfurique concentré du commerce. Cette égalité montre qu'un poids atomique, ou 66 grammes de zinc, agissant sur un poids atomique ou $32 + 4 \times 16 + 2 \times 1 = 98$ grammes d'acide sulfurique, donne 2 poids atomiques ou 2 grammes d'hydrogène. Pour avoir $2^{gr},237$ d'hydrogène, il faudra donc employer

$$\frac{66 \times 2,237}{2} = 73^{gr},821 \text{ de zinc,}$$

et

$$\frac{98 \times 2,237}{2} = 109^{gr},613 \text{ d'acide sulfurique.}$$

CHAPITRE V.

OXYDES DE L'AZOTE.

Acide azotique. — Ammoniaque.

78. Composés oxygénés de l'azote. — L'azote forme avec l'oxygène six composés, qui sont :

Le protoxyde d'azote,	Az^2O.
Le bioxyde d'azote,	AzO.
L'anhydride azoteux,	Az^2O^3.
Le peroxyde d'azote.	AzO^2.
L'anhydride azotique,	Az^2O^5.
L'anhydride perazotique,	AzO^3.

Les formules de ces composés indiquent les proportions pondérales d'azote et d'oxygène qui entrent dans chacun d'eux.

Quant aux proportions en volumes, elles sont les suivantes :

	Vol. d'azote.	Vol. d'oxygène.	Vol. du composé formé.
Protoxyde d'azote,	2	1	2
Bioxyde d'azote,	1	1	2
Anhydride azoteux,	2	3	inconnu.
Peroxyde d'azote,	1	2	2
Anhydride azotique,	2	5	inconnu.
Anhydride perazotique,	1	3	inconnu.

On ignore les volumes de l'anhydride azoteux Az^2O^3 et de l'anhydride azotique Az^2O^5, parce que ces deux corps ne sont pas connus à l'état gazeux.

La formation de chacun de ces composés correspond, non pas à un dégagement, mais à une absorption de chaleur : c'est-à-dire qu'aucun d'eux ne se formera par l'union directe de l'azote et de l'oxygène, à moins qu'on ne fasse intervenir une énergie étrangère, comme celle qui résulte du passage d'une longue série d'étincelles électriques à travers le mélange des deux gaz (§ 60). Il résulte aussi de ce fait que les composés oxygénés de l'azote doivent être peu stables, facilement décomposables par les divers agents physiques et chimiques.

Et en effet, les six composés oxygénés de l'azote sont facilement décomposables par la chaleur: quand on fait passer l'un quelconque d'entre eux dans un tube de porcelaine chauffé au rouge vif, il est complètement décomposé en ses éléments, azote et oxygène. Tous les corps combustibles agissent de même, à une température plus ou moins élevée : ils s'emparent de la totalité ou d'une partie de l'oxygène, pour ramener le composé à un degré inférieur d'oxydation ou le détruire totalement.

Un seul de ces corps a une importance industrielle : c'est l'acide azotique. Nous n'insisterons que sur celui-là.

I. — OXYDES DE L'AZOTE.

79. Protoxyde d'azote. — Le protoxyde d'azote ou oxyde azoteux est un gaz incolore, inodore, d'une saveur légèrement sucrée. Sa densité est 1,527; son coefficient de solubilité dans l'eau est 1,305 : il est donc 65 fois plus soluble que l'azote.

On peut le liquéfier en le refroidissant jusqu'à la température de 0°, en même temps qu'on le soumet à une pression de 30 atmosphères. Par son évaporation rapide, le liquide limpide obtenu produit un froid de 140°, qu'on utilise assez souvent dans les laboratoires.

Le protoxyde d'azote est aisément décomposé par la chaleur et par les corps combustibles. Le charbon, le soufre, le phosphore, préalablement enflammés, brûlent dans le protoxyde d'azote presque aussi bien que dans l'oxygène.

Davy, ayant respiré par hasard du protoxyde d'azote, reconnut que ce gaz porte à des idées riantes et procure des hallucinations agréables : aussi lui donna-t-il le nom de *gaz hilariant.*

Quand l'inhalation dure pendant quelques instants, les hallucinations sont suivies d'une insensibilité complète : de là l'usage que les dentistes font du protoxyde d'azote pour l'extraction des dents. Cependant le protoxyde d'azote, quoique facilement décomposable, n'entretient pas longtemps la respiration ; et si l'on continuait à le respirer, après que s'est produite l'insensibilité, la mort ne tarderait pas à arriver.

M. Paul Bert[1] a montré que, en respirant un mélange de protoxyde d'azote et d'oxygène (renfermant une atmosphère de pression d'oxyde et un cinquième d'atmosphère de pression d'oxygène), on peut prolonger indéfiniment l'insensibilité sans danger pour la vie. Ainsi employé, le protoxyde d'azote est le moins dangereux des anesthésiques : il commence à entrer dans la pratique de la grande chirurgie.

Le protoxyde d'azote ne peut pas être préparé par la combinaison directe de l'oxygène et de l'azote. Il se produit quand on fait agir certains corps combustibles sur le bioxyde d'azote ou sur l'acide azotique. Dans les laboratoires on le prépare en décomposant par la chaleur l'azotate d'ammonium $AzO^3(AzH^4)$. La réaction est la suivante :

$$AzO^3(AzH^4) = Az^2O + 2H^2O.$$

Fig. 31.

L'opération se fait dans une cornue de verre (*fig.* 31), que l'on chauffe modérément.

80. Bioxyde d'azote. — Le bioxyde d'azote ou oxyde azo-

1. *Paul Bert* (1833-1886), physiologiste français.

tique est un gaz incolore, dont on ne connaît ni le goût ni l'odeur. Sa densité est 1,039, son coefficient de solubilité 0,05. Il n'a été liquéfié qu'en 1877 par M. Cailletet : c'était un des gaz dits permanents avant cette époque.

Le bioxyde d'azote est facilement décomposable par la chaleur et par les corps combustibles. Cependant le charbon, le soufre, s'éteignent le plus souvent dans le bioxyde d'azote ; mais les corps plus combustibles, le phosphore, l'hydrogène, le sulfure de carbone, y brûlent très vivement. Le mélange de bioxyde d'azote et de vapeur de sulfure de carbone produit, quand on l'allume, une flamme très éclatante.

A côté de ces propriétés oxydantes du bioxyde d'azote il faut placer une propriété inverse : au contact de l'air, il s'oxyde et se transforme immédiatement en peroxyde d'azote, à la température ordinaire :

$$AzO + O = AzO^2.$$

De là l'impossibilité dans laquelle on se trouve de déterminer son odeur ni sa saveur.

Le peroxyde d'azote ainsi formé constitue des vapeurs rouges, connues sous le nom de *vapeurs rutilantes*. La formation de ces vapeurs permet de distinguer immédiatement l'oxygène du protoxyde d'azote, qui, comme l'oxygène, rallume une allumette ne présentant plus que quelques points en ignition. Dans le gaz à essayer on fait passer quelques bulles de bioxyde d'azote : si le gaz est du protoxyde d'azote, il ne se produit rien ; si c'est de l'oxygène, on voit apparaître aussitôt des vapeurs rutilantes.

On prépare le bioxyde d'azote en décomposant l'acide azotique par le cuivre, métal capable de lui enlever une partie de son oxygène. A la température ordinaire, le cuivre décompose l'acide azotique et s'oxyde ; l'oxyde de cuivre produit se combine avec un excès d'acide azotique non décomposé, et forme de l'azotate de cuivre, tandis que le bioxyde d'azote se dégage :

$$8\,AzO^3H + 3\,Cu = 2\,AzO + 3\,(AzO^3)^2Cu + 4\,H^2O.$$

L'opération se fait dans l'appareil qui a servi à préparer l'hydrogène. On place de l'eau et de la tournure de cuivre dans le flacon. On verse l'acide azotique par le tube à entonnoir. Au commencement de l'opération, le bioxyde d'azote produit se combine avec l'oxygène qui est dans le flacon, et on voit apparaître des vapeurs rutilantes; mais elles sont bientôt chassées, et le bioxyde, à peu près pur, se dégage.

81. Peroxyde d'azote. — A une température supérieure à 22°, le peroxyde d'azote est un gaz rutilant, d'une odeur forte, très dangereux à respirer. Au-dessous de 22°, c'est un liquide d'un rouge foncé, qui émet à l'air d'abondantes vapeurs. A mesure qu'on le refroidit, les vapeurs deviennent moins abondantes, la coloration du liquide diminue; à — 9° il se prend en un solide incolore. Sa densité à l'état gazeux est 1,452.

La chaleur ne le décompose qu'au rouge blanc en azote et en oxygène : c'est le plus stable des composés oxygénés de l'azote. De même, il n'est décomposé par les corps combustibles qu'à une température élevée : il n'entretient pas la combustion.

La propriété la plus saillante du peroxyde d'azote est sa décomposition par l'eau et par les bases.

L'eau tiède le décompose, et donne du bioxyde d'azote avec de l'acide azotique :

$$3\,AzO^2 + H^2O = AzO + 2\,AzO^3H.$$

Les bases donnent un mélange d'azotite et d'azotate :

$$2\,AzO^2 + 2\,KO = AzO^2K + AzO^3K + H^2O.$$

On le prépare aisément en faisant réagir l'air sur le bioxyde d'azote ou en décomposant de l'azotate de plomb par la chaleur.

II. — ACIDE AZOTIQUE.

82. Propriétés physiques. — L'anhydride azotique Az^2O^5 n'a aucune importance. Il n'en est pas de même de l'*acide azotique* $Az^2O^5 + H^2O = 2\,AzO^3H$, appelé aussi *esprit de nitre, eau-forte, acide nitrique.*

Tantôt on le rencontre au maximum de concentration sous le nom d'*acide monohydraté* AzO^3H, tantôt moins concentré, sous le nom d'*acide quadrihydraté* $Az^2O^5 + 4\,H^2O = 2\,AzO^3H, 3\,H^2O$.

Le premier, liquide incolore, fumant à l'air, a pour densité 1,52; il bout à 86°. Le second, liquide également incolore, a pour densité 1,42; il bout à 123°.

83. Propriétés chimiques. — Le trait distinctif de l'acide azotique est son instabilité. Il est décomposé par les divers agents physiques et par tous les corps susceptibles de se combiner avec l'oxygène; on peut résumer presque toutes ses propriétés chimiques en un mot : l'acide azotique est un oxydant énergique.

Nous ne ferons que résumer ici très brièvement son action sur les divers corps, car nous aurons à y revenir à propos de chacun d'eux.

Action de la lumière. — L'acide monohydraté est lentement décomposé par la lumière en oxygène, qui se dégage, et en peroxyde d'azote, qui se dissout. De là la coloration jaune qu'offre toujours l'acide monohydraté qu'on ne conserve pas dans une obscurité absolue.

Action de la chaleur. — Les vapeurs d'acide azotique monohydraté, passant dans un tube de porcelaine chauffé, se décomposent : au rouge, en oxygène et peroxyde d'azote; au rouge blanc, en oxygène et azote, plus de l'eau dans l'un et l'autre cas :

$$2\,AzO^3H = 2\,AzO^2 + O + H^2O \quad \text{au rouge.}$$
$$2\,AzO^3H = 2\,Az + 5\,O + H^2O \quad \text{au rouge blanc.}$$

L'acide monohydraté se décompose même à la température de l'ébullition. Si on le distille plusieurs fois de suite, à chaque distillation nouvelle il se dégage de l'oxygène et du peroxyde d'azote, tandis que l'eau se porte sur l'acide non décomposé. Aussi le liquide renferme une proportion d'eau de plus en plus forte, et on finit par avoir de l'acide quadrihydraté, qui bout à 123° sans altération.

Action des métalloïdes. — Les métalloïdes combustibles décomposent tous l'acide azotique à une température suffisamment élevée. L'action est d'autant plus vive que l'acide est plus concentré, c'est-à-dire renferme moins d'eau.

Il transforme le charbon en anhydride carbonique, le phosphore en anhydride phosphorique, le soufre en anhydride sulfurique, l'arsenic en anhydride arsenique, tandis qu'il est ramené lui-même à l'état d'azote, de protoxyde d'azote, ou de bioxyde d'azote, suivant le cas.

Ainsi, un charbon allumé plongé dans l'acide concentré continue à brûler :

$$4\,AzO^3H + C = 4\,AzO^2 + CO^2 + 2\,H^2O.$$

Le phosphore, jeté à froid dans l'acide concentré, produit une véritable explosion :

$$4\,AzO^3H + 4\,P = 4\,Az + 2\,P^2O^8H^2.$$

Avec l'acide étendu, il faut chauffer, pour que le phosphore soit attaqué :

$$5\,AzO^3H,H^2O + 3\,P = 5\,AzO + 3\,PO^4H^3 + 3\,H^2O.$$

L'hydrogène décompose aussi l'acide azotique. Si l'on fait passer un mélange d'hydrogène et de vapeurs d'acide azotique dans un tube de porcelaine chauffé au rouge, on a de l'eau et de l'azote :

$$AzO^3H + 5H = Az + 3H^2O.$$

L'hydrogène se conduit de la même manière avec tous les composés oxygénés de l'azote.

Action des métaux. — Tous les métaux, sauf l'or et le platine, sont oxydés par l'acide azotique. Une portion de l'acide est ramenée à l'état de peroxyde d'azote, de bioxyde d'azote, de protoxyde d'azote ou d'azote, tandis que l'oxyde métallique formé se combine avec une autre partie de l'acide, pour donner naissance à un azotate. La réaction se produit, sauf pour l'argent, à la température ordinaire.

Là encore l'action est généralement d'autant plus vive que la proportion d'eau est plus faible. Cependant certains métaux sont plus vivement attaqués par l'acide quadrihydraté. Le fer même n'est pas du tout attaqué par l'acide fumant; bien plus, quand on le trempe dans cet acide, il acquiert la singulière propriété de n'être plus attaqué par l'acide quadrihydraté : il est devenu *passif*. Cet état particulier cesse quand on le touche avec un métal devenu attaquable.

Avec le cuivre, le mercure, l'argent, il se forme principalement du bioxyde d'azote :

$$8\,AzO^3H + 3\,Cu = 2\,AzO + 3(AzO^3)^2Cu + 4\,H^2O.$$

Avec le zinc, plus oxydable, on a presque uniquement du protoxyde d'azote, et même de l'azote :

$$10\,AzO^3H + 4\,Zn = Az^2O + 4(AzO^3)^2Zn + 5\,H^2O.$$

Action des corps composés. — Les corps composés combustibles sont oxydés par l'acide azotique. D'une manière générale, les composés formés d'éléments attaquables par l'acide azotique le sont aussi ; les produits obtenus sont les mêmes que si les éléments étaient simplement mélangés.

Les acides sulfureux, phosphoreux, arsénieux, sont transformés en acides sulfurique, phosphorique, arsénique.

Action des matières organiques. — Les matières organiques, étant essentiellement combustibles, sont nécessairement attaquées par l'acide azotique.

Ainsi l'acide azotique étendu décolore l'indigo; il colore en jaune la peau, la laine et la soie. Il les détruit, s'il est concentré.

L'action est quelquefois tellement vive, avec l'acide concentré, que la matière organique prend feu : c'est ce qui arrive avec l'essence de térébenthine.

Mais l'acide azotique a souvent sur les matières organiques une action toute différente de celle-là. Il enlève à la matière un certain nombre de poids atomiques d'hydrogène et les remplace par un nombre égal de poids atomiques de peroxyde d'azote. La matière est alors transformée en un composé de *substitution* généralement explosif.

Le fulmi-coton, la nitroglycérine, l'acide picrique, sont des composés de substitution obtenus en traitant le coton, la glycérine, l'acide phénique, par l'acide azotique :

$$\underset{\text{Glycérine.}}{C^3H^8O^3} + 3\,AzO^3H = \underset{\text{Nitroglycérine.}}{C^3H^5(AzO^2)^3O^3} + 3\,H^2O.$$

Nous étudierons plus tard ces composés.

Action des bases. — L'acide azotique est un acide très énergique, il rougit fortement la teinture de tournesol.

Avec les bases il forme des sels, dont plusieurs ont une grande importance industrielle; ils résultent de l'union de l'acide azotique avec les bases; tel est l'azotate de potassium, qui a pour formule AzO^3K.

Les azotates s'obtiennent aussi quand un métal M est traité par l'acide azotique AzO^3H. Pour certains métaux dits *métaux monovalents* (*potassium*, *sodium*, *argent*), un atome de métal remplace un atome d'hydrogène; pour le plus grand nombre (*métaux bivalents*), un atome de métal remplace deux atomes d'hydrogène.

Aussi l'azotate de potassium a-t-il pour formule AzO^3K, tandis que la formule de l'azotate de cuivre est $(AzO^3)^2Cu$.

Nous retrouverons, dans les sels fournis par tous les acides, cette distinction des métaux en métaux monovalents et métaux bivalents.

84. Préparation. — On prépare l'acide azotique en décomposant un sel naturel, l'azotate de potassium, par l'acide sulfurique.

Fig. 32.

Une douce chaleur, appliquée au mélange de ces deux corps, détermine la réaction ; il se forme de l'acide azotique et du sulfate acide de potassium :

$$AzO^3K + SO^4H^2 = AzO^3H + SO^4KH.$$

Les deux substances sont introduites dans une cornue de verre (*fig.* 32), dont on enfonce le col dans un ballon refroidi par un courant d'eau fraîche. L'acide azotique distille au fur et à mesure de sa formation et va se condenser dans le ballon. Au début de l'opération, il se dégage toujours des vapeurs rutilantes, dues à ce que l'acide azotique, trop concentré, se décompose en partie. Puis ces vapeurs disparaissent, pour revenir à la fin de l'opération, quand la température se sera un peu trop élevée.

On obtient ainsi de l'acide monohydraté à peu près pur, mais coloré en jaune par des vapeurs rutilantes dissoutes.

Dans l'industrie, l'opération se fait dans des cylindres de fonte. On remplace l'azotate de potassium par l'azotate de sodium, qui est d'un prix moins élevé, et l'acide sulfurique concentré, par l'acide étendu.

85. Usages. — Il est peu de corps dont les usages industriels soient plus importants. On en consomme en France 6 millions de kilogrammes par an.

On s'en sert dans le travail ou la préparation d'un grand nombre de métaux, cuivre, or, platine ; dans la gravure sur cuivre (gravure à l'eau-forte), sur acier et sur pierre (lithographie) ; dans la fabrication de l'acide sulfurique, des nitrates d'argent, de mercure, de plomb et de cuivre. Son action sur les matières organiques le fait employer dans la préparation de l'acide oxalique, de l'acide benzoïque, de la nitrobenzine, dans la teinture en jaune de la laine et de la soie.

Enfin, depuis quelques années, on en consomme des quantités considérables dans la fabrication des matières explosives, fulmi-coton, nitroglycérine (dynamite), acide picrique, fulminate de mercure.

III. — AMMONIAQUE.

86. Propriétés physiques. — L'hydrogène forme avec l'azote un seul composé, qui a pour formule AzH^3, c'est-à-dire qu'il renferme 14 grammes d'azote pour 3 grammes d'hydrogène. On lui a conservé le nom d'*ammoniaque*, qu'il portait avant qu'on ait posé les règles de la nomenclature : on l'appelle aussi *alcali volatil*.

C'est un gaz incolore, d'une odeur et d'une saveur caractéristiques. Il n'est pas vénéneux ; mais, quand on le respire, il cause une vive douleur des muqueuses, qui provoque les larmes.

Sa densité est 0,591. Son coefficient de solubilité dans l'eau est, à 0 degré, égal à 1150, c'est-à-dire qu'un litre d'eau peut dissoudre 1150 litres d'ammoniaque.

C'est le plus soluble de tous les gaz. Si l'on débouche dans l'eau une éprouvette pleine d'ammoniaque préparée sur la cuve à mercure, l'ascension du liquide est si brusque que l'éprouvette peut en être brisée ; si l'on introduit un morceau de glace dans une éprouvette pleine d'ammoniaque placée sur la cuve à mercure, le gaz est instantanément absorbé, et la glace se fond, au moins en partie.

Un froid de 40 degrés liquéfie l'ammoniaque à la pression atmosphérique ; à zéro degré, ce gaz se liquéfie sous une pression de 5 atmosphères. Faraday[1] l'a liquéfié, ainsi que beaucoup d'autres gaz, par une méthode extrêmement ingénieuse. Le procédé de Faraday consiste à introduire, dans un vase clos, une substance capable de produire, sous l'action de la chaleur, un volume considérable du gaz à liquéfier. Le gaz, ne pouvant sortir du vase, se comprime de lui-même au fur et à mesure de sa production, et il se liquéfie dans la partie la plus froide de l'appareil.

Or, l'ammoniaque est absorbée en grande quantité par le chlorure d'argent. Le composé formé, chauffé au bain-marie dans l'une des branches d'un tube en V (*fig.* 33), laisse dégager assez de gaz pour que la liqué-

1. *Faraday* (1791-1867), grand physicien anglais.

faction se produise dans la seconde branche, refroidie avec de la glace.

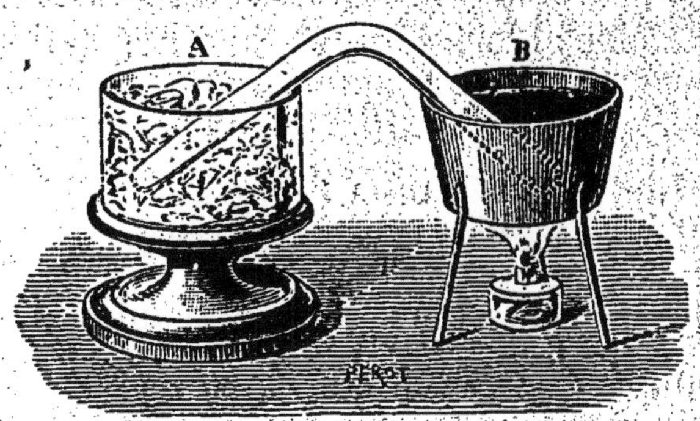

Fig. 33.

Le liquide incolore qu'on obtient produit, par son évaporation rapide, un froid de 80 degrés au-dessous de zéro. Nous verrons, dans le cours de physique, que, dans les laboratoires et dans l'industrie, ce froid est employé pour la préparation artificielle de la glace.

87. Propriétés chimiques. — L'ammoniaque est décomposée complètement en ses éléments par une forte chaleur ou par une longue série d'étincelles électriques. Dans l'une et l'autre expérience, on voit que 2 volumes d'ammoniaque produisent 4 volumes d'un mélange qui renferme 1 volume d'azote et 3 d'hydrogène. Il faut en conclure que l'ammoniaque renferme 1 volume d'azote et 3 volumes d'hydrogène unis avec condensation de moitié.

L'ammoniaque est combustible. Elle brûle difficilement dans l'air, mais facilement dans l'oxygène, en produisant de l'eau et de l'azote :

$$2AzH^3 + 3O = 2Az + 3H^2O.$$

L'ammoniaque est aussi décomposée par le chlore, le brome, l'iode, le charbon, le potassium, etc.

L'ammoniaque est une base qui bleuit fortement la teinture rouge du tournesol. Elle se combine avec les acides pour former des sels importants. Dans ces circonstances, l'ammoniaque entre dans les combinaisons comme s'il existait un radical de formule AzH^4.

Avec l'acide chlorhydrique, on a la réaction :

$$HCl + AzH^3 = (AzH^4)Cl;$$

avec l'acide azotique, on a :

$$AzO^3H + AzH^3 = AzO^3(AzH^4).$$

C'est-à-dire que ces sels sont analogues aux sels métalliques, si l'on admet que le composé AzH^4 (auquel on a donné le nom d'*ammonium*) ait la propriété de se comporter comme un métal. Ce composé AzH^4 n'a jamais été isolé.

L'ammoniaque est un caustique violent, qui attaque fortement la peau et surtout les muqueuses; on ne doit la manier qu'avec précaution.

88. **Préparation.** — Dans les laboratoires, on prépare l'ammoniaque en décomposant le chlorure d'ammonium par la chaux. La réaction se produit sous l'action d'une faible élévation de température :

$$2\,AzH^4Cl + CaO = CaCl^2 + H^2O + 2\,AzH^3.$$

Les deux substances pulvérisées sont mélangées, puis introduites dans un ballon de verre M (*fig.* 34),

Fig. 34.

qu'on achève de remplir avec des fragments de chaux vive, destinés à dessécher le gaz. La réaction commence à la température ordinaire, quoique les deux substances mélangées soient solides ; on chauffe doucement pour l'activer. L'ammoniaque passe à travers un tube desséchant contenant de la chaux vive, puis se rend sur la cuve à mercure, où on la recueille.

L'ammoniaque à l'état de gaz n'est presque jamais employée ; on se sert presque exclusivement de sa dissolution dans l'eau. Quand on veut préparer cette dissolution, on fait communiquer l'appareil producteur du gaz avec une série de flacons contenant de l'eau distillée. Le premier A (*fig.* 35) ne renferme que

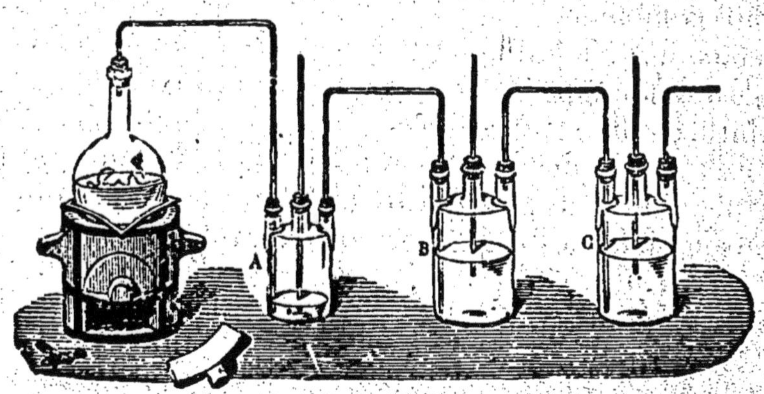

Fig. 35.

fort peu d'eau : il est destiné à laver le gaz et à le débarrasser des poussières de chaux qu'il aurait pu entraîner ; la dissolution se produira dans les autres.

Cette série de flacons, fréquemment employée, est connue sous le nom d'*appareil de Woulf*.

Remarque. — La décomposition des matières organiques azotées, et notamment de la houille, de l'urine, de la chair des animaux, produit toujours de l'ammoniaque. Ainsi, la décomposition de la houille par la chaleur donne naissance à une grande quantité de carbonate et de sulfure d'ammonium ; la décomposition putride de l'urine produit les mêmes sels : de là l'odeur âcre et suffocante que dégagent en été les fosses d'aisance. Les sels ammoniacaux qui prennent naissance dans la putréfaction des excréments des animaux constituent la partie la plus active du fumier de ferme.

Les eaux de condensation qu'on obtient dans la fabrication du gaz d'éclairage, et les urines putréfiées des grandes villes, sont la source à laquelle on puise tous les sels ammoniacaux qu'utilise l'industrie, ainsi que l'ammoniaque même.

89. Usages. — L'ammoniaque est employée en médecine et dans l'art vétérinaire comme caustique ou comme rubéfiant. On l'administre à l'intérieur pour combattre l'ivresse chez l'homme, ou le météorisme chez les animaux herbivores.

L'ammoniaque sert dans le dégraissage, dans la teinture, dans la préparation de quelques matières colorantes et des perles fausses, dans la fabrication artificielle de la glace. Les laboratoires de chimie en consomment des quantités considérables.

CHAPITRE VI.

LOIS DES COMBINAISONS CHIMIQUES EN POIDS ET EN VOLUMES. — POIDS ATOMIQUES

I. — LOIS DES COMBINAISONS EN POIDS.

90. Loi des poids. — Les combinaisons chimiques sont soumises à des lois parfaitement déterminées, sur lesquelles nous nous sommes déjà appuyés, sans les avoir énoncées. Nous pouvons les indiquer, maintenant que nous avons un nombre suffisant de corps composés à donner comme exemples.

La première est la loi des poids : *Le poids d'un composé est égal à la somme des poids de ses composants.* — Lavoisier, en introduisant l'usage de la balance dans les laboratoires, a énoncé le premier cette loi fondamentale, qui peut se traduire par ces mots : « Rien ne se perd, rien ne se crée. »

Nous ne pouvons, dans nos opérations chimiques, ni produire, ni détruire un atome de matière, pas plus que ne peuvent le faire ni la nature ni la vie. Tout se borne à des transformations.

Un morceau de charbon brûle et disparaît : le poids de l'anhydride carbonique formé est égal au poids du charbon, augmenté du poids de l'oxygène combiné.

Une barre de fer se rouille : son augmentation de poids est égale au poids de l'oxygène et de la vapeur d'eau absorbés.

Une matière organique disparaît par putréfaction : le poids des substances formées, qui se sont échappées dans l'air à l'état gazeux, ou qui ont été entraînées par les pluies, est égal au poids de la matière primitive.

91. Loi des proportions définies. — *Deux corps se combinent toujours dans des proportions invariables.*—Si l'on chauffe un mélange de soufre pulvérisé et de limaille de fer, il se forme du sulfure de fer. On a du sulfure de fer pur si l'on met les deux corps dans les proportions pondérales de 56 grammes de fer pour 32 de soufre. Mais si les proportions sont différentes de celles-là, on obtiendra du sulfure de fer *mélangé* à un excès de celui des deux corps dont on a augmenté la proportion.

De même, l'eau renferme toujours 1 gramme d'hydrogène pour 8 d'oxygène; l'oxyde rouge de mercure, 200 grammes de mercure pour 16 d'oxygène. Il en est ainsi pour *tous* les corps composés.

92. Loi des proportions multiples. — *Lorsque deux corps se combinent en plusieurs proportions, les poids de l'un de ces corps, qui s'unissent à un même poids de l'autre, sont entre eux comme des nombres simples.*

Ainsi les poids d'oxygène qui se combinent à 14 grammes d'azote pour former les divers composés oxygénés, sont 8, 2×8, 3×8, 4×8, 5×8, poids qui sont entre eux comme les nombres simples 1, 2, 3, 4, 5.

De même, les poids d'oxygène qui se combinent avec 32 grammes de soufre pour former l'anhydride sulfureux SO^2 et l'anhydride sulfurique SO^3, sont 2×16 et 3×16, dont le rapport est celui de 2 à 3.

Nous pouvons remarquer, maintenant, que la plupart des règles de la nomenclature et de la notation chimiques sont justement fondées sur la loi des proportions multiples.

93. Nombres proportionnels. Poids atomiques. — Prenons un poids arbitraire d'oxygène, par exemple 8 grammes, et combinons-le successivement avec le chlore et avec le potassium; il se combinera avec 35gr,5 de chlore et avec 39 grammes de potassium. Or, si nous combinons maintenant le chlore et le potassium pour former du chlorure de potassium, nous verrons que ces deux corps se combinent précisément dans le rapport pondéral de 35^{gr},5 de chlore pour 39 grammes de potassium.

Et ce fait est général. Si l'on prend un poids arbitraire d'un corps simple, par exemple 8 grammes d'oxygène, et qu'on le combine successivement avec tous les corps simples avec lesquels il est susceptible de se combiner, les poids de ces corps simples qui entreront dans la combinaison seront précisément les poids proportionnellement auxquels ces corps se combineront entre eux.

Entre les quantités des divers corps simples qui entrent dans toutes les combinaisons, il y a donc des rapports pondéraux fixes, qui sont les mêmes pour toutes les combinaisons.

Les poids relatifs des différents corps qui entrent ainsi dans toutes leurs combinaisons ont reçu le nom de *nombres proportionnels.*

Les nombres proportionnels seront fixés si on prend pour unité un poids arbitraire d'un corps simple quelconque, et qu'on fixe les nombres proportionnels des autres corps sur celui-là. On prend actuellement pour unité 1 d'hydrogène. Les nombres inscrits dans la troisième colonne de notre tableau des corps simples sont donc rapportés à 1 d'hydrogène.

Ces nombres proportionnels particuliers, ainsi déterminés par une convention, s'appellent *les poids atomiques* des corps simples.

II. — LOIS DES COMBINAISONS EN VOLUMES.

94. Première loi de Gay-Lussac. — Que l'on considère les volumes ou les poids des corps qui entrent en combinaison, on trouvera toujours que la loi des proportions définies et la loi des poids sont satisfaites.

Mais Gay-Lussac a démontré que les proportions en volumes suivent, en outre, des lois très simples.

Voici la première de ces lois : *Lorsque deux gaz se combinent, les volumes des composants sont entre eux dans un rapport simple.*

Ainsi, les volumes d'hydrogène et d'oxygène qui s'unissent pour former l'eau sont entre eux dans le rapport simple de 2 à 1.

Les volumes d'hydrogène et de chlore qui s'unissent pour former l'acide chlorhydrique sont entre eux dans le rapport de 1 à 1.

Les volumes d'azote et d'oxygène qui s'unissent pour former les divers composés oxygénés de l'azote sont entre eux dans les rapports simples de 2 à 1, de 2 à 2, de 2 à 3, de 2 à 4, et de 2 à 5. Dans l'ammoniaque le rapport des volumes de l'azote à l'hydrogène est de 1 à 3.

Il en est toujours ainsi, pour toutes les combinaisons des gaz entre eux.

95. Seconde loi de Gay-Lussac. — *Le volume du composé obtenu, mesuré à l'état gazeux, est dans un rapport simple avec la somme des volumes des composants.*

Ainsi, le volume de la vapeur d'eau est 2, la somme des volumes de l'hydrogène et de l'oxygène étant 3 ; rapport simple de 2 à 3.

Un volume d'hydrogène et un volume de chlore (somme 2 volumes) donnent 2 volumes d'acide chlorhydrique ; rapport simple de 2 à 2.

Dans les composés oxygénés de l'azote la loi se vérifie tout aussi bien.

Pour l'ammoniaque, 1 volume d'azote uni à 3 volumes d'hydrogène (somme 4 volumes) donne 2 volumes de composé ; rapport de 4 à 2 ou de 2 à 1.

96. Mode de condensation. — A ces lois, qui ne présentaient aucune exception, Gay-Lussac en a ajouté d'autres, un peu moins générales, relatives au rapport qui existe entre le volume du composé et la somme des volumes des composants.

Quand les gaz se combinent à volumes égaux, le volume du composé est généralement égal à la somme des volumes des composants. Il n'y a pas de condensation. — C'est ce qui arrive quand l'hydrogène et le chlore se combinent pour former l'acide chlorhydrique; quand l'azote et l'oxygène se combinent pour former le bioxyde d'azote.

Quand les gaz se combinent à volumes inégaux, le volume du composé est toujours plus petit que la somme des volumes des composants. Il y a condensation. Quand les gaz se combinent dans le rapport de volumes de 2 à 1, il y a généralement condensation d'un tiers (eau, protoxyde d'azote, peroxyde d'azote).

Quand les gaz se combinent dans le rapport de volumes de 3 à 1, il y a généralement condensation de moitié (ammoniaque).

97. **Volumes atomiques.** — Les lois de Gay-Lussac conduisent à la notion des volumes atomiques, de même que la loi des proportions définies conduit à la notion des poids atomiques.

L'eau, qui a pour formule H^2O, contient deux poids atomiques d'hydrogène et un poids atomique d'oxygène. Mais, si l'on considère les volumes, on voit qu'elle contient 2 volumes d'hydrogène et 1 volume d'oxygène : on dira donc qu'un poids atomique d'hydrogène correspond à 1 volume, et qu'un poids atomique d'oxygène correspond à 1 volume.

Donc, le volume atomique de chacun de ces deux gaz est égal à l'unité.

Considérons le protoxyde d'azote. Sa formule est Az^2O, et il renferme deux volumes d'azote pour un volume d'oxygène.

Donc le volume atomique de l'azote est 1.

De ce que les rapports des volumes sont toujours très simples (§ 94), on peut conclure, *a priori*, que les volumes atomiques seront toujours très simples. En effet, ils sont *un* pour les gaz simples, sauf le *phosphore*, l'*arsenic* et le *bore*, pour lesquels ils sont égaux à $\frac{1}{2}$.

Quant aux gaz composés, leurs volumes atomiques sont égaux à 2.

CHAPITRE VII.

CHLORE : ACIDE CHLORHYDRIQUE. — EAU RÉGALE. — IODE.

I. — CHLORE.

98. Propriétés physiques. — Le chlore est un gaz d'une couleur jaune verdâtre, d'une odeur irritante ; c'est un poison violent, qui ne peut pas être respiré sans provoquer immédiatement des accès de toux et même des crachements de sang.

Sa densité est 2,44, son coefficient de solubilité dans l'eau est égal à 2,42 à la température de 17 degrés. La dissolution de chlore dans l'eau est légèrement jaunâtre ; elle est souvent employée dans les laboratoires à la place du gaz.

Le chlore a été liquéfié à la température de 12° sous une pression de 8 atmosphères.

99. Propriétés chimiques. — L'activité chimique du chlore est comparable à celle de l'oxygène. *Tous les corps simples, sauf le fluor, l'oxygène, l'azote et le carbone, s'unissent directement au chlore,* et, dans le plus grand nombre des cas, l'action commence dès la température ordinaire. Ainsi, le phosphore, l'arsenic, l'antimoine, introduits dans un flacon rempli de chlore, s'enflamment spontanément ; ils se transforment en chlorures de phosphore, d'arsenic et d'antimoine, avec production de chaleur et de lumière. Tous les métaux sont attaqués à froid et transformés en chlorures. Si l'on chauffe le métal, l'action est plus vive, et elle peut être accompagnée d'incandescence ; une spirale de cuivre chauffée au rouge et introduite dans un flacon de chlore y brûle avec une flamme pâle.

L'or et le platine, qui ne se combinent jamais directement avec l'oxygène disparaissent peu à peu dans une dissolution de chlore, transformés en chlorure d'or ou de platine soluble dans l'eau.

Aussi le chlore décompose-t-il presque tous les oxydes métalliques pour se combiner avec le métal. Ainsi, en passant dans une dissolution de potasse, ce gaz la décompose pour former du chlorure de potassium et un sel, qui varie avec les circonstances de l'expérience.

Si la dissolution de potasse est froide et étendue, ce sel est de l'hypochlorite de potassium ClOK :

$$K^2O + 2Cl = KCl + ClOK.$$

Si la dissolution de potasse est chaude et concentrée, le sel qui prend naissance est du chlorate de potassium ClO^3K :

$$3K^2O + 6Cl = 5KCl + ClO^3K.$$

En agissant sur une dissolution de soude, ou sur de la chaux éteinte, le chlore donnerait des réactions analogues.

Composés oxygénés du chlore. — Ceci nous montre que le chlore est susceptible de se combiner avec l'oxygène; mais la combustion ne se produit jamais directement. On n'obtient les composés oxygénés du chlore ou leurs sels que par voie indirecte, comme dans les circonstances que nous venons d'indiquer.

Ces composés, au nombre de cinq, sont si facilement détruits par la chaleur, qu'ils détonent sous l'influence de cet agent. Nous savons que le chlorate de potassium est aussi très facilement décomposable (§ 8).

Nous verrons que les hypochlorites de potassium ClOK, de sodium ClONa, et de calcium $(ClO)^2Ca$, ont une grande importance industrielle.

Action du chlore sur l'hydrogène.—Mais, de toutes les propriétés chimiques du chlore, la plus importante est son action sur l'hydrogène. Nous allons l'étudier avec quelques développements.

Le chlore et l'hydrogène se combinent à volumes

égaux, pour former l'acide chlorhydrique. Cette union se produit sous l'action de la chaleur, de la lumière et de l'électricité.

Quand on introduit dans un ballon de verre un mélange à volumes égaux de chlore et d'hydrogène, et qu'on le maintient dans une obscurité absolue, il se conserve indéfiniment sans combinaison. Mais sous l'action de la lumière diffuse on voit peu à peu disparaître la coloration caractéristique du chlore, et, après quelques heures, la transformation en acide chlorhydrique est complète.

La lumière directe d'un rayon de soleil détermine la formation instantanée de l'acide, avec accompagnement d'une explosion formidable, qui pulvérise le ballon dans lequel elle se produit. La flamme d'une allumette ou l'action d'une étincelle électrique produisent le même effet.

La grande affinité du chlore pour l'hydrogène lui permet de décomposer presque tous les composés hydrogénés.

L'eau, H^2O, passant en vapeurs avec du chlore dans un tube de porcelaine chauffé au rouge, est complètement décomposée :

$$2Cl + H^2O = 2HCl + O.$$

Cette décomposition se produit aussi, mais lentement, sous l'action de la lumière : aussi doit-on conserver la dissolution de chlore dans des flacons en verre noir.

L'acide sulfhydrique, H^2S, est instantanément décomposé, à la température ordinaire :

$$2Cl + H^2S = 2HCl + S.$$

Il suffit de verser une dissolution de chlore dans une éprouvette pleine de gaz acide sulfhydrique pour voir se former sur les parois un dépôt de soufre.

L'ammoniaque AzH^3 est aussi décomposée à la température ordinaire :

$$3Cl + 4AzH^3 = 3AzH^4Cl + Az.$$

On met cette réaction en évidence en versant une dissolution de chlore dans une dissolution d'ammoniaque ; on remarque, au-dessus du liquide, des fumées blanches de chlorure d'ammonium, en même temps que des bulles d'azote, qui viennent crever à la surface. Avec les deux gaz, l'action est extrêmement vive.

Action désinfectante du chlore. — L'acide sulfhydrique et l'ammoniaque sont des gaz infectants, qui se dégagent dans toutes les putréfactions. Le chlore est employé à les détruire partout où ils se produisent (fosses d'aisances, salles d'hôpitaux) : de là son nom de *gaz désinfectant*. Pour cet usage, on remplace toujours le chlore par l'*hypochlorite de calcium*, vulgairement appelé *chlorure désinfectant*, qui, étant solide, est d'un emploi et d'un transport plus faciles. Nous venons de voir comment s'obtient cet hypochlorite.

Action décolorante du chlore. — Le chlore agit vivement sur presque toutes les matières organiques, car elles renferment presque toutes de l'hydrogène.

Par exemple, un papier imprégné d'essence de térébenthine $C^{10}H^{16}$ s'enflamme spontanément quand on l'introduit dans un flacon de chlore ; il se produit une grande flamme et une épaisse fumée de charbon :

$$C^{10}H^{16} + 16Cl = 16HCl + 10C.$$

Le plus souvent les matières organiques colorées perdent leur coloration par suite de l'action du chlore sur l'hydrogène qu'elles renferment. La teinture de tournesol, l'indigo, le vin, l'encre ordinaire (qui doit sa coloration à une matière organique) sont immédiatement décolorés par l'adjonction de quelques gouttes d'une dissolution de chlore.

L'encre d'imprimerie, qui doit sa coloration à du charbon, n'est pas altérée par le chlore, puisque ce gaz n'attaque pas le charbon ; de là l'emploi du chlore pour enlever les taches d'encre ordinaire sur les livres.

Depuis que Berthollet a découvert l'action du chlore sur la matière colorante bise des étoffes de lin, de chanvre et de coton, ce gaz est employé au blanchiment des toiles. Le blanchiment au chlore est très rapide ; mais il n'est pas toujours sans danger pour la solidité de la toile.

Là, comme pour la désinfection, le chlore est toujours remplacé par l'hypochlorite de calcium, qu'on nomme alors *chlorure décolorant*.

Les ménagères emploient aussi, pour le blanchissage, des hypochlorites de potassium et de sodium connus sous le nom d'*eau de Javel* et d'*eau de Labarraque*.

Dans les formules, le symbole Cl représente à volonté un poids égal à 35,5 ou un volume égal à 1.

100. Préparation. — On prépare le chlore dans les laboratoires, en faisant réagir le bioxyde de manganèse

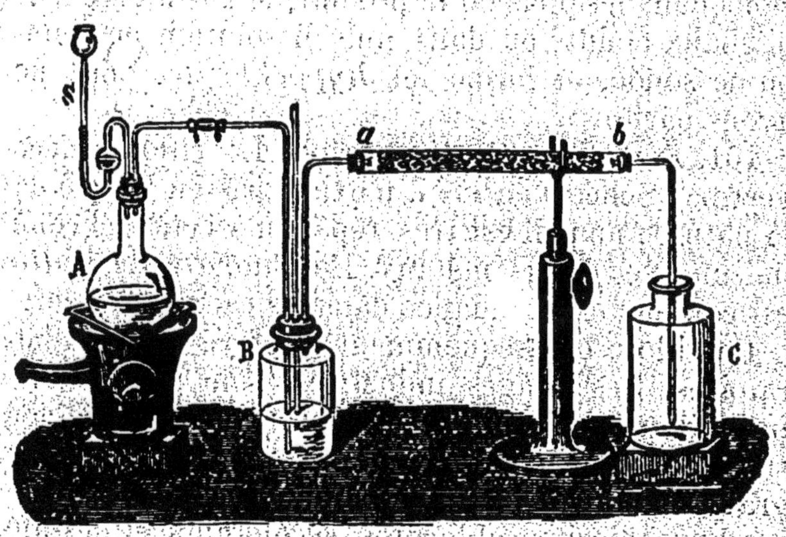

Fig. 36.

sur l'acide chlorhydrique. Il suffit de chauffer très modérément pour que le gaz se dégage.

Le bioxyde de manganèse, réduit en petits fragments, est introduit dans un grand ballon communiquant avec un *flacon laveur* B, qui renferme un peu d'eau, puis avec un tube desséchant *a b*. Au moyen d'un tube recourbé S, on introduit l'acide chlorhydrique par portions successives (*fig.* 36).

Dès que l'on commence à chauffer, le chlore se dégage, se débarrasse dans le flacon laveur de l'acide chlorhydrique, très soluble, qu'il a pu entraîner, se dessèche, et se rend au fond d'un flacon C, dans lequel on le recueille. Sa grande densité fait qu'il tombe au fond du flacon, comme le ferait un liquide ; on bouche quand l'air est complètement chassé, et que la coloration verte du gaz est arrivée jusqu'au goulot. On peut recueillir le chlore sur l'eau, mais il s'en dissout une certaine quantité; on ne peut pas le recueillir sur le mercure, car il l'attaque à la température ordinaire.

Dans l'industrie, le chlore se prépare de la même manière. Dès sa sortie des appareils de grandes dimensions dans lesquels on le produit, le gaz arrive sur de la chaux éteinte ou dans une dissolution de potasse ou de soude, et forme les *hypochlorites* dont nous avons parlé.

101. État naturel. Usages. — Le chlore, découvert par Scheele en 1774, n'existe pas en liberté dans la nature; mais il est très répandu à l'état de combinaison avec divers métaux. Le *chlorure de sodium* est contenu en abondance dans les eaux de la mer.

Le chlore est fréquemment employé dans les laboratoires. Ses usages industriels sont nombreux et importants. A l'état gazeux, il sert dans la décoloration de la pâte à papier, et dans la fabrication d'un grand nombre de produits chimiques. La préparation des hypochlorites (chlorures décolorants et désinfectants, eau de Javel, eau de Labarraque) en consomme surtout des quantités considérables.

II. — ACIDE CHLORHYDRIQUE.

102. Propriétés physiques. — L'acide chlorhydrique, HCl, est un gaz incolore, d'une odeur piquante et d'une saveur acide. Sa densité est 1,247 ; son coefficient de solubilité dans l'eau est 480 à la température de 8°. L'ammoniaque est le seul gaz qui soit plus soluble dans l'eau ; on peut mettre en évidence la grande solubilité de l'acide chlorhydrique par les expériences que nous avons indiquées pour l'ammoniaque. L'acide chlorhydrique a été solidifié par Faraday, à la température de zéro degré, sous une pression de 40 atmosphères.

103. Propriétés chimiques. — L'acide chlorhydrique est, comme l'eau, très peu décomposé par les étincelles électriques. La chaleur ne le *dissocie* que fort peu.

L'acide chlorhydrique n'est pas combustible ; cependant, quand on fait passer un mélange d'oxygène et d'acide chlorhydrique dans un tube de porcelaine fortement chauffé, l'acide est décomposé et il se forme de l'eau :

$$2HCl + O = H^2O + 2Cl.$$

Nous avons vu (§ 99) que le chlore produit sur l'eau une action exactement inverse de celle-là.

Les corps préalablement enflammés s'éteignent dans l'acide chlorhydrique : ce gaz n'est donc pas comburant. Il n'agit, du reste, sur aucun autre métalloïde que l'oxygène (et le silicium).

Il a, au contraire, une action très vive sur tous les métaux, sauf le mercure, l'argent, l'or et le platine. Nous avons vu comment on prépare l'hydrogène en attaquant le zinc par l'acide chlorhydrique (§ 12) :

$$2HCl + Zn = ZnCl^2 + 2H.$$

L'acide chlorhydrique rougit fortement la teinture de tournesol; il réagit sur les sels, pour former des chlorures :

$$K^2O+2HCl=H^2O+2KCl.$$

L'acide chlorhydrique et l'ammoniaque se combinent à volumes égaux, pour former le chlorure d'ammonium AzH^4Cl. Dès qu'on approche l'un de l'autre deux verres, renfermant, le premier une dissolution d'acide chlorhydrique, le second une dissolution d'ammoniaque, on voit se former au-dessus de ces deux verres un nuage blanc de chlorure d'ammonium.

Nous savons (§ 99) que l'acide chlorhydrique résulte de la combinaison, à volumes égaux, du chlore avec l'hydrogène, unis sans condensation. Deux volumes d'acide renferment un volume d'hydrogène et un de chlore; le volume atomique de l'acide chlorhydrique est donc égal à 2.

104. Préparation. — On ne prépare jamais l'acide chlorhydrique par l'union directe du chlore et de l'hydrogène. On l'obtient en traitant le sel marin ou chlorure de sodium par l'acide sulfurique; on n'a qu'à chauffer très modérément pour produire le dégagement d'acide :

$$2NaCl+SO^4H^2=SO^4Na^2+2HCl.$$

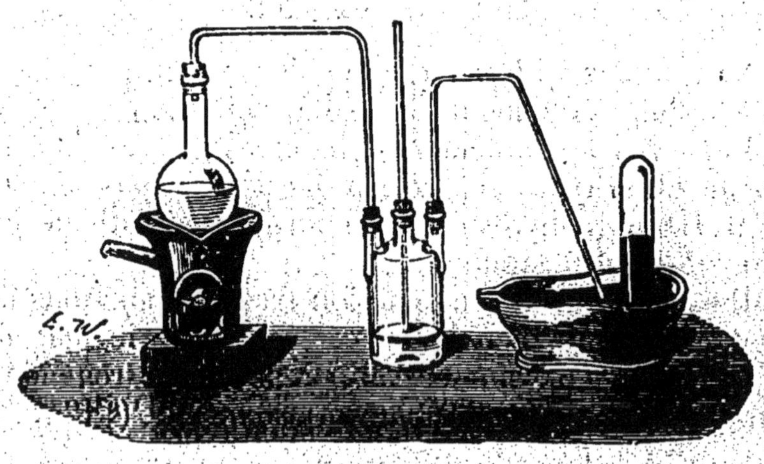

Fig. 37.

L'appareil présente la disposition de la figure 37. On recueille le gaz sur la cuve à mercure. Si l'on veut obtenir une dissolution, on se sert de l'appareil de Woulf (§ 88).

Dans l'industrie, l'opération se fait en vue d'obtenir le sulfate de sodium, dont les usages sont importants, tout autant que ceux de l'acide chlorhydrique même.

Le sel marin et l'acide sulfurique sont introduits dans de grands cylindres de fonte, où on les chauffe. L'acide est condensé dans des bonbonnes à moitié pleines d'eau; le sulfate de sodium est retiré du cylindre après l'opération (*fig.* 38).

Fig. 38.

La dissolution ainsi obtenue est appelée, dans le commerce, *acide chlorhydrique* ou *esprit de sel*. Elle est légèrement colorée en jaune par diverses impuretés.

105. État naturel. Usages. — L'acide chlorhydrique était connu des alchimistes dès le quinzième siècle. Il se dégage des volcans. Certains cours d'eau qui descendent des montagnes volcaniques sont très riches en acide chlorhydrique.

Les eaux du Rio Vinagre (Amérique méridionale) en renferment 1 300 grammes par mètre cube.

Cet acide est fort employé dans les laboratoires. Dans la préparation du sulfate de sodium, l'industrie en produit une grande quantité; il sert à préparer le chlore et les hypochlorites, le chlorure d'ammonium, l'anhydride carbonique; enfin, mélangé à l'acide azotique, il forme l'eau régale, dont on fait une certaine consommation pour l'extraction du platine.

106. Eau régale. — L'acide azotique et l'acide chlorhydrique, pris isolément, sont sans action, même à chaud, sur l'or et sur le platine. Mais le mélange de ces deux acides dissout rapidement l'or et lentement le platine, et les transforme en chlorure d'or et chlorure de platine. L'or étant le *roi des métaux*, on a donné le nom d'*eau régale* au mélange capable de l'attaquer.

L'action de l'eau régale est facile à comprendre. Les deux acides se décomposent mutuellement et donnent des vapeurs rutilantes avec du chlore :

$$AzO^3H + HCl = AzO^2 + Cl + H^2O.$$

La production de ces deux gaz explique à la fois l'odeur forte de l'eau régale, et sa coloration rougeâtre. Elle explique aussi son action sur l'or et sur le platine, puisque ces métaux sont attaqués par la dissolution de chlore (§ 99).

L'eau régale employée dans l'industrie contient une partie d'acide azotique quadrihydraté pour 4 parties d'acide chlorhydrique.

III. — IODE.

***107. Propriétés.** — L'iode est un solide d'un gris métallique qui se volatilise aisément en donnant de magnifiques vapeurs violettes. Son odeur est analogue à celle du chlore. Il est peu soluble dans l'eau, mais beaucoup dans l'alcool. Il tache la peau en jaune.

Les propriétés chimiques de l'iode sont à peu de chose près celles du chlore. Il se combine très facilement avec la plupart des métalloïdes et des métaux; mais il est chassé de toutes ces combinaisons par le chlore.

Une dissolution d'iodure de potassium à travers laquelle on fait passer un courant de chlore se trouble par suite de la précipitation de l'iode :

$$KIo + Cl = KCl + Io.$$

***108. Préparation.** — L'iode, découvert par Courtois en 1811, a été étudié par Gay-Lussac. Il se trouve, combiné avec divers métaux, dans les eaux de la mer, dans les plantes marines, dans certaines eaux minérales et dans certaines roches.

La plus grande partie de l'iode se retire des cendres provenant de la calcination des varechs (plantes marines). Ces cendres, lavées à l'eau bouillante, donnent une dissolution de laquelle on retire d'abord par concentration divers sulfates et chlorures; les *eaux mères* restantes sont additionnées d'acide sulfurique, puis clarifiées; on y fait alors passer un courant de chlore, qui décompose l'iodure de sodium :

$$NaIo + Cl = NaCl + Io.$$

Le précipité d'iode est recueilli, lavé et desséché. Il ne reste plus qu'à le chauffer dans des cornues pour le voir se volatiliser, puis se condenser en lamelles cristallines sur les parois supérieures plus froides :

cette dernière opération porte le nom de *sublimation*.

*109. **Usages.** — L'iode est assez fréquemment employé dans les laboratoires. La médecine et la chirurgie en consomment beaucoup : on attribue à l'iode qu'elle renferme l'action curative de l'huile de foie de morue. L'iode est employé en photographie.

CHAPITRE VIII.

SOUFRE. — ANHYDRIDE SULFUREUX. — ACIDE SULFURIQUE. ACIDE SULFHYDRIQUE.

I. — SOUFRE.

110. Propriétés physiques. — Le soufre est un corps très curieux : ses propriétés physiques sont susceptibles de subir différentes modifications, que nous allons rapidement passer en revue.

Le plus souvent il se présente sous forme d'un solide jaune clair, inodore et insipide, insoluble dans l'eau, mais très soluble dans le sulfure de carbone. Il est très mauvais conducteur de la chaleur et de l'électricité; il s'électrise très bien par frottement et répand alors l'odeur de l'ozone. Il est très friable; on le pulvérise avec une extrême facilité. La chaleur de la main, en échauffant inégalement ses diverses parties, suffit pour déterminer la rupture d'un bâton de soufre; on entend alors de petits bruits secs, qu'on nomme *cris du soufre*. Sa densité est 2.

Fusion du soufre. — Le soufre fond à 114° en donnant un liquide jaune clair assez mobile. Si l'on continue à le chauffer au-dessus de 114°, il se produit des phénomènes singuliers.

A mesure qu'il s'échauffe, le liquide prend une couleur brune plus foncée : à 440° il est presque noir. A cette température il distille en donnant des vapeurs brunes transparentes, qui se condensent à l'état solide sur les corps froids : c'est ce qu'on nomme une *sublimation*. La densité de la vapeur est 2,2.

Le changement de coloration du soufre fondu est accompagné de changements dans sa fluidité. A 114° le liquide était assez mobile; à 200° il coule à peine comme de la mélasse; sa viscosité est telle qu'on peut retourner le vase sans que l'écoulement se produise. De 200° à 440° la fluidité revient en partie. Le soufre, qui se refroidit à partir de 440°, repasse en sens inverse par les états que nous venons d'examiner.

Cristallisation du soufre. — A 114° le soufre fondu reprend l'état solide. La solidification commence sur les parois du vase et à la surface du liquide, là où le refroidissement est le plus rapide.

Si l'on enlève la croûte supérieure, et qu'on renverse le creuset alors qu'il reste un peu de liquide à l'intérieur, on voit que le vase est tapissé de longues aiguilles transparentes de soufre solide.

Ces aiguilles sont des *cristaux* de soufre, cristaux qu'on nomme *prismatiques*, parce que leur forme, étudiée avec soin par les procédés de la minéralogie, se rapproche de celle d'un prisme (*fig.* 39).

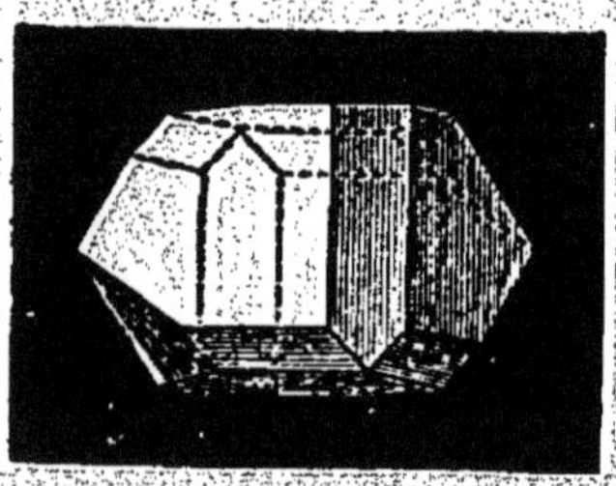

Fig. 39.

On peut aussi faire cristalliser le soufre autrement.

On le dissout dans le sulfure de carbone, on filtre la dissolution et on laisse le liquide s'évaporer à l'air; il dépose des cristaux transparents, d'une forme bien différente de celle des cristaux prismatiques : ce sont les cristaux *octaédriques* (*fig.* 40).

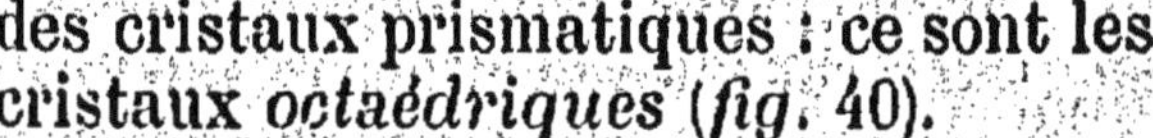

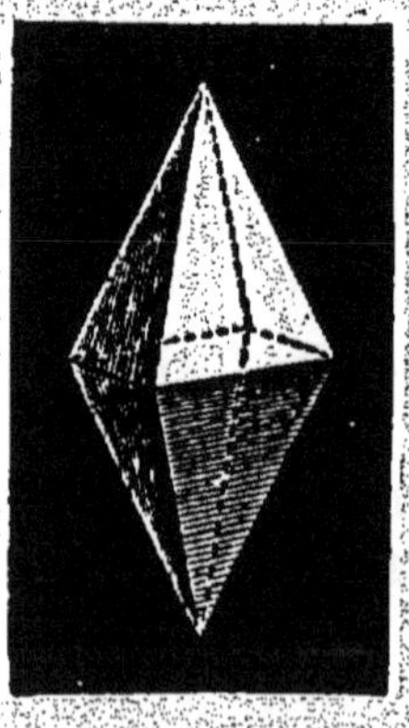

Fig. 40.

La propriété qu'a le soufre d'affecter, suivant les circonstances, deux formes cristallines entièrement différentes, prend le nom de *dimorphisme*: le soufre est *dimorphe*.

Fleur de soufre. — Le soufre, condensé sur une paroi froide, s'y dépose en une poussière impalpable d'un jaune verdâtre : c'est la *fleur de soufre*.

Soufre mou. — Chauffé vers 400°, puis brusquement refroidi par son immersion dans l'eau froide, le soufre subit une modification profonde. Il reste mou comme du caoutchouc, et peut s'étirer en fils; en même temps sa couleur est devenue rouge-rubis clair. Le *soufre mou*, abandonné à lui-même, se transforme peu à peu en soufre ordinaire.

111. Propriétés chimiques. — Le soufre est combustible; il brûle avec une flamme bleue pâle en produisant de l'anhydride sulfureux SO^2.

Il joue, au contraire, le rôle de comburant vis-à-vis des autres corps, et, en cela, il ressemble beaucoup à l'oxygène. En passant sur du charbon, du phosphore, du cuivre, du fer, chauffés dans un tube de porcelaine, la vapeur de soufre fait brûler ces corps comme le ferait un courant d'oxygène; il se forme alors des sulfures de carbone, de phosphore, de cuivre et de fer.

Si l'on chauffe dans un matras de verre un mélange de soufre et de tournure de cuivre, la combinaison se produit avec une vive incandescence. La combinaison du soufre et du fer peut même se faire dans des circonstances analogues à celles qui déterminent la formation de la rouille; un mélange de fleur de soufre et de limaille de fer étant arrosé d'eau bouillante, il y a combinaison des deux corps et production de sulfure de fer avec dégagement d'une chaleur suffisante pour volatiliser l'eau complètement.

Le poids atomique du soufre est 32; son volume atomique est 1.

112. Extraction. — Le soufre ne se prépare jamais dans les laboratoires. L'industrie le retire presque toujours des terrains volcaniques dans lesquels on le rencontre simplement mélangé avec de la terre. Le mélange est introduit dans des vases en terre (*fig.* 41), qu'on range sur deux files dans un long fourneau. Ces vases communiquent avec des vases semblables placés au dehors, et dans lesquels se fait la condensation du soufre.

On a ainsi le soufre brut, qui renferme encore

Fig. 41.

15 pour 100 de matières terreuses; on le raffine par une seconde distillation.

On le place dans une marmite C′ (*fig.* 42), dans laquelle il se fond; il s'écoule alors par un tuyau *t*

Fig. 42.

dans un grand cylindre C chauffé plus fortement, tandis que la terre reste en grande partie en C'.

Dans le cylindre C le liquide est porté à l'ébullition; les vapeurs se rendent dans une grande chambre A, où elles se condensent. Au début, quand les murs de la chambre sont froids, ils se recouvrent de fleur de soufre, qu'on peut recueillir en arrêtant de temps en temps la distillation.

Si l'on veut du soufre en morceaux, on continue l'opération sans arrêt; les murs s'échauffent progressivement, et le soufre liquéfié coule à la partie inférieure. On le moule dans des tuyaux de bois B, où il prend la forme cylindro-conique du *soufre en canon*.

113. État naturel. Usages. — Le soufre, se trouvant dans la nature à l'*état natif*, c'est-à-dire à l'état libre, a été connu de toute antiquité. On le rencontre dans les terrains volcaniques. Les environs de Naples, la Sicile et les îles de l'Archipel grec sont les principaux centres d'exploitation.

Il est aussi extrêmement répandu dans la nature à l'état de sulfures de plomb, de zinc, de fer, de cuivre, de mercure, d'antimoine, d'arsenic, de sulfates de calcium, de baryum et de sodium.

On en consomme en France 40000 tonnes par an: c'est donc un des corps simples les plus importants par ses applications.

Il sert à la fabrication de l'acide sulfurique, de l'anhydride sulfureux, du sulfure de carbone, de la poudre, des allumettes, du caoutchouc vulcanisé. Il est employé en grandes quantités dans le traitement d'une maladie de la vigne, l'*oïdium*.

Avec le soufre on prend des empreintes de médailles, on scelle le fer dans la pierre, on prépare les mèches soufrées qu'on brûle dans les barriques avant d'y soutirer le vin. La médecine l'utilise dans le traitement des maladies de la peau.

II. — ANHYDRIDE SULFUREUX.

114. Composés oxygénés du soufre. — Le soufre forme avec l'oxygène un grand nombre de composés; deux seulement sont importants au point de vue de leurs applications : l'anhydride sulfureux SO^2, et l'acide sulfurique SO^4H^2. Nous étudierons seulement ceux-là.

115. Propriétés physiques de l'anhydride sulfureux. — L'anhydride sulfureux est un gaz incolore, d'une odeur forte et pénétrante; il provoque la toux.

Sa densité est de 2,234. Son coefficient de solubilité dans l'eau est 80 à la température de 0° : il est donc très soluble.

On le liquéfie facilement à la pression atmosphérique en le faisant passer dans une ampoule entourée d'un mélange réfrigérant de glace et de sel (*fig.* 43). Il est à remarquer, du reste, que les gaz très solubles dans l'eau sont, en général, assez facilement liquéfiables; les gaz qui, avant les travaux de Cailletet, étaient considérés comme permanents, oxygène, azote, hydrogène, bioxyde d'azote, oxyde de carbone, protocarbure d'hydrogène, sont tous fort peu solubles dans l'eau.

Fig. 43.

L'anhydride sulfureux liquide est incolore. Par son évaporation rapide, il produit un froid de 60°, capable de solidifier le mercure.

116. Propriétés chimiques. — L'anhydride sulfureux est décomposé, mais incomplètement, par une forte chaleur, ou par une série d'étincelles électriques.

Les corps très avides d'oxygène le décomposent. Quand on fait passer un mélange d'anhydride sulfureux et d'hydrogène dans un tube de porcelaine chauffé au rouge, il se produit de l'eau, et du soufre se dépose :

$$SO^2 + 4H = 2H^2O + S.$$

Le charbon décompose de même l'anhydride sulfureux, pour produire du sulfure et de l'oxyde de carbone :

$$2SO^2 + 5C = CS^2 + 4CO.$$

Cependant l'anhydride sulfureux n'est pas comburant; il éteint les corps en ignition. Pour que les réactions précédentes se produisent, il faut le secours d'une chaleur extérieure maintenant les corps en présence à une température élevée.

L'anhydride sulfureux n'est pas non plus combustible; cependant on peut aisément le combiner avec l'oxygène pour le transformer en anhydride sulfurique. Un mélange d'anhydride sulfureux et d'oxygène secs passant sur de la mousse de platine légèrement chauffée donne de l'anhydride sulfurique :

$$SO^2 + O = SO^3.$$

L'oxygène humide se combine lentement avec l'anhydride sulfureux humide, pour donner de l'acide sulfurique SO^4H^2.

Les corps très riches en oxygène, très oxydants, comme l'acide azotique, transforment de même l'anhydride sulfureux en acide sulfurique :

$$SO^2 + 2AzO^3H = SO^4H^2 + 2AzO^2.$$

Qu'on verse quelques gouttes d'acide azotique concentré dans une éprouvette renfermant de l'anhydride sulfureux, on verra immédiatement se produire des vapeurs rutilantes.

Nous voyons qu'en somme l'anhydride sulfureux se conduit comme oxydant vis-à-vis des corps combustibles (hydrogène, charbon), et comme réducteur vis-à-vis des corps oxydants (acide azotique). Il rougit, puis décolore la teinture de tournesol. Il se combine avec les bases, pour donner des sulfites.

Action décolorante. — Les matières colorantes riches en oxygène sont réduites par l'anhydride sulfureux et deviennent incolores. L'hypermanganate de potassium, le vin, le sirop de violette, sont immédiatement décolorés par son action. De là l'emploi de ce gaz pour le blanchiment des étoffes de soie et de laine qu'on ne peut traiter par le chlore, qui les altère profondément. On utilise aussi l'anhydride sulfureux pour enlever les taches de vin et de fruits sur le linge; quelques allumettes soufrées, brûlant au-dessous de la tache imprégnée d'eau, suffisent pour la faire disparaître.

L'anhydride sulfureux renferme un volume d'oxygène égal au sien. Quand on fait brûler du soufre dans un flacon d'oxygène entièrement clos, on obtient un volume égal d'anhydride sulfureux, mesuré à la même pression.

117. Préparation. — Dans l'industrie, c'est par la combustion du soufre que l'on prépare l'anhydride sulfureux pour le blanchiment. On a alors un mélange d'anhydride sulfureux, d'azote et d'oxygène, qui convient parfaitement aux usages qu'on en veut faire.

Dans les laboratoires, on décompose l'acide sulfurique par un métal tel que le cuivre ou le mercure :

$$2SO^4H^2 + Cu = SO^2 + SO^4Cu + 2H^2O.$$

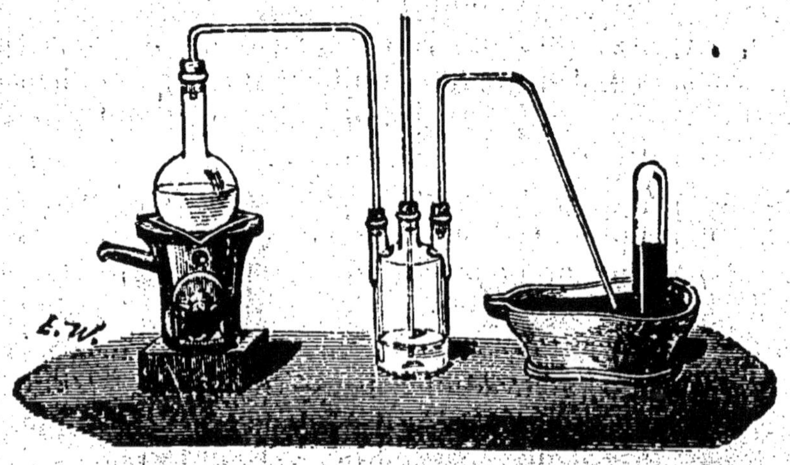

Fig. 44.

Il suffit de chauffer modérément. Le gaz est recueilli sur la cuve à mercure; si l'on en veut préparer une dissolution, on la fait passer dans l'appareil de Woulf.

118. État naturel. Usages. — L'anhydride sulfureux se rencontre dans les éruptions volcaniques; il n'existe pas de sulfites naturels, car ces sels sont peu stables, et ils se transformeraient en sulfates sous l'action oxydante de l'air.

L'anhydride sulfureux préparé par la combustion du soufre sert à blanchir la soie, la laine, la paille, les éponges. Il est surtout employé dans la fabrication de l'acide sulfurique.

La médecine l'utilise contre la gale. Dans les ménages, il combat les feux de cheminée : du soufre jeté dans le feu produit le gaz anhydride sulfureux non comburant, qui monte dans la cheminée et arrête l'incendie.

III. — ACIDE SULFURIQUE.

119. Anhydride sulfurique. — On connaît l'anhydride sulfurique SO^3. C'est un solide blanc, formé de filaments soyeux d'un bel aspect; il doit être conservé dans des vases scellés à la lampe, sans quoi il absorberait très rapidement l'humidité de l'air. Il a pour l'eau une très grande affinité; en se combinant, il produit un fort dégagement de chaleur, et donne l'acide sulfurique.

On peut l'obtenir en faisant passer un mélange d'oxygène et d'anhydride sulfureux bien secs sur de la mousse de platine légèrement chauffée (§ 116). Il n'a aucune importance.

120. Acide de Nordhausen. — On fabrique, principalement en Saxe, un acide sulfurique qui a pour formule $S^2O^7H^2$. Ce corps, véritable mélange de l'anhydride SO^3 et de l'acide hydraté SO^4H^2, est un liquide visqueux qui répand à l'air d'abondantes fumées[1], ce qui lui a fait donner aussi le nom d'*acide fumant*.

Dans l'industrie, il sert à dissoudre l'indigo pour la teinture. On l'utilise assez souvent dans les laboratoires.

121. Acide monohydraté ou acide normal. — L'acide SO^4H^2 ou acide normal a une importance industrielle énorme. Nous nous étendrons seulement sur celui-là.

122. Propriétés physiques. — C'est un liquide incolore, inodore, un peu visqueux. On peut le goûter

Fig. 45.

lorsqu'il est *extrêmement* étendu d'eau : il a alors une saveur piquante analogue à celle du vinaigre. Sa densité est 1,84.

1. Un corps fume à l'air chaque fois qu'il se volatilise et que ses vapeurs sont susceptibles de se combiner avec l'humidité de l'air pour former un composé moins volatil. Ainsi, l'acide azotique monohydraté, qui bout à 86°, émet des vapeurs abondantes dès la température ordinaire; ces vapeurs se combinent avec l'humidité pour donner l'acide quadrihydraté, qui se précipite aussitôt en brouillard. L'acide chlorhydrique gazeux qui se dégage d'une dissolution concentrée s'unit aussi à l'humidité atmosphérique pour donner un hydrate non volatil : de là la fumée. L'acide sulfurique de Nordhausen émet des vapeurs d'acide anhydre; ces vapeurs forment avec la vapeur d'eau de l'acide monohydraté non volatil, qui donne un brouillard. L'ammoniaque en dissolution émet bien aussi des vapeurs à l'air; mais elles demeurent invisibles, parce qu'elles ne sont pas susceptibles de former avec la vapeur d'eau un composé non volatil ; aussi l'ammoniaque ne fume pas à l'air.

Un froid très vif le congèle; il bout à 325°. On a quelquefois besoin de le distiller; l'opération se fait dans une cornue de verre communiquant avec un ballon de condensation (*fig.* 45). Cette distillation est difficile et dangereuse, car il se produit des soubresauts capables de briser la cornue.

123. Propriétés chimiques. — L'acide sulfurique est complètement décomposé par la chaleur, à la température du rouge vif :

$$SO^4H^2 = SO^2 + O + H^2O.$$

On a tenté de fonder sur cette décomposition un procédé de fabrication industrielle de l'oxygène, mais il n'a pas donné de résultats réellement satisfaisants.

Tous les corps très avides d'oxygène décomposent l'acide sulfurique : c'est le cas de l'hydrogène, du soufre, du charbon, du phosphore et de beaucoup de métaux.

Si l'on fait passer un mélange d'hydrogène et de vapeur d'acide sulfurique dans un tube de porcelaine chauffé au rouge, l'acide est décomposé et réduit à l'état d'anhydride sulfureux, ou même de soufre, suivant qu'il y a plus ou moins d'hydrogène :

$$SO^4H^2 + 2H = SO^2 + 2H^2O.$$
$$SO^4H^2 + 6H = S + 4H^2O.$$

Il peut même se former de l'acide sulfhydrique :

$$SO^4H^2 + 8H = H^2S + 4H^2O.$$

Le soufre, le charbon, chauffés avec l'acide sulfurique liquide, donnent aussi de l'anhydride sulfureux :

$$2SO^4H^2 + C = 2SO^2 + CO^2 + 2H^2O.$$
$$2SO^4H^2 + S = 3SO^2 + 2H^2O.$$

Ces réactions peuvent servir à la préparation de l'anhydride sulfureux.

Avec les métaux on obtient toujours un sulfate,

puis de l'hydrogène ou de l'anhydride sulfureux. Les métaux très oxydables, comme le potassium, l'aluminium, le fer, le zinc, donnent de l'hydrogène (§ 12) :

$$SO^4H^2 + Zn = SO^4Zn + 2H.$$

Les métaux moins oxydables, cuivre, mercure, argent, donnent de l'anhydride sulfureux (§ 117) :

$$2SO^4H^2 + Cu = SO^2 + SO^4Cu + 2H^2O.$$

L'or et le platine sont sans action.

Action de l'eau. — L'acide sulfurique monohydraté est très avide d'eau ; exposé à l'air, il augmente très notablement de poids par suite de l'absorption de la vapeur d'eau atmosphérique : de là l'usage de la pierre ponce imprégnée d'acide sulfurique pour dessécher les gaz.

Quand on mélange de l'eau et de l'acide sulfurique, il se produit une élévation de température, qui dépasse quelquefois 100 degrés : aussi cet acide décompose-t-il rapidement les matières organiques qui renferment les éléments de l'eau.

Un bouchon, un morceau de bois, bien trempés dans l'acide sulfurique, sont aussitôt noircis, carbonisés ; la peau, les muqueuses, les étoffes, sont immédiatement perforées par l'acide concentré. Ce corps ne doit donc être manié qu'avec de grandes précautions.

C'est un acide puissant ; étendu de mille fois son poids d'eau, il rougit encore la teinture de tournesol. Il s'unit aux bases pour former des sulfates (neutres ou acides). Ainsi, on connaît le sulfate de potassium SO^4K^2, et le sulfate acide SO^4HK, dans lequel la substitution du métal à l'hydrogène est incomplète.

124. Préparation. — La préparation de l'acide sulfurique ne se fait jamais dans les laboratoires : c'est une opération essentiellement industrielle. Elle est fondée sur des réactions que nous connaissons toutes, et qui sont les suivantes :

1. Le soufre en brûlant produit de l'anhydride sulfureux (§ 111) :

$$S+2O=SO^2.$$

2. L'anhydride sulfureux, en présence de l'acide azotique, se transforme en acide sulfurique (§ 116).

$$SO^2+2AzO^3H=SO^4H^2+2AzO^2.$$

3. Le peroxyde d'azote AzO^2 est décomposé par l'eau (§ 81) et produit de l'acide azotique, en même temps que du bioxyde d'azote :

$$3AzO^2+H^2O=AzO+2AzO^3H.$$

4. Le bioxyde d'azote se combine avec l'oxygène de l'air pour former du peroxyde d'azote (§ 80) :

$$AzO+O=AzO^2.$$

Si l'on fait arriver dans un ballon de l'anhydride sulfureux, des vapeurs d'acide azotique, de la vapeur d'eau et de l'air, toutes ces réactions se produiront simultanément. L'acide azotique, tour à tour décomposé et reformé, passant successivement à l'état de peroxyde d'azote, de bioxyde et d'acide azotique, sera toujours régénéré. Il suffira d'une quantité limitée de cet acide pour oxyder une quantité indéfinie d'anhydride sulfureux; en somme, ce sera l'oxygène de l'air qui, en passant par l'acide azotique, transformera l'anhydride sulfureux en acide sulfurique.

Dans les laboratoires, on démontre ces réactions en faisant arriver dans un grand ballon A (*fig.* 46), renfermant un peu d'eau, l'anhydride sulfureux venant d'un ballon D, et le bioxyde d'azote venant d'un flacon C (il produit le même effet que l'acide azotique de l'industrie, puisqu'il s'oxyde, puis se décompose au contact de l'eau pour donner de l'acide azotique); on injecte de l'air au moyen d'un soufflet par le tube t'. On voit les vapeurs rutilantes se former, puis disparaître, puis revenir quand on injecte l'air, et on peut finalement reconnaître la présence de l'acide sulfurique au fond du ballon.

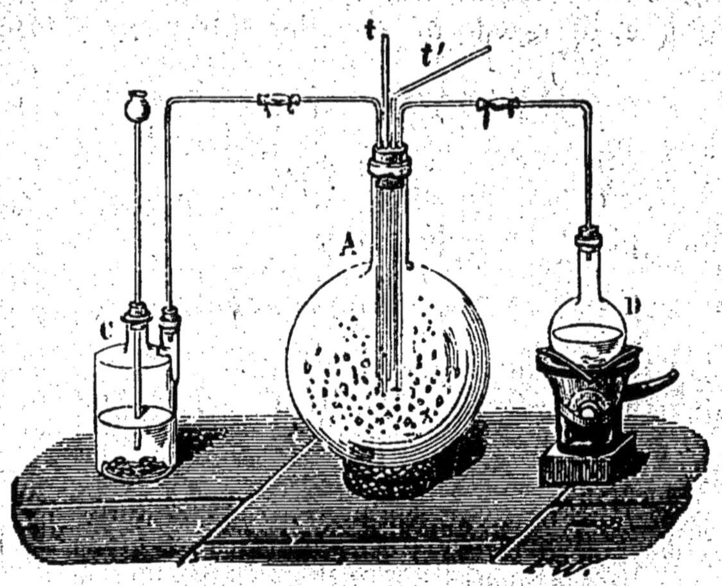

Fig. 46.

Dans l'industrie, l'opération s'exécute dans une série de grandes chambres doublées de plomb (chambres de plomb) d'une contenance totale de plusieurs centaines de mètres cubes. L'anhydride sulfureux produit par la combustion du soufre ou du sulfure de fer naturel FeS^2 (pyrites de fer), les vapeurs d'acide azotique, la vapeur d'eau et l'air arrivent dans ces chambres, s'y mélangent et réagissent les uns sur les autres; l'acide sulfurique produit coule à la partie inférieure de l'appareil, où on le recueille.

L'acide qu'on obtient ainsi marque 50° à l'aréomètre de Baumé. On le chauffe doucement dans des bassines de plomb (les autres métaux usuels seraient attaqués par l'acide), puis dans des bassines en platine, quand il est assez concentré pour attaquer le plomb. Sous l'action de la chaleur, l'eau s'en va en grande partie; on obtient finalement l'acide monohydraté SO^4H^2, qui marque 66° Baumé.

125. État naturel. Usages. — L'acide sulfurique était connu des alchimistes sous le nom d'*huile de vitriol*. Le Rio Vinagre renferme, en même temps que de l'acide chlorhydrique (§ 105), beaucoup d'acide sulfurique libre. Mais cet acide est surtout répandu dans la nature à l'état de sulfates. Le sulfate de calcium est extrêmement abondant.

La France consomme annuellement 80 000 tonnes d'acide sulfurique : ce chiffre suffit à indiquer l'importance de cet acide; certaines usines anglaises en fabriquent 40 000 kilogrammes par jour.

Il est impossible d'énumérer tous ses usages : presque toutes les industries chimiques l'utilisent. Il sert dans la préparation des sulfates de sodium, de potassium, d'ammonium, de fer, de cuivre, de mercure, de l'anhydride carbonique, des acides azotique, chlorhydrique, citrique, tartrique, stéarique, des aluns, du phosphore, de la garance..... La galvanoplastie, la dorure, l'argenture, la télégraphie électrique, en consomment des quantités considérables. Nous le retrouverons à presque toutes les pages de notre cours.

IV. — ACIDE SULFHYDRIQUE.

126. Propriétés. — L'acide sulfhydrique H^2S est un gaz incolore, d'une odeur fétide d'œufs pourris. Sa densité est 1,191; son coefficient de solubilité dans l'eau est 3. Il a été facilement liquéfié.

Il est partiellement décomposé par la chaleur.

Ce gaz est combustible, il brûle avec une flamme bleuâtre en donnant de l'eau et du gaz sulfureux :

$$H^2S + 3O = H^2O + SO^2.$$

A la température ordinaire, il est décomposé lentement par l'oxygène humide, avec dépôt de soufre :

$$H^2S + O = H^2O + S;$$

aussi la dissolution doit-elle toujours être conservée dans des vases bien bouchés, à l'abri de l'air. Les corps poreux activent encore l'oxydation et déterminent la formation de l'acide sulfurique :

$$H^2S + 4O = SO^4H^2,$$

Dans les chambres de bains des eaux sulfureuses (Barèges, Bagnères....), l'acide sulfhydrique humide qui se dégage se transforme en acide sulfurique sous l'action de la matière poreuse du linge : ceci explique l'usure très rapide du linge.

Nous avons vu (§ 99) que le chlore décompose l'acide sulfhydrique.

Les métaux sont presque tous transformés en *sulfures* sous l'action de l'acide sulfhydrique. L'or et le platine ne sont pas attaqués, mais l'argent est noirci rapidement. Le jaune d'œuf, qui, dans sa décomposition, donne de l'acide sulfhydrique, produit le même effet.

Les peintures, qui renferment presque toutes de l'oxyde de plomb blanc, noircissent à l'air, parce que les faibles traces d'acide sulfhydrique que renferme l'atmosphère déterminent la formation de sulfure de plomb noir.

Action physiologique. — L'acide sulfhydrique est un poison extrêmement violent. Une proportion de $\frac{1}{300}$ suffit à rendre l'air mortel.

Les ouvriers qui descendent dans les fosses d'aisance sont quelquefois foudroyés par l'acide qui s'y trouve contenu : ils tombent, comme des masses inertes, sous l'action de ce redoutable gaz, qu'ils nomment le *plomb*.

Quand il a été possible de retirer une personne de

l'atmosphère empoisonnée, il faut l'exposer au grand air et lui faire respirer, avec beaucoup de précautions, de l'hypochlorite de calcium arrosé de vinaigre (§ 99) : le chlore qui se dégage décompose l'acide sulfhydrique. Mais il faut aller doucement, car le chlore est lui-même fort dangereux à respirer.

L'acide sulfhydrique a une composition semblable à celle de l'eau. Il renferme deux volumes d'hydrogène unis à un volume de vapeur de soufre, avec condensation d'un tiers, c'est-à-dire formation de 2 volumes d'acide sulfhydrique.

127. Préparation. — Ce gaz ne se prépare que dans les laboratoires, par l'action de l'acide sulfurique sur le sulfure de fer :

$$FeS + SO^4H^2 = SO^4Fe + H^2S.$$

On opère à froid, dans l'appareil qui sert à la préparation de l'hydrogène. On recueille ce gaz sur le mercure, ou bien on le fait passer dans un appareil de Woulf. Le plus souvent, on le fait arriver directement dans le liquide sur lequel on veut le faire réagir : car l'acide sulfhydrique est fort employé dans les *analyses chimiques*.

128. État naturel. Usages. — Les eaux minérales sulfureuses renferment toujours un peu d'acide sulfhydrique en dissolution.

L'acide sulfhydrique se forme dans la décomposition spontanée des matières organiques qui renferment du soufre (œufs, matières fécales). Il est aussi produit par l'action des sulfates sur les matières organiques non sulfurées : de là l'odeur repoussante que prend souvent la boue des villes.

Ce gaz est fort employé dans les laboratoires ; certaines eaux minérales lui doivent leur action curative.

CHAPITRE IX.

PHOSPHORE.
ACIDE PHOSPHORIQUE. — HYDROGÈNE PHOSPHORÉ.

I. — PHOSPHORE.

129. Propriétés physiques. — Le phosphore est un solide translucide, d'une couleur jaune pâle, assez mou pour être rayé à l'ongle. Il est insipide, et répand autour de lui une odeur caractéristique. Sa densité est 1,83.

Il est insoluble dans l'eau, mais très soluble dans le sulfure de carbone.

Il fond à la température de 44° et bout à 290°. La densité de sa vapeur est 4,32, comparée à celle de l'air.

Le phosphore prenant feu avec une extrême facilité, on doit toujours le fondre et le distiller à l'abri du contact de l'air. Pour le fondre, on n'a qu'à le jeter dans l'eau chaude; la distillation se fait dans un courant d'hydrogène.

On obtient aisément la cristallisation du phosphore en le dissolvant dans le sulfure de carbone, puis en évaporant le liquide lentement à l'abri de l'air.

130. Propriétés chimiques. — Le phosphore se combine lentement avec l'oxygène, pour former de l'anhydride phosphoreux P^2O^3. Dans l'air humide, la combustion lente se fait encore mieux et donne de l'acide phosphoreux.

Il suffit d'élever la température jusqu'à 60° pour que le phosphore s'enflamme immédiatement dans l'air et brûle avec une flamme blanche très éclatante : il se forme alors de l'anhydride phosphorique P^2O^5, qui se répand en épaisses fumées blanches. Le phosphore est le plus facilement combustible des corps simples.

La combustion lente produit souvent assez de chaleur pour élever la température du phosphore jusqu'à 60° et déterminer son inflammation. Cela arrive quand on arrose une feuille de papier buvard avec une dissolution de phosphore dans le sulfure de carbone; il en est de même quand on tient ce corps à la main : car la chaleur des doigts, jointe à celle de la combustion lente, suffit à amener l'inflammation. Un choc, un frottement capables de développer de la chaleur ont le même résultat.

Le phosphore brûle parfaitement sous l'eau tiède. Il suffit d'y faire arriver un courant d'oxygène (*fig.* 47) pour voir des flammes se produire au sein du liquide.

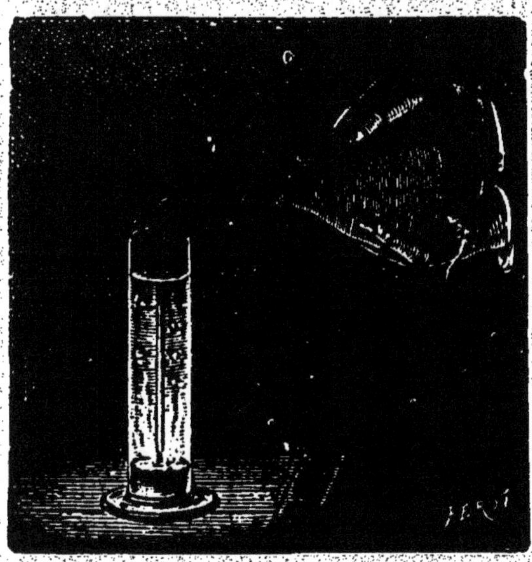

Fig. 47.

La combustion lente du phosphore est accompagnée d'un dégagement de lumière, visible seulement dans l'obscurité. Ce phénomène, connu de tout le monde, a reçu le nom de *phosphorescence* : il est le résultat d'une oxydation. Il ne se produirait pas, si le phosphore était plongé dans l'hydrogène ou dans l'azote.

Quand un bâton de phosphore est introduit dans une éprouvette pleine d'air, et qu'il absorbe lentement l'oxygène (§ 28), la phosphorescence a lieu ; mais elle cesse dès que tout l'oxygène a été absorbé (*fig.* 48).

Le phosphore, si éminemment combustible, est at-

Fig. 48.

taqué par tous les corps oxydants. Et, en effet, l'acide azotique, l'acide sulfurique, les composés oxygénés du chlore, le transforment en acide phosphorique. Un morceau de phosphore, projeté dans de l'acide azotique fumant, en détermine la décomposition avec explosion (§ 83).

L'oxygène n'est pas le seul corps susceptible de se combiner avec le phosphore. Le chlore (§ 99), le brome, l'iode, le soufre, les métaux, s'unissent directement au phosphore à une température plus ou moins élevée.

Action physiologique. — Le phosphore est un poison violent : à la dose de quelques centigrammes il détermine la mort. L'essence de térébenthine est employée comme contrepoison, le plus souvent sans succès.

Les vapeurs de phosphore altèrent rapidement la santé des ouvriers qui y sont exposés.

Les brûlures par le phosphore sont également très graves ; on doit les laver immédiatement avec de l'ammoniaque étendue d'eau, qui neutralise l'acide phosphorique. Il n'est guère de corps qui soit plus dangereux à manier.

Le poids atomique du phosphore est 31 ; son volume atomique est 1.

131. Préparation. — On ne prépare pas le phosphore dans les laboratoires. Dans l'industrie, on le retire des os.

Les os renferment 30 pour 100 de leur poids d'une matière organique combustible, la *gélatine*, et 70 pour 100 de matières minérales, phosphate et carbonate de calcium.

On calcine d'abord les os à l'air : la gélatine brûle, et il ne reste plus que les sels minéraux. On pulvérise, et on a la *cendre d'os*.

Cette cendre d'os est traitée par l'acide sulfurique bouillant : il se dégage de l'anhydride carbonique, et il se forme du sulfate de calcium ; en même temps le phosphate de calcium des os $(PO^4)^2Ca^3$, insoluble dans l'eau, est transformé en un phosphate $(PO^4)^2H^4Ca$, qui est soluble. Il suffit de *décanter* pour laisser au fond le sulfate de calcium insoluble et obtenir une dissolution limpide de phosphate $(PO^4)^2H^4Ca$.

C'est du phosphate ainsi obtenu qu'on va retirer le phosphore. Pour cela, on le traite par le charbon. La dissolution, additionnée de charbon de bois pulvérisé, est évaporée jusqu'à siccité ; le bloc noir et dur que l'on obtient est brisé en morceaux et chauffé au rouge vif dans de grandes cornues. A cette température, le charbon décompose le phosphate, et il se dégage un mélange de phosphore et d'oxyde de carbone. Le phosphore se condense dans l'eau tiède des vases A et A' (*fig.* 49) ; l'oxyde de carbone est brûlé à la sortie des tubes *d* et *d'*.

Fig. 49.

Le phosphore obtenu est filtré par pression à travers une peau de chamois, puis coulé en bâtons.

132. Phosphore rouge. — Le phosphore, chauffé pendant plusieurs jours à l'abri du contact de l'air jusqu'à une température voisine de 250°, se transforme en une *modification allotropique* nommée *phosphore rouge.*

Le phosphore rouge est du phosphore aussi pur que l'autre, puisqu'un poids donné de phosphore ordinaire se transforme, sous l'action de la chaleur, en un *poids égal* de phosphore rouge; de plus, en brûlant, ils donnent l'un et l'autre de l'anhydride phosphorique, et en même quantité.

Cependant ces deux variétés de phosphore présentent des différences essentielles.

L'un est jaune pâle, fusible à 44°, inflammable à 60°, phosphorescent, facilement cristallisable, soluble dans le sulfure de carbone, très vénéneux; l'autre est rouge brun, infusible, ne s'enflammant que vers 250°, non phosphorescent, généralement non cristallisable (on l'appelle pour cette raison *phosphore amorphe*), insoluble dans le sulfure de carbone, non vénéneux.

Le phosphore rouge reproduit le phosphore ordinaire quand on le chauffe au rouge à l'abri du contact de l'air.

133. État naturel. Usages. — On trouve dans la terre des phosphates de fer, de plomb, de calcium et de magnésium. Beaucoup de végétaux et tous les animaux renferment du phosphore; il y en a, à divers états de combinaison, dans les nerfs, l'urine, les os. Le corps d'un homme de moyenne taille contient à peu près 1 kilogramme de phosphore.

Les phosphates naturels du sol, ceux qui sont contenus dans le guano et dans le fumier de ferme, et ceux que fabrique l'industrie, constituent l'un des éléments les plus importants des engrais.

C'est dans l'urine que l'alchimiste Brandt a découvert le phosphore en 1669. En 1769, Scheele donna le procédé de fabrication que nous venons d'indiquer.

Le phosphore entre dans la combinaison de la *mort*

aux rats. Les laboratoires l'utilisent en petite quantité. La fabrication des allumettes en consomme annuellement en France plus de 40 000 kilogrammes.

Les allumettes ordinaires sont en peuplier bien sec. On les trempe d'abord dans du soufre fondu, puis, sur une longueur de 1 millimètre, dans une pâte formée de colle, de phosphore, de sable et d'une matière colorante : le sable est là pour augmenter la chaleur produite dans le frottement et faciliter l'inflammation; la matière colorante est une précaution prise contre les incendies et les empoisonnements par imprudence.

Pour éviter complètement les accidents, on fait depuis assez longtemps des allumettes à phosphore rouge, et même des allumettes sans phosphore.

Les allumettes à phosphore rouge sont trempées dans une pâte formée de colle, de chlorate de potassium (corps très oxydant) et de sulfure d'antimoine (corps combustible).

Elles s'allument par frottement sur une plaque spéciale enduite d'un mélange de phosphore rouge, de chlorate de potassium et de sulfure d'antimoine. C'est la réaction du phosphore rouge sur le chlorate de potassium qui détermine l'inflammation. Ces allumettes, malgré la sécurité qu'elles présentent, sont moins employées : elles ne sont pas commodes.

II. — ACIDE PHOSPHORIQUE.

134. Composés oxygénés du phosphore. — Le phosphore forme avec l'oxygène trois composés : l'anhydride hypophosphoreux P^2O ; l'anhydride phosphoreux P^2O^3, qui prend naissance dans la combustion lente du phosphore; l'anhydride phosphorique P^2O^5, qui prend naissance dans la combustion vive.

Le dernier seul a quelque importance.

135. Anhydride phosphorique. — Il se produit quand le phosphore brûle dans l'air (*fig.* 50). C'est un solide blanc, infusible, inodore. Il est extrêmement avide d'eau ; si on en jette quelque peu dans l'eau, on entend un bruit semblable à celui que produit un fer rouge trempé dans le liquide. Ce bruit est dû à la formation brusque de vapeur sous l'influence de la chaleur produite par la combinaison.

Fig. 50.

L'anhydride phosphorique est employé pour dessécher complètement les gaz, quand l'action de l'acide sulfurique n'est pas jugée suffisante.

136. Acide phosphorique. — L'anhydride phosphorique, en se combinant avec l'eau, forme trois hydrates complètement différents les uns des autres :

L'hydrate $P^2O^6H^2$, auquel correspond le sel $P^2O^6K^2$, et des sels analogues pour les autres métaux;
L'hydrate $P^2O^7H^4$, auquel correspondent les sels $P^2O^7K^2H^2$ et $P^2O^7K^4$;
L'hydrate $P^2O^8H^6$, ou PO^4H^3, auquel correspondent les sels PO^4KH^2, PO^4K^2H et PO^4K^3.

Nous voyons que ces trois hydrates diffèrent beaucoup plus les uns des autres que ne le font les deux hydrates de l'acide azotique, puisque ces derniers, traités par une base, donnent tous les deux le même sel.

On obtient l'hydrate PO^4H^3, nommé *acide phosphorique ordinaire*, en chauffant du phosphore dans de l'acide azotique étendu d'eau. Il se dégage du bioxyde d'azote, et l'acide phosphorique reste dans le ballon.

L'acide azotique concentré produirait une réaction trop vive.

Quand tout l'acide azotique est décomposé ou évaporé, il reste dans le ballon un solide incolore, soluble dans l'eau, rougissant fortement la teinture de tournesol : c'est l'hydrate PO^4H^3. Il est décomposable par les corps très avides d'oxygène, comme le charbon. Nous nous sommes appuyés sur cette décomposition pour préparer le phosphore.

III. — HYDROGÈNE PHOSPHORÉ.

137. Propriétés. — Le phosphore ne se combine pas directement avec l'hydrogène ; mais il est susceptible de former avec ce gaz trois combinaisons distinctes :

Le phosphure solide, P^2H ;
Le phosphure liquide, PH^2 ;
Le phosphure gazeux, PH^3.

Tous les trois sont combustibles ; ils brûlent en donnant de l'eau et de l'anhydride phosphorique.

Le phosphure liquide a la propriété de s'enflammer spontanément au contact de l'air. Il communique cette propriété à la plupart des gaz combustibles dans lesquels il émet ses vapeurs.

Le phosphure gazeux pur n'est pas spontanément inflammable ; mais il le devient quand il renferme des vapeurs de phosphure liquide.

La décomposition spontanée des matières organiques phosphorées, et principalement de la matière du cerveau, produit ce gaz spontanément inflammable. De là les *feux follets* qui sortent de terre dans les cimetières.

138. Préparation. — Il suffit de chauffer du phosphore dans une dissolution concentrée de potasse ou de soude pour voir se dégager un mélange spontanément inflammable de phosphure gazeux et de phosphure liquide (*fig.* 51) :

$$4P + 3KOH + 3H^2O = PH^3 + 3PO^2H^2K.$$

Il reste de l'hypophosphite de potassium dans le ballon.

Fig. 51.

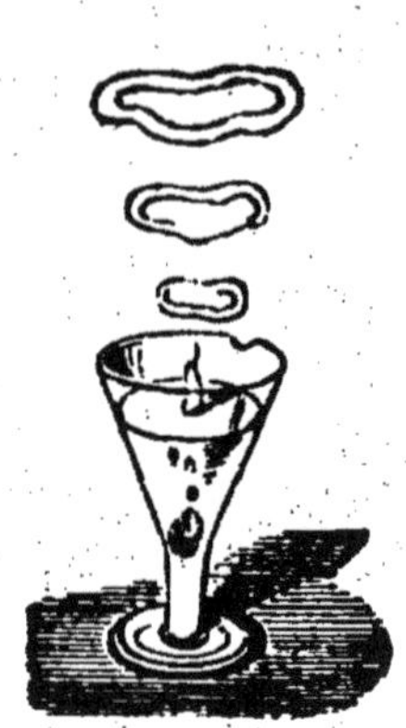

Fig. 52.

La combustion de ce phosphure produit de belles couronnes d'anhydride phosphorique, qui s'élèvent au-dessus de l'eau en s'élargissant.

Le *phosphure de calcium* CaP, dès qu'on le jette dans l'eau, produit aussi un dégagement de gaz spontanément inflammable (*fig.* 52).

Le phosphure gazeux est doué d'une forte odeur d'ail.

CHAPITRE X.

CARBONE. — OXYDE DE CARBONE. ANHYDRIDE CARBONIQUE. — ANHYDRIDE SILICIQUE.

I. — CARBONE.

139. Caractères distinctifs du carbone. — Le carbone est susceptible d'affecter un très grand nombre de modifications allotropiques naturelles ou artificielles : ces modifications sont aussi différentes les unes des autres, au point de vue physique, que le sont le soufre ordinaire et le soufre mou, le phosphore ordinaire et le phosphore rouge. De plus, il n'est pas possible, en général, de passer de l'une à l'autre, de préparer l'une au moyen de l'autre, comme on le fait pour les modifications du soufre et du phosphore.

Mais on reconnaît toujours un carbone, sous quelque forme qu'il se présente, à un ensemble de propriétés qui sont communes à toutes les variétés.

140. Propriétés communes à tous les carbones. — Le carbone est toujours un corps solide, qui n'a pu être ni liquéfié ni volatilisé d'une manière sensible. Il est insoluble dans tous les liquides, sauf dans la fonte de fer en fusion.

Il est combustible, et en brûlant il produit de l'anhydride carbonique CO^2. Quand l'oxygène est en quantité insuffisante, il se produit aussi de l'oxyde de carbone CO.

Avec le soufre, il donne le sulfure de carbone CS^2.

L'affinité du charbon pour l'oxygène lui permet de décomposer presque tous les corps oxygénés. Nous savons qu'il décompose l'acide sulfurique (§ 123), l'acide phosphorique (§ 136), l'acide azotique (§ 83), en même temps que les sulfates, les azotates et les phosphates.

Il décompose aussi l'eau. La vapeur d'eau passant sur des charbons chauffés au rouge dans un tube de porcelaine (*fig.* 53) se décompose complètement : il se produit alors un mélange d'hydrogène et d'oxyde de carbone :

$$H^2O + C = 2H + CO.$$

Fig. 53.

On a tenté d'employer pour le chauffage et l'éclairage le mélange, si aisément obtenu, de ces deux gaz combustibles.

La décomposition de l'eau par le charbon explique comment il se fait que les forgerons puissent activer leur feu en l'arrosant de quelques gouttes d'eau. Une trop grande quantité de liquide produirait l'effet inverse, en refroidissant trop fortement les charbons.

Le charbon décompose aussi les oxydes métalliques. Il se forme de l'oxyde de carbone, si l'oxyde est difficilement réductible, comme l'oxyde de zinc :

$$ZnO + C = Zn + CO;$$

et de l'anhydride carbonique, si l'oxyde est facilement réductible, comme l'oxyde de cuivre :

$$2CuO + C = 2Cu + CO^2.$$

Le poids atomique du charbon est 12; son volume atomique est inconnu, puisqu'on n'a pas pu le volatiliser.

141. Charbons naturels, charbons artificiels. — On appelle *charbon* non seulement le *carbone pur* qui ne donne en brûlant que de l'anhydride carbonique, mais un grand nombre de corps de composition complexe qui renferment une très forte proportion de carbone. Les *charbons naturels* sont ceux qu'on rencontre tout formés dans la nature (diamant, graphite, anthracite, houille, lignite, tourbe). Les *charbons artificiels*, beaucoup plus nombreux (charbon de cornues, coke, charbon de bois, noir de fumée, noir animal,...), proviennent de la combustion incomplète des matières organiques ou de leur décomposition par la chaleur. Parmi les charbons artificiels, nous n'étudierons que ceux qui ont des usages domestiques ou industriels.

142. Diamant. — Le *diamant* est du carbone pur; en brûlant, il ne produit que de l'anhydride carbonique, et ne laisse pas de cendres. Il est rare, et on ne le trouve jamais qu'en très petites quantités aux Indes, au Brésil et dans le sud de l'Afrique.

Les chimistes ont essayé, mais en vain, de préparer artificiellement le diamant. Il se trouve sous forme de cristaux bien transparents, le plus souvent incolores. C'est le plus dur de tous les corps : aussi les diamants qui ne sont pas assez beaux pour servir à la parure sont-ils employés à couper le verre, à faire les pointes des outils avec lesquels on taille les pierres précieuses, à faire des pivots pour certaines pièces d'horlogerie. Lorsque le diamant est éclairé par une vive lumière, il lance de véritables gerbes de rayons lumineux, qui lui donnent le plus vif éclat : c'est ce qui en fait la première des pierres précieuses. Le diamant n'a tout son éclat que lorsqu'il est taillé et bien poli. Le premier diamant taillé a été porté par Charles le Téméraire en 1477.

Pour tailler un diamant, on l'use par frottement contre la poussière de diamant, nommée *égrisée*. Un diamant taillé présente un grand nombre de facettes, qui lancent la lumière dans toutes les directions. La forme dite en *rose* est représentée en C (*fig.* 54) ; celle dite en *brillant* est en D. Le brillant est toujours plus beau que la rose. Les figures A et B représentent des cristaux naturels ; mais on les trouve rarement aussi bien formés, et, dans tous les cas, ils n'ont jamais les faces brillantes.

Fig. 54.

Le diamant est toujours fort cher. Un diamant taillé du poids d'un *carat* (205 milligrammes) vaut de 200 à 300 francs, suivant sa beauté. A partir de là, le prix croît proportionnellement au carré du poids.

Le plus gros diamant connu est celui du rajah de Bornéo : il pèse 300 carats (61 grammes). Le gouvernement français possède un diamant nommé le *régent*, qui pèse 28 grammes ; c'est, comme éclat, l'un des plus beaux diamants connus : il est estimé à plus de 10 millions.

143. Graphite. — Le *graphite*, qui est aussi appelé *plombagine*, ou *mine de plomb*, est encore du carbone pur. Il est d'un gris d'acier, opaque, doux au toucher, assez tendre pour tacher les doigts. On le rencontre en assez grande quantité dans certains départements français, en Angleterre, dans l'île Ceylan, et surtout en Sibérie.

Ses usages sont nombreux. Découpé en petites baguettes et protégé par des cylindres en bois, il forme les crayons à la *mine de plomb*. Les crayons *Conté* sont formés par un mélange d'argile et de plombagine pulvérisée. Le *cambouis*, avec lequel on graisse les roues des voitures et les engrenages, est un mélange d'huile et de graphite pulvérisé.

Le diamant et le graphite ne brûlent que difficilement dans l'oxygène, et plus difficilement encore dans l'air.

144. Houille. — La *houille* n'est pas du carbone pur. Elle renferme de 12 à 18 pour 100 de matières étrangères, pour la plupart combustibles, comme le charbon. On la rencontre en masses énormes dans un grand nombre de pays, et notamment en Angleterre, en France, en Belgique. Elle provient des végétaux qui couvraient la terre aux époques géologiques qui ont précédé la nôtre. C'est le plus important de tous les charbons, car il sert de combustible dans toutes les grandes opérations industrielles.

145. Anthracite. — Lignite. — Tourbe. — Ces trois charbons, fort impurs, servent aussi de combustibles. Leur importance est moindre que celle de la houille.

Le *lignite* est susceptible d'être poli : il prend alors une belle couleur noire. Il est employé, sous le nom de *jais*, comme objet d'ornement et de parure.

146. Charbon de cornue. — Les charbons dont la nomenclature va suivre ne se rencontrent pas dans la nature ; l'industrie les prépare.

Quand on a chauffé la houille en vase clos pour en tirer le gaz d'éclairage, on trouve, collée à la partie supérieure de la cornue, une couche uniforme de *charbon de cornue*. C'est un *charbon pur*, assez dur, très lourd, d'un gris d'acier. Il brûle difficilement, mais en produisant beaucoup de chaleur. Il conduit bien la chaleur et l'électricité ; et, à cause de cette propriété, on l'utilise dans beaucoup d'appareils de physique.

147. Coke. — Le *coke*, carbone presque pur, est aussi un résidu de la préparation du gaz d'éclairage ; c'est la houille de laquelle le gaz a été chassé. Il est gris, léger, brillant, boursouflé. Le coke constitue un excellent combustible, qui développe beaucoup de chaleur, et ne produit ni fumée ni odeur.

148. Charbon de bois. — Le bois renferme à peu près 40 pour 100 de son poids de charbon, uni à de l'oxygène, à de l'hydrogène et à une très petite proportion de sels minéraux. Chauffé en vase clos, il laisse échapper des substances nombreuses (oxyde de carbone, gaz carbonique, carbures d'hydrogène gazeux, vinaigre de bois, esprit-de-bois, goudrons...), qui sont susceptibles d'être recueillies et utilisées. Quand ces matières ont cessé de se dégager, il reste dans la cornue un charbon renfermant 1 pour 100 de cendres ; c'est le *charbon de bois*. Ce procédé de préparation (procédé par distillation) n'est employé qu'exceptionnellement.

Le plus souvent on préfère le procédé des meules (*fig.* 55), qui donne un moindre rendement, qui n'uti-

Fig. 55.

lise pas les produits étrangers, mais qui se fait sur place, et évite ainsi les frais de transport du bois.

Le bois, coupé en rondins d'un mètre de longueur, est empilé comme le montre la figure. La *meule*, ainsi obtenue, est recouverte avec de la terre, qui ne laissera passer que peu d'air. Par la cheminée ménagée au milieu, on introduit de la braise; le feu se propage de proche en proche, bien lentement, et après quelques heures toute la masse brûle. Quand on juge que la combustion est assez avancée, on augmente l'épaisseur de la couche de terre et on bouche toutes les ouvertures. L'air n'arrive plus du tout, le feu s'éteint : on a le charbon. Cent kilogrammes de bois produisent 18 kilogrammes de charbon.

Le charbon de bois jouit de la curieuse propriété d'absorber les gaz.

Quand on éteint sous le mercure un morceau de charbon de bois bien allumé, et qu'on l'introduit dans une éprouvette pleine d'ammoniaque ou de gaz sulfureux, on voit le mercure monter rapidement jusqu'en haut par suite de l'absorption du gaz. Le charbon absorbe ainsi 90 fois son volume d'ammoniaque, 85 fois son volume d'acide chlorhydrique, 55 fois son volume d'acide sulfhydrique, 8 fois son volume d'air. Il est à remarquer que les gaz les plus solubles dans l'eau sont en même temps les plus absorbables par le charbon.

Dans cette absorption il ne s'est pas produit de combinaison, car le morceau de charbon, placé dans le vide, laisse échapper tout son gaz.

Les eaux chargées de matières organiques prennent souvent une mauvaise odeur par suite d'un dégagement d'ammoniaque et d'acide sulfhydrique : on les purifie en les filtrant sur du charbon de bois. De même, on conserve les viandes en les entourant de poussière de charbon.

149. Noir de fumée. — La combustion incomplète de certains corps produit une épaisse fumée, qui, recueillie, constitue le *noir de fumée*, charbon qui est presque absolument pur. Pour le préparer, on brûle des matières résineuses dans un foyer disposé de manière à produire une combustion incomplète. La fumée passe dans une chambre en maçonnerie, où le noir se dépose.

Il est utilisé dans la peinture en noir, dans la fabrication de l'encre de Chine et de l'encre d'imprimerie.

150. Noir animal ou charbon d'os. — La composition des os nous est connue (§ 131). Si l'on chauffe des os en vase clos, à l'abri de l'air, la gélatine ne peut brûler ; elle est seulement décomposée : l'oxygène et l'hydrogène s'en vont, et il reste le charbon, mélangé avec les matières minérales. Ce produit, appelé *noir animal*, renferme à peine 10 pour 100 de son poids de charbon. Il absorbe les matières colorantes, comme le charbon de bois absorbe les gaz. Sur du noir animal en poudre versons du vin, puis filtrons : nous obtiendrons du vin incolore. On emploie le noir animal dans la fabrication du sucre, pour décolorer les jus et obtenir ainsi du sucre bien blanc. Lorsque le noir animal a servi, il constitue un excellent engrais.

II. — OXYDE DE CARBONE.

151. Propriétés physiques. — L'*oxyde de carbone* CO est un gaz incolore, inodore, insipide. Sa densité est 0,967 ; il est fort peu soluble dans l'eau. Il n'a été liquéfié que par M. Cailletet.

152. Propriétés chimiques. — Ce gaz est faiblement dissocié par la chaleur. Il brûle avec une flamme bleue pâle, très chaude, en donnant de l'anhydride carbonique. La combustion facile de l'oxyde de carbone fait qu'il décompose, à une température élevée, un très grand nombre de corps oxygénés, et notamment la plupart des oxydes métalliques. Nous verrons quel rôle important jouent le charbon et l'oxyde de carbone dans l'extraction industrielle des métaux.

Action physiologique. — L'oxyde de carbone est un poison violent, d'autant plus dangereux qu'aucune odeur n'indique sa présence. Il se produit toujours en petite quantité dans la combustion du charbon (§ 140), et les asphyxies volontaires ou accidentelles par le charbon enflammé sont dues à son action. On ne devrait jamais brûler du charbon dans un fourneau sans cheminée, à moins d'établir une active ventilation dans l'appartement.

Comme l'hydrogène, l'oxyde de carbone traverse les métaux fortement chauffés. Les poêles de fonte portés au rouge laissent passer l'oxyde de carbone qui se produit à l'intérieur : c'est un grave inconvénient de ce système de chauffage.

153. Préparation. — L'oxyde de carbone se produit dans un certain nombre d'opérations métallurgiques par suite de la combustion incomplète du charbon.

Nous avons vu qu'il se forme quand le charbon décompose l'oxyde de zinc (§ 140); on opère dans une cornue de grès fortement chauffée. On peut aussi le préparer en décomposant l'anhydride carbonique par le charbon (§ 155) : on n'a qu'à faire passer un courant d'anhydride carbonique sur des charbons chauffés au rouge dans un tube de porcelaine (*fig.* 56).

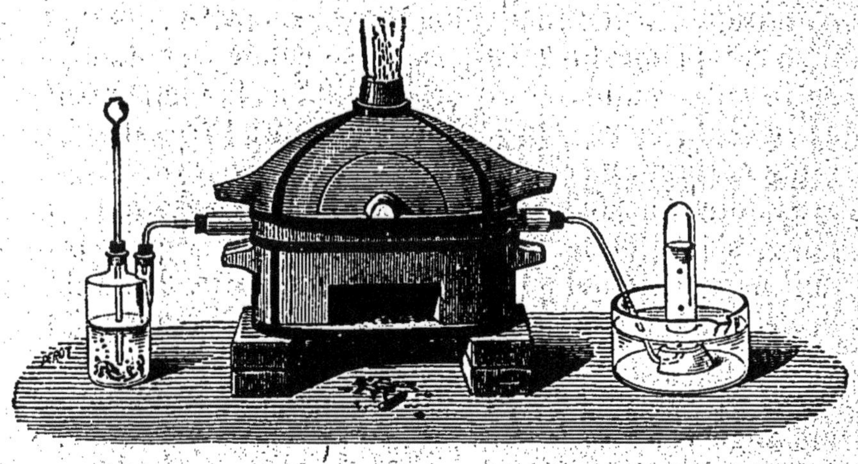

Fig. 56.

III. — ANHYDRIDE CARBONIQUE.

154. Propriétés physiques. — *L'anhydride carbonique* CO^2 est un gaz incolore, d'une faible odeur piquante, d'une saveur aigrelette. Sa densité est 1,529.

Cette densité, plus forte que celle de l'air, joue un rôle assez important dans la nature. Dans un certain nombre de grottes, et notamment dans la grotte du Chien, près de Naples, il y a de l'anhydride carbonique au ras du sol : un chien y tombe bientôt asphyxié ; il n'y en a pas à un mètre plus haut : un homme debout y respire à l'aise. Dans les laboratoires, on met en évidence la densité relativement grande de l'anhydride carbonique en versant sur une bougie le gaz contenu dans une éprouvette : il tombe, invisible, comme tomberait de l'eau, et éteint la bougie.

L'eau dissout à peu près son volume d'anhydride carbonique à la température de 15°. Ce gaz a été liquéfié à la température de 15° sous la pression de 50 atmosphères. La méthode employée est, en principe, celle de Faraday (§ 86), mais appliquée en grand. L'anhydride carbonique est préparé dans un vase métallique entièrement clos et extrêmement résistant ; il se comprime lui-même et va se condenser dans un autre vase semblable au premier, dont la température est moins élevée. On a ainsi plusieurs litres d'anhydride carbonique liquide.

Si, ouvrant le robinet du vase condensateur, on laisse s'écouler le liquide, l'évaporation rapide produit assez de froid pour solidifier une partie de l'anhydride sous forme d'une neige blanche. On peut la recueillir en attachant au robinet un sac de flanelle. Cette neige, mélangée avec de l'éther, constitue un mélange réfrigérant fréquemment employé dans les laboratoires : il donne un froid de 110°.

155. Propriétés chimiques. — L'anhydride carbonique est sensiblement *dissocié* par la chaleur. Il n'est ni combustible ni comburant. Ces deux propriétés lui sont communes avec l'azote (§ 24). On le distingue de ce gaz à son action sur la teinture de tournesol, qu'il colore en rouge vineux, sur l'eau de chaux, qu'il trouble, en formant du carbonate de calcium insoluble.

L'anhydride carbonique, quoique n'étant pas comburant, est décomposé, comme l'anhydride sulfureux, par les corps combustibles (§ 116); mais, pour que la réaction se produise, il faut maintenir le corps au rouge dans un courant de l'anhydride.

Ainsi, l'anhydride carbonique, passant sur des charbons chauffés au rouge, donne l'oxyde de carbone :

$$CO^2 + C = 2\,CO.$$

Regardez un fourneau à réverbère plein de charbon bien allumé : une flamme bleue pâle sort par l'ouverture supérieure. L'oxygène de l'air, en entrant par le bas, s'est d'abord transformé en anhydride carbonique, qui, rencontrant sur sa route une longue colonne de charbon incandescent, a été réduit à l'état d'oxyde de carbone. Cet oxyde de carbone s'enflamme à la sortie, dès qu'il a le contact de l'air.

L'hydrogène, le phosphore, le potassium..., produisent le même effet que le charbon :

$$CO^2 + H^2 = CO + H^2O.$$

Bien que l'anhydride carbonique ne se combine pas avec l'eau pour donner un acide, il réagit cependant sur les bases, pour donner des *carbonates* dont la formule est

$$CO^3K^2 \quad \text{et} \quad CO^3Ca,$$

et aussi

$$CO^3KH.$$

Action physiologique. — L'anhydride carbonique est impropre à la respiration; mais il n'est guère vénéneux : l'air ne devient irrespirable que lorsqu'il en renferme plus de 30 pour 100, *pourvu qu'il continue à posséder la proportion normale d'oxygène.* L'air d'un appartement clos dans lequel brûle du charbon devient mortel à cause de l'oxyde de carbone qu'il renferme, et non pas à cause de l'anhydride carbonique.

L'air confiné dans lequel respirent un grand nombre de personnes devient mortel surtout à cause de la diminution de la proportion d'oxygène.

Il n'y a que dans les caves et dans certaines grottes que la proportion d'anhydride carbonique peut devenir réellement mortelle par elle-même. On évitera tout danger en entrant toujours avec une bougie à la main dans les caves sujettes à des dégagements d'anhydride carbonique : la bougie s'éteint avant que la proportion de gaz soit dangereuse.

Composition. — La composition de l'anhydride carbonique a été fixée par un grand nombre d'expériences : il était important de la connaître exactement à cause du rôle considérable que joue l'anhydride carbonique dans la nature (§ 157).

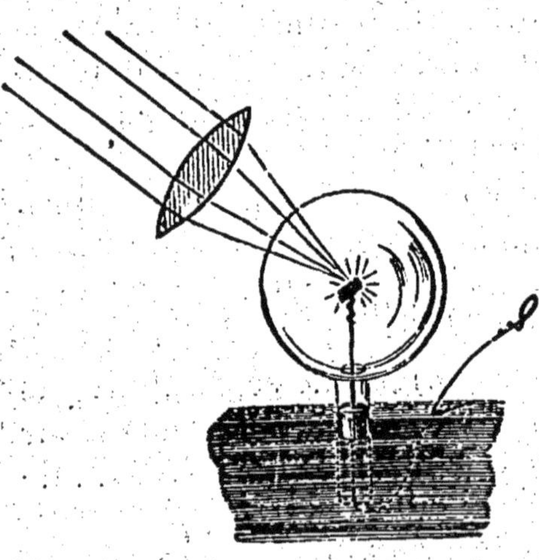

Fig. 57.

Lavoisier a montré le premier que lorsque du charbon brûle dans un ballon plein d'oxygène (*fig.* 57) le volume ne change pas. Donc l'anhydride carbonique renferme un volume d'oxygène égal au sien.

J. B. Dumas a trouvé depuis, en faisant brûler du diamant, que 44 grammes d'anhydride carbonique renferment 12 grammes de carbone et 32 grammes d'oxygène, ce qui conduit à la formule CO^2.

156. Préparation — On prépare l'anhydride carbonique en traitant, à la température ordinaire, le carbonate de calcium (marbre, craie,...) par l'acide sulfurique ou par l'acide chlorhydrique :

$$CO^3Ca + SO^4H^2 = SO^4Ca + CO^2 + H^2O.$$
$$CO^3Ca + 2\,HCl = CaCl^2 + CO^2 + H^2O.$$

On opère comme pour la préparation de l'hydrogène, et dans le même appareil.

157. État naturel. Rôle dans la nature. — L'anhydride carbonique est le premier gaz qui ait été distingué de l'air par Van-Helmont (1648).

Il forme de nombreux carbonates naturels, et principalement le carbonate de calcium ou calcaire, l'une des roches les plus répandues dans la croûte terrestre (§ 215).

C'est par milliards de mètres cubes qu'il faut estimer la quantité d'anhydride libre qui se répand chaque jour dans l'air.

1° Il s'en dégage du sol en maints endroits, dans les caves, dans les houillères, par les cratères des volcans;

2° La combustion du bois et de la houille en produit de prodigieuses quantités;

3° La respiration de l'homme et des animaux en dégage aussi (§ 42);

4° Enfin, les matières animales et végétales donnent de l'anhydride carbonique dans leur décomposition spontanée. Le fumier en putréfaction, le raisin en fermentation, les feuilles sèches en décomposition, sont autant de sources d'anhydride carbonique.

Voilà donc la présence de l'anhydride carbonique dans l'air suffisamment expliquée. Cette proportion semble même bien faible, quand on pense à la quantité d'anhydride carbonique qui se produit chaque jour. Pourtant J. B. Dumas a calculé que, étant donnée la quantité d'air qui nous entoure, cette production pourrait durer quatre mille ans sans que la proportion d'anhydride carbonique fût augmentée d'une manière appréciable par nos moyens d'analyse.

Du reste, à côté des causes de production de l'anhydride carbonique, il faut placer une cause de destruction, non moins active.

Les parties vertes des plantes décomposent l'anhydride carbonique sous l'action de la lumière solaire : elles s'emparent du charbon et rendent l'oxygène à l'air. L'expérience de de Saussure[1] montre ce phénomène. Une branche couverte de feuilles vertes est introduite sous une cloche remplie d'une dissolution d'anhydride carbonique (*fig.* 58), et exposée au soleil. On voit les feuilles se couvrir rapidement de bulles de gaz, qui grossissent et montent. Au bout de quelques heures, on a recueilli au sommet de la cloche plus d'un décilitre d'un gaz qui n'est autre que l'oxygène.

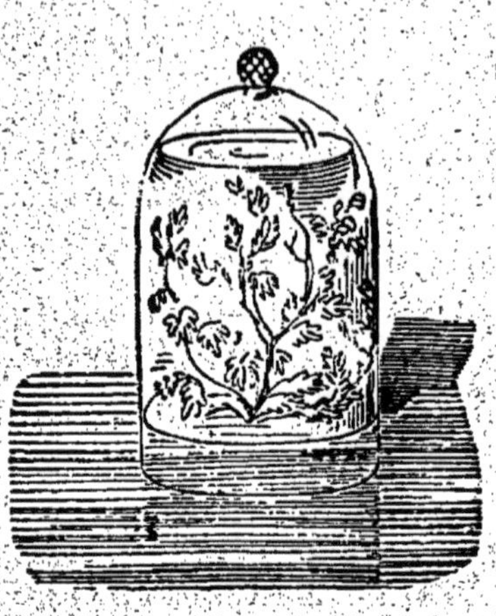

Fig. 58.

158. Usages. — L'importance de l'anhydride carbonique tient uniquement à son rôle dans la nature : car les usages directs que nous en faisons sont de peu d'importance.

Il sert à la préparation de l'eau de Seltz artificielle, dissolution, faite sous pression, de cinq à six litres de gaz carbonique dans un litre d'eau. L'appareil Briet, qui sert dans les ménages, est connu de tous; on y prépare le gaz par la réaction de deux solides : l'acide tartrique et le bicarbonate de sodium, qui ne

1. *De Saussure* (1740-1799), physicien et géologue suisse.

réagissent que lorsque l'eau de l'appareil vient arroser leur mélange.

L'industrie emploie l'anhydride carbonique dans la fabrication du pain (pour supprimer le levain et le pétrissage à la main), dans la fabrication du sucre, et du carbonate de plomb. Il est alors préparé tout simplement par la combustion du coke.

IV. — SULFURE DE CARBONE.

***159. Propriétés.** — Le *sulfure de carbone* CS^2 est un liquide incolore qui a d'ordinaire une odeur extrêmement fétide, et une saveur âcre. Sa densité est 1,263. Il bout à 45°, en donnant une vapeur dont la densité est 2,645. Dès la température ordinaire, il est extrêmement volatil et produit par son évaporation un froid très vif. Entourez de ouate la boule d'un thermomètre, arrosez-la de sulfure de carbone et laissez évaporer : au bout de quelques minutes le thermomètre marquera — 10°.

Le sulfure de carbone n'est pas soluble dans l'eau; il dissout très facilement le soufre, le phosphore, l'iode, les corps gras, le caoutchouc, le camphre. Il est très combustible : *du reste, tous les corps qui résultent de la combinaison de deux éléments combustibles sont eux-mêmes combustibles.* Dans cette combustion, il se produit de l'anhydride carbonique et de l'anhydride sulfureux.

Avec l'air, la vapeur de sulfure de carbone forme un mélange détonant. Avec le bioxyde d'azote, elle donne une splendide flamme très éclairante.

Les métaux décomposent le sulfure de carbone à chaud et donnent du charbon et un sulfure métallique.

Les vapeurs de sulfure de carbone sont vénéneuses.

***160. Préparation.** — On obtient le sulfure de carbone par la combinaison directe du soufre et du char-

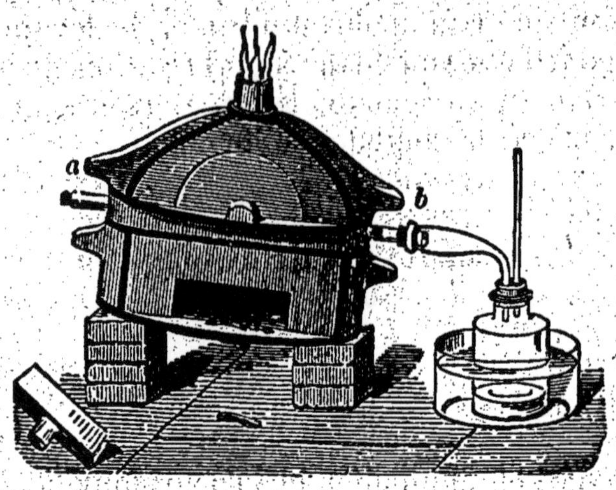

Fig. 59.

bon. Dans un tube de porcelaine *ab* (*fig.* 59), rempli de charbon et chauffé au rouge, on introduit peu à peu, par l'extrémité *a*, des fragments de soufre : la combinaison se produit, et le sulfure de carbone vient se condenser dans un flacon refroidi. La préparation industrielle est fondée sur la même réaction.

***161. Usages.** — Le sulfure de carbone a des usages chaque jour plus importants.

Le caoutchouc est cassant quand il fait froid ; trempé dans une dissolution de soufre dans le sulfure de carbone, il acquiert la propriété de demeurer souple aux températures les plus basses. La fabrication de ce caoutchouc dit *vulcanisé* consomme beaucoup de sulfure de carbone.

Le sulfure de carbone est aussi employé dans l'industrie comme dissolvant des corps gras, du phosphore, de certains parfums. Il sert à extraire la graisse de la toison des moutons, l'huile de certaines graines, et des vieux chiffons qui ont servi à nettoyer les machines à vapeur. On l'utilise, enfin, dans le traitement des vignes atteintes du phylloxera.

V. — GAZ D'ÉCLAIRAGE.

162. Action de la chaleur sur la houille. — La houille renferme, outre 85 pour 100 de charbon, une forte proportion d'hydrogène, avec un peu d'oxygène, d'azote et de soufre. Chauffée en vase clos, elle laisse dégager tous ces corps étrangers à l'état de combinaison entre eux et avec le carbone.

Il sort ainsi de l'appareil de distillation (*fig.* 60) un mélange extrêmement complexe de divers carbures d'hydrogène combustibles, d'oxyde de carbone, d'anhydride carbonique, d'hydrogène, d'azote, d'ammoniaque, d'acide sulfurique et de vapeur d'eau. Ce mélange brûle avec une flamme très éclairante, mais puante et fuligineuse. On lui enlève ces défauts par une *épuration*.

La fumée est due en grande partie à des carbures d'hydrogène liquides (goudron). Un lavage et un faible refroidissement les condensera en même temps que la vapeur d'eau et la plus grande partie des gaz solubles, ammoniaque et acide sulfhydrique. Le reste de l'acide sulfhydrique est absorbé par le passage du gaz sur de la chaux éteinte.

Après cette double épuration, *physique* et *chimique*, le mélange gazeux n'a presque plus d'odeur, il brûle sans fumée : il peut être employé au chauffage et à l'éclairage.

163. Appareil de préparation industrielle. — La houille est placée dans des *cornues* de fonte A, qu'on chauffe par cinq ou par sept dans un grand fourneau. Le gaz produit va d'abord se refroidir dans l'eau du *barrillet* B, cylindre horizontal dans lequel débouchent tous les tuyaux de dégagement. Là commence l'épuration physique : une partie des carbures liquides,

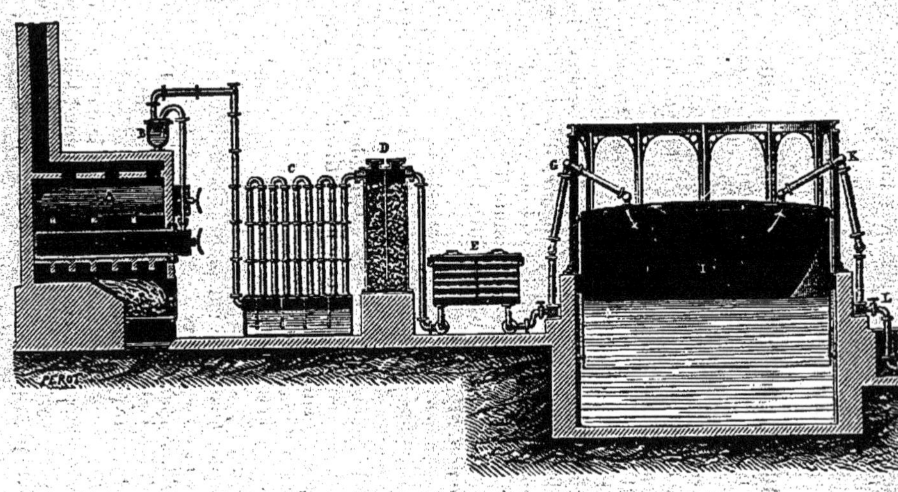

Fig. 60.

de l'ammoniaque et de l'acide sulfhydrique se condense.

A la sortie du barrillet, le gaz circule dans une longue série de tubes verticaux, constituant le *réfrigérant* C. Il y prend la température de l'air, et la condensation des goudrons s'achève.

L'épuration physique se termine par le passage du gaz dans une colonne pleine de coke arrosé d'eau D, où le reste de l'ammoniaque se dissout. Les eaux du barrillet et de la colonne à coke se rendent avec les goudrons du réfrigérant dans un puits, d'où on les retirera pour les utiliser.

Le passage du gaz sur des claies chargées de chaux éteinte E le débarrasse de l'anhydride carbonique et des dernières traces d'acide sulfhydrique. La chaux qui a servi à cette épuration constitue un bon engrais pour certaines cultures.

A la sortie des caisses d'épuration chimique, le gaz se rend dans le gazomètre GK, d'où il sera distribué en ville.

Le pouvoir éclairant d'un gaz bien épuré est dû principalement aux vapeurs de carbures liquides qui n'ont pas été condensées complètement, et aux 7 pour 100 de bicarbure d'hydrogène qu'il renferme. Nous étudierons ce bicarbure en chimie organique.

164. Usages. — Le gaz d'éclairage a été découvert en 1785 par un ingénieur français, Philippe Lebon.

C'est seulement depuis 1820 qu'il a commencé à être réellement employé en France.

Aujourd'hui il sert partout à l'éclairage des villes et des particuliers; sa consommation dans le chauffage augmente tous les jours.

Les résidus de la préparation du gaz d'éclairage, chaux d'épuration, charbon des cornues (§ 146), coke (§ 147), eaux ammoniacales (§ 88), goudrons, ont une importance très grande. Nous verrons plus tard comment on retire du goudron des matières colorantes, des parfums, des médicaments, etc.

165. Flamme. — Nous renvoyons pour l'étude de la flamme, sa constitution, son pouvoir éclairant et calorifique, à ce qui a été dit au chapitre III.

VI. — ANHYDRIDE SILICIQUE.

166. Silicium. — Le *silicium* est un métalloïde analogue au carbone. Il ne se rencontre pas à l'état libre dans la nature; mais l'*anhydride silicique* SiO^2, combinaison qu'il forme avec l'oxygène, s'y trouve en abondance.

167. Anhydride silicique.— L'*anhydride silicique* ou *silice* est un solide incolore lorsqu'il est pur, mais souvent coloré par de petites quantités de substances étrangères. Il n'est fusible qu'au feu de forge le plus ardent; il est insoluble dans l'eau. Aucun métalloïde ne le décompose, même aux températures les plus élevées. Seule, l'action combinée du charbon et du chlore parvient à le détruire ; quand on fait passer un courant de chlore sur un mélange de silice et de charbon chauffé au rouge, il se forme du chlorure de silicium et de l'oxyde de carbone :

$$SiO^2 + 2C + 4Cl = SiCl^4 + 2CO.$$

De tous les acides, un seul l'attaque : c'est l'acide fluorhydrique.

On prépare la silice dans les laboratoires, en versant de l'acide chlorhydrique dans une dissolution concentrée de silicate de sodium. Il se forme alors un précipité de *silice gélatineuse*, qu'on peut dessécher par la chaleur.

168. État naturel. Usages. — Les diverses variétés de silice naturelle ont des applications importantes.

1° Le *quartz hyalin* ou *cristal de roche* est de la silice cristallisée (*fig.* 61) et incolore. La *topaze du*

Fig. 61.

Brésil, le *rubis de Bohême* et l'*améthyste* sont encore des variétés de silice cristallisée, colorées en jaune, en rose ou en violet par des quantités extrêmement petites de matières étrangères.

2° L'*agate*, la *cornaline*, le *jaspe*, sont formés de silice non cristallisée, non transparente, richement colorée par des substances étrangères.

Ces variétés servent à l'ornementation et à la parure.

L'agate est assez dure pour qu'on en fabrique des pivots ou des mortiers.

Les pierres suivantes, plus communes, sont aussi constituées par de la silice plus ou moins pure :

3° Le *silex* ou *pierre à fusil*, assez dur pour produire des étincelles par le choc;

4° La *pierre meulière*, avec laquelle se font les meules à moudre le grain ;

5° Le *sable siliceux*, si répandu sur les plages marines, sur le lit de beaucoup de rivières, et qui entre dans la composition du mortier (§ 233), du verre (§ 228) et des poteries (§ 224);

6° Le *grès*, qui constitue les pavés de nos rues;

7° Le *tripoli*, employé aux nettoyages.

L'eau de certaines sources, et principalement celle des sources jaillissantes d'eau chaude qui constituent les *geysers* d'Islande (*fig.* 62), renferment de la silice.

La silice se rencontre aussi dans un grand nombre de tissus animaux et végétaux (paille du blé, prêles, palmiers, roseaux, carapaces d'animalcules aquatiques, barbes de plumes). Elle leur donne la rigidité nécessaire à l'exercice de leurs fonctions.

Enfin, la silice est très répandue dans la nature à l'état de silicates. Nombre de pierres précieuses sont

Fig. 62.

des silicates. Le *mica*, le *feldspath*, l'*amiante*, les *granits*, les *porphyres*, les *basaltes*, les *laves des volcans* en sont aussi.

L'*argile* enfin, l'une des roches les plus répandues et les plus précieuses, est un silicate.

La silice forme au moins $\frac{3}{10}$ de l'écorce terrestre. Le rôle des combinaisons du silicium est aussi important dans les minéraux que celui des combinaisons du carbone dans les végétaux et dans les animaux.

CHAPITRE XI.

MÉTAUX. — PROPRIÉTÉS GÉNÉRALES. — ALLIAGES.

I. — PROPRIÉTÉS PHYSIQUES DES MÉTAUX.

169. Définition des métaux. — Nous savons que les métaux sont généralement doués de l'*éclat métallique*; qu'ils sont bons conducteurs de la chaleur et de l'électricité; qu'ils forment, en se combinant avec l'oxygène, des composés quelquefois neutres, rarement acides, le plus souvent basiques (§ 68).

Tous les métaux ainsi définis ont un certain nombre de propriétés communes, que nous allons rapidement passer en revue.

170. État physique. — Les métaux sont solides à la température ordinaire, sauf un seul, le mercure, qui est liquide. Ils sont tous fusibles. Le platine fond à 1 775°, température qu'on ne peut obtenir dans les feux de forge industriels; puis viennent, par ordre de fusibilité de plus en plus facile, le fer (1 500°), l'or (1 250°), le cuivre (1 054°), l'argent (1 000°), le zinc (410°), le plomb (335°), l'étain (228°), le potassium (62°).

Ils sont aussi tous sensiblement volatils; le zinc, le mercure, le potassium et le sodium peuvent être distillés industriellement.

Fig. 63.

Les métaux se présentent généralement sous forme de masses homogènes. On peut cependant les faire cristalliser par fusion, comme nous l'avons fait pour le soufre (§ 110); la figure 63 représente du bismuth

Fig. 64.

cristallisé qu'on a obtenu par ce procédé. La cristallisation se produit aussi lorsqu'un sel métallique est lentement décomposé par l'électricité ou par l'action d'un autre métal : une dissolution d'acétate de plomb, décomposée par un courant très faible, abandonne au pôle négatif des lamelles cristallines de métal (*fig.* 64).

171. Opacité. — Les métaux sont toujours opaques quand ils sont pris en grande masse. Cependant les feuilles métalliques extrêmement minces, comme celles d'or et d'argent, sont transparentes et laissent passer une lumière verte pour l'or, bleue pour l'argent.

172. Couleur. — Le blanc teinté de bleu, de jaune, de gris, est la couleur la plus ordinaire des métaux. Quelques-uns seulement ont des couleurs plus tranchées : le cuivre est rouge; l'or est jaune.

173. Densité.—Le platine, le plus lourd des métaux usuels, a pour densité 21,15; puis viennent l'or, 19,26; le mercure, 13,59; le plomb, 11,35; l'argent, 10,45; le cuivre, 8,79; le fer, 7,79; l'étain, 7,29; le zinc, 6,86; l'aluminium, 2,56; le potassium, 0,86.

La densité des métaux est donc généralement bien plus grande que celle des métalloïdes.

174. Conductibilité pour la chaleur et l'électricité. — Nous verrons en physique que la chaleur et l'électricité traversent aisément les métaux; la connaissance de leur conductibilité relative est importante au point de vue de certaines applications. L'ordre de conductibilité décroissante est le suivant pour les métaux usuels :

Argent, cuivre, or, zinc, étain, fer, plomb, platine.

L'argent conduit à peu près dix fois mieux que le platine.

175. Malléabilité. — Un métal est *malléable* lorsqu'il peut être réduit en lames minces par l'action du marteau ou du *laminoir*. L'or est le plus malléable de tous les métaux (§ 271). Puis viennent l'argent, l'aluminium, le cuivre, l'étain, le platine, le plomb, le zinc, le fer. La tôle, ou fer en lame, a toujours une certaine épaisseur, car le fer est peu malléable.

Le *laminoir*, avec lequel se fabriquent le plus souvent les feuilles métalliques, se compose de deux cylindres tournant autour de leurs axes, qui sont parallèles. La lame de métal, engagée entre ces cylindres, est entraînée dans leur mouvement et passe entre eux, s'aplatissant plus ou moins suivant que les cylindres sont plus ou moins rapprochés l'un de l'autre.

176. Ductilité. — On a souvent besoin aussi de réduire les métaux en fils fins. Pour y arriver, on fait passer une barre de métal à travers des trous percés dans une plaque d'acier nommée *filière*. Un métal est

Fig. 65.

d'autant plus *ductile* qu'on peut, par ce procédé, le réduire en fils plus fins.

L'or est le plus ductile des métaux : on fait des

fils d'or à peine visibles. Puis viennent l'argent, le platine, le fer, le cuivre, le zinc, l'étain, le plomb.

177. Ténacité. — La *ténacité* d'un fil se mesure par la charge qu'il supporte avant de se rompre. Le fer est le plus tenace des métaux usuels : un fil de fer de 2 millimètres de diamètre peut porter un poids de 250 kilogrammes ; puis viennent le cuivre, le platine, l'argent, l'or, le zinc, l'étain, le plomb. Un fil de plomb de 2 millimètres de diamètre cède à une charge de 9 kilogrammes.

178. Dureté. — La *dureté* est mesurée par la facilité avec laquelle un métal use les autres corps ou est usé par eux. Le fer est assez dur pour rayer les pierres, le plomb assez mou pour être rayé par l'ongle. Après le fer viennent, par ordre de dureté décroissante, le zinc, le cuivre, l'or, l'argent et le plomb.

La connaissance des propriétés physiques des métaux usuels est essentielle : ces propriétés guident beaucoup plus souvent que les propriétés chimiques, dans le choix de tel ou tel métal pour chaque usage particulier.

II. — PROPRIÉTÉS CHIMIQUES DES MÉTAUX.

179. Propriétés chimiques des métaux. — Les métaux peuvent se combiner entre eux et avec les métalloïdes ; ils sont aussi attaqués par les acides. Nous allons rapidement résumer les caractères généraux des composés qui se forment dans ces actions chimiques.

180. Action de l'oxygène sur les métaux. — Tous les métaux, sauf l'argent, l'or et le platine, se combinent directement avec l'oxygène à une température suffisamment élevée. Pour quelques-uns, tels que le fer, le zinc et le magnésium, par exemple, l'oxydation est même une véritable combustion vive, avec incandescence et production d'une lumière éclatante.

A la température ordinaire, le potassium seul s'oxyde dans l'air sec. Les autres métaux s'oxydent lentement dans l'air humide et chargé d'anhydride carbonique : le fer se transforme en rouille; or, la rouille est du sesquioxyde de fer hydraté; le zinc, le plomb, l'étain, le cuivre, se recouvrent d'une couche terne de carbonate hydraté de zinc, de plomb, d'étain, de cuivre.

L'intervention d'un acide autre que l'anhydride carbonique active encore l'oxydation du métal au contact de l'air, même quand cet acide n'est pas susceptible d'attaquer directement le métal. Ainsi, une lame de couteau qui a coupé un fruit acide se rouille très rapidement; le vert-de-gris se forme en quelques heures autour des gouttes d'acide stéarique qui sont tombées d'une bougie sur un candélabre.

Le plus souvent le composé produit forme à la surface du métal une couche imperméable qui empêche l'oxydation de gagner en profondeur.

Le plomb, le zinc, l'étain, le cuivre, se ternissent rapidement à l'air ; mais l'altération est toute superficielle.

La rouille, au contraire, formée de lamelles entre lesquelles l'air peut passer, gagne peu à peu toute la masse, et après un certain temps tout le fer est oxydé. On préserve le fer de cette altération profonde en le recouvrant de peinture, d'émail, de zinc (fer galvanisé), d'étain (fer-blanc), de cuivre ou de plomb suivant les circonstances.

L'affinité des métaux pour l'oxygène leur permet de décomposer les composés oxygénés. On peut mesurer l'affinité d'un métal pour l'oxygène à la facilité avec laquelle il décompose l'eau : ainsi, le potassium décompose l'eau à la température ordinaire ; le fer la décompose au rouge; l'argent ne la décompose pas du tout.

Cette action des métaux sur l'oxygène sec ou humide, à froid ou à chaud, cette propriété qu'ils ont de décomposer l'eau avec une facilité plus ou moins grande, a permis de diviser les métaux en sections (§ 66). Tous les métaux placés dans une même section se conduisent de la même manière vis-à-vis de l'oxygène et de l'eau : ceux de la première section se combinent avec l'oxygène sec à une température peu élevée et décomposent l'eau à froid ; ceux de la dernière section, au contraire, ne se combinent directement avec l'oxygène à aucune température, et ils ne décomposent jamais l'eau.

181. Oxydes. — Les oxydes métalliques sont tous solides, ternes, cassants, diversement colorés. Ils sont insolubles dans l'eau, sauf ceux des métaux de la première section (§ 66).

Les uns sont des oxydes basiques capables de s'unir aux acides : ce sont les plus nombreux.

Les autres sont des anhydrides, tels que le bioxyde d'étain SnO^2 et l'anhydride chromique CrO^3. Beaucoup, enfin, sont neutres.

Les oxydes métalliques sont indécomposables par la chaleur, sauf ceux de mercure, d'argent, d'or et de platine. Seuls, les oxydes très riches en oxygène peuvent perdre une partie de ce gaz par l'action de la chaleur. Ils sont presque tous décomposables par les corps avides d'oxygène, tels que l'hydrogène et le charbon. Nous verrons que l'extraction de presque tous les métaux est basée sur la décomposition des oxydes par le charbon à une température élevée.

Tous les oxydes ne se préparent pas par l'oxydation directe du métal. A propos de ceux qui ont des usages importants, nous verrons comment se fait cette préparation. On trouve dans la nature un grand nombre d'oxydes métalliques.

182. Action du soufre sur les métaux. — Sulfures. — Le soufre se combine avec presque tous les métaux à une température suffisamment élevée; le zinc, l'aluminium, l'or et le platine résistent à son action. La combinaison est quelquefois accompagnée d'un dégagement de lumière.

Les sulfures formés sont, comme les oxydes, tous solides et diversement colorés ; ils ont quelquefois l'éclat métallique (sulfures de plomb et de cuivre).

Comme les oxydes ils sont indécomposables par la chaleur ; ceux qui renferment plusieurs équivalents de soufre peuvent être ramenés à un degré moindre de sulfuration. Ainsi, on peut préparer le soufre en décomposant par la chaleur le bisulfure de fer naturel :

$$3FeS^2 = 2S + Fe^3S^4.$$

C'est une analogie frappante entre le soufre et l'oxygène.

Tous les sulfures s'oxydent quand on les chauffe au contact de l'air. On obtient un sulfate :

$$K^2S + 4O = SO^4K^2,$$

ou un oxyde avec dégagement d'anhydride sulfureux :

$$CuS + 3O = CuO + SO^2.$$

Nous avons vu que l'anhydride sulfureux est souvent produit dans l'industrie par la combustion du bisulfure de fer (§ 124).

Les sulfures sont insolubles dans l'eau, sauf ceux des métaux de la première section.

Ils se préparent non seulement par l'action directe du soufre sur les métaux, mais aussi par l'action de l'acide sulfhydrique sur un sel de ce métal (§ 126). Les sulfures naturels sont encore plus nombreux que les oxydes.

183. Action du chlore sur les métaux. — Chlorures. — Tous les métaux sont attaqués par le chlore ou par la dissolution du chlore dans l'eau, à la température ordinaire; la réaction est plus vive à une température élevée (§ 99).

Les chlorures formés sont généralement solides et indécomposables par la chaleur. Ils sont solubles dans l'eau, sauf les chlorures d'argent, de mercure et de cuivre. Ils sont presque tous volatils.

Les chlorures s'obtiennent par l'action directe du chlore sur le métal, par l'action de l'acide chlorhydrique sur le métal (§ 103) ou sur un sel qui renferme le métal. On ne trouve dans la nature que peu de chlorures (chlorure de sodium).

184. Action de l'anhydride carbonique sur les métaux. — Carbonates. — L'anhydride carbonique n'attaque pas les métaux; mais il facilite leur oxydation au contact de l'air humide (§ 180). Il se forme alors des carbonates.

Tous les carbonates sont solides. Ils sont insolubles dans l'eau, sauf ceux de potassium et de sodium; mais ils ont la propriété de se dissoudre dans l'eau chargée d'anhydride carbonique : ainsi, le carbonate de calcium est soluble dans l'eau de Seltz. Ceci nous explique comment il peut se trouver du carbonate de calcium en dissolution dans les eaux naturelles (§ 18).

Les carbonates sont décomposables par la chaleur, à l'exception de ceux de potassium et de sodium. Il se dégage de l'anhydride carbonique, et l'oxyde métallique reste. Le charbon décompose les carbonates : il se forme alors de l'anhydride carbonique ou de l'oxyde de carbone, suivant que la réaction se produit à une température moins ou plus élevée, et le métal est mis en liberté :

$$2CO^3Cu + C = 2Cu + 3CO^2$$
$$CO^3K^2 + 2C = 2K + 3CO.$$

Cette décomposition a une grande importance : elle est la base de la préparation de plusieurs métaux.

Les carbonates sont abondants dans la nature.

185. Action de l'acide sulfurique sur les métaux. — Sulfates. — L'acide sulfurique attaque les métaux, pour former des sulfates (§ 123).

Ces sels sont solides, solubles dans l'eau; les sulfates de baryum et de plomb sont les seuls insolubles. Ils sont décomposables par la chaleur, sauf les sulfates de potassium, de sodium, de calcium, de baryum, de magnésium et de plomb. Il se dégage soit de l'acide sulfurique, soit un mélange d'oxygène et d'anhydride sulfureux, et l'oxyde reste.

Les sulfates, comme l'acide sulfurique, sont décomposables par les métalloïdes combustibles, et notamment par le charbon.

On les produit par l'action de l'acide sulfurique sur les bases ou sur les métaux, ou bien par la calcination de certains sulfures au contact de l'air.

Le sulfate de calcium est le seul sulfate qui soit abondant dans la nature.

186. Action de l'acide azotique sur les métaux. — Azotates. — Tous les métaux, sauf l'or et le platine, sont attaqués par l'acide azotique (§ 83). Les azotates formés sont solides, et tous solubles dans l'eau.

Ils sont tous décomposables par la chaleur : l'oxyde reste libre, et il se dégage généralement un mélange d'oxygène et de peroxyde d'azote, ou d'oxygène et d'azote.

Les azotates sont des composés très oxydants, comme l'acide azotique. Un mélange d'azotate de potassium et de soufre, ou d'azotate de potassium et de charbon, s'enflamme très facilement et brûle avec une extrême rapidité :

$$2\,AzO^3K + 2\,S = SO^4K^2 + SO^2 + 2\,Az.$$
$$4\,AzO^3K + 5\,C = 2\,CO^2K^2 + 3\,CO^2 + 4\,Az.$$

La combustion se produit même à l'abri du contact de l'air, car l'oxygène nécessaire à la réaction est fourni par l'azotate.

Les azotates de potassium, de sodium et de calcium sont les seuls azotates naturels.

187. État naturel des métaux. — Extraction. — Ce qui précède nous montre que les métaux se rencontrent dans la nature à l'état de combinaisons très diverses.

Presque tous les métaux usuels se retirent de *minerais* qui sont des oxydes, des sulfures ou des carbonates. L'opération se réduit, le plus souvent, à griller le sulfure à l'air pour le transformer en oxyde, et à décomposer l'oxyde ainsi obtenu, comme l'oxyde ou le carbonate naturel, par le charbon chauffé au rouge.

Quelques métaux se trouvent à l'état *natif*, c'est-à-dire non combinés ; ce sont les moins oxydables : or, platine, et quelquefois, mais exceptionnellement, argent, cuivre et mercure.

III. — ALLIAGES.

188. Combinaison des métaux entre eux. — Les métaux sont susceptibles de se combiner entre eux ; ces combinaisons, nommées *alliages*, sont importantes. Les alliages industriels ne sont pas des composés purs ; ce sont généralement des combinaisons définies de deux métaux, en dissolution dans un excès de l'un d'eux, ou même d'un troisième. C'est ce qui donne aux alliages leurs propriétés si variables.

Dans leur fabrication on ne s'occupe donc pas des lois ordinaires des combinaisons chimiques. Quand aucun métal ne possède les qualités que l'on désire pour une application déterminée, on unit plusieurs métaux pour former un alliage, et on ajoute des quantités convenables de l'un ou de l'autre jusqu'à ce qu'on ait obtenu les propriétés désirées.

Par exemple : l'or pur est trop mou, les monnaies faites d'or pur s'useraient très rapidement. On ajoute un peu de cuivre, et on a un alliage aussi inaltérable que l'or, mais plus résistant.

Pour l'industrie les alliages sont donc de véritables métaux artificiellement formés par l'union de plusieurs autres. Au point de vue des applications, les alliages ont une importance comparable à celle des métaux.

189. Préparation et propriétés des alliages. — Les alliages s'obtiennent par fusion. Les métaux qui doivent entrer dans leur composition étant pesés à l'avance, on les introduit dans un creuset chauffé au rouge ; ils fondent et se mélangent. On n'a plus qu'à laisser refroidir la masse pour avoir l'alliage en lingot. Pendant le refroidissement, il faut éviter que les métaux se séparent les uns des autres ; cette séparation, nommée *liquation*, aurait pour résultat de donner un alliage dont la composition ne serait pas la même dans toutes ses parties.

En général, un refroidissement rapide empêche la liquation.

Les alliages ont le plus souvent des propriétés intermédiaires entre celles des métaux composants. Cependant un alliage est quelquefois plus fusible que chacun des métaux qui le constituent : l'alliage Darcet (bismuth, plomb et étain) fond à 94°. Les alliages ont plus de dureté, mais moins de ductilité et de malléabilité que les métaux qui entrent dans leur composition ; ils sont moins oxydables aussi.

Voici l'énumération de quelques-uns des principaux alliages usuels.

1° *Laiton* ou *cuivre jaune* (cuivre 2 parties, zinc 1 partie). Remarquable par sa dureté, il sert à la fabrication des instruments de physique, des ustensiles de ménage, des garnitures de meubles, des flambeaux. La fabrication des épingles en consomme pour plus de 10 millions de francs par an, seulement en France. C'est le plus important de tous les alliages.

2° *Maillechort* (cuivre 2, zinc 1, nickel 1). Cet

alliage, très brillant, peu altérable, sert à la confection des couverts, des chandeliers, des instruments de chirurgie. Souvent il est argenté ou nickelé par la galvanoplastie.

3° *Bronze*. Le bronze des cloches, celui des canons, celui des cymbales, sont des alliages de cuivre et d'étain en proportions variables. Ces bronzes sont d'autant plus cassants et sonores qu'ils renferment plus d'étain; ils sont d'autant plus tenaces qu'ils en renferment moins.

4° Les alliages des monnaies et des bijoux sont formés d'or ou d'argent unis à une faible proportion de cuivre.

Nous voyons que tous ces alliages renferment du cuivre. Celui des caractères d'imprimerie (plomb 4, antimoine 1) et celui des mesures d'étain (plomb 18, étain 82) sont les seuls qui en soient exempts.

Le fer et le platine n'entrent dans la composition d'aucun alliage usuel.

CHAPITRE XII.

SELS. — PROPRIÉTÉS GÉNÉRALES. — LOIS DE BERTHOLLET.

I. — PROPRIÉTÉS DES SELS.

190. Composition des sels. — Nous avons donné au § 67 la définition des sels, et indiqué leurs principaux modes de formation.

Pour certains métaux, dits *métaux monovalents*, la substitution du métal à l'hydrogène de l'acide se fait dans les proportions d'un atome de métal pour un atome d'hydrogène. Le *potassium*, le *sodium*, l'*argent*, sont les métaux *monovalents*.

Ils donnent avec les acides des composés tels que :

AzO^3K azotate de potassium,
SO^4KH sulfate acide de potassium,
SO^4K^2 sulfate neutre de potassium.

La plupart des autres métaux sont *bivalents*. Ils se substituent à l'hydrogène des acides dans la proportion de deux atomes d'hydrogène pour un seul atome du métal, donnant ainsi des sels tels que les suivants :

$(AzO^3)^2Ca$ azotate de calcium,
SO^4Ca sulfate de calcium,
$CaCl^2$ chlorure de calcium.

On ne doit jamais oublier, quand on écrit les formules des sels, cette distinction des métaux en métaux *monovalents* (*potassium*, *sodium*, *argent*), et métaux *bivalents* (la plupart des autres métaux).

191. Propriétés physiques des sels. — A propos des sulfures, chlorures, carbonates, sulfates et azotates, nous avons indiqué quelques-unes des propriétés physiques et chimiques de ces sels. Il est bon de reprendre ici cet examen d'une manière générale : car les propriétés des sels ont une grande importance dans leurs applications, et permettent souvent d'expliquer les réactions auxquelles les sels donnent naissance.

Saveur. Les sels insolubles sont sans saveur ; les sels solubles, au contraire, ont tous une saveur prononcée, qui *dépend uniquement de leurs bases.* Ainsi, les sels de soude sont salés, les sels de manganèse amers, les sels de plomb astringents ; les sels de fer, de cuivre, de mercure, ont tous cette saveur particulière de l'encre, que tout le monde connaît.

Couleur. Les sels sont le plus souvent blancs ; il convient cependant de se rappeler que les sels de cuivre sont *bleus,* ceux d'or jaune clair, ceux de fer verts ou jaune rougeâtre.

Solubilité des sels dans l'eau. L'action de l'eau sur les sels est très importante à connaître : nous allons y insister un peu.

Un grand nombre de sels sont solubles dans l'eau. On dit qu'une dissolution saline est *saturée,* quand elle contient toute la proportion de sel qu'elle peut dissoudre dans les circonstances de l'expérience ; cette proportion augmente en général quand la température s'élève.

Ainsi, 100 grammes d'eau dissolvent 3^{gr},33 de chlorate de potassium à la température de 0°, et 60^{gr} à la température de l'eau bouillante. 100 grammes d'eau dissolvent 13^{gr} d'azotate de potassium à 0° et 335^{gr} à la température de 116°, à laquelle bout la dissolution.

Quelquefois la solubilité dans l'eau augmente d'abord, puis diminue quand la température s'élève. 100 grammes d'eau dissolvent 12^{gr} de sulfate de sodium à la température de 0°, 322^{gr} à 33°, et seulement 220^{gr} à 100°.

Le sel marin est à peu près aussi soluble à froid qu'à chaud.

Chaque fois qu'un sel est plus soluble à chaud qu'à froid, et qu'on laisse refroidir sa dissolution chaude saturée, il se solidifie peu à peu, en prenant une forme cristalline. Quand la dissolution est arrivée à la température ordinaire, elle ne renferme plus que le poids de sel qu'elle peut dissoudre à cette température ; le reste s'est déposé en *cristaux* au fond du vase. Nous aurons fréquemment l'occasion d'employer ce mode de solidification.

La solidification s'obtient encore par l'évaporation lente ou rapide de l'eau. A mesure que la quantité de liquide diminue, le sel se dépose en cristaux plus ou moins volumineux.

Eau de cristallisation et de combinaison. — Quand un sel cristallise par refroidissement ou évaporation, il entraîne généralement de l'eau dans sa solidification. Quelquefois cette eau est simplement *interposée* entre les cristaux. Le sel marin, l'azotate de plomb, *décrépitent* quand on les chauffe, parce que l'eau interposée se volatilise et détermine la rupture brusque des cristaux. Quand la décrépitation est terminée, il ne reste plus d'eau : le sel est *anhydre*.

Plus souvent l'eau est combinée avec le sel suivant la loi des proportions définies; un poids moléculaire de sel retient un nombre déterminé de poids moléculaires d'eau. Ainsi, les cristaux de carbonate de sodium ont pour formule :

$$CO^3Na^2 + 10\,H^2O;$$

ceux de sulfate d'aluminium ont pour formule :

$$(SO^4)^3Al^2 + 18\,H^2O.$$

Cette eau en proportions définies est l'*eau de cristallisation*. Un sel ainsi hydraté perd le plus souvent son eau de cristallisation quand on le chauffe. Par exemple, l'*alun*, doucement chauffé, se fond, ou plutôt se dissout dans son eau de cristallisation : c'est la *fusion aqueuse*.

Mais si on le maintient assez longtemps à l'état de

fusion, l'eau s'évaporo peu à peu, et l'alun, *devenu anhydre*, reprend l'état solide. Il se combinerait de nouveau avec son eau de cristallisation par une nouvelle dissolution.

Mais il arrive aussi que l'eau ne s'en va pas complètement quand on chauffe le sel à 100 degrés. C'est qu'alors l'eau fait partie intrinsèque du sel même : c'est de l'*eau de constitution*. Ainsi, la formule du phosphate acide de sodium s'écrit :

$$P^2O^8Na^2H^4 \quad \text{ou} \quad P^2O^6Na^2,2H^2O;$$

les deux molécules d'eau que nous avons introduites dans la formule, après le métal, font partie du sel; ils y jouent le rôle de base : pour les chasser, il faudrait chauffer au rouge, et l'on aurait alors le phosphate $P^2O^6Na^2$, complètement différent du premier (§ 136), et incapable de reprendre la formule

$$P^2O^6Na^2,2H^2O$$

par simple dissolution dans l'eau.

Certains sels, très avides d'eau, absorbent aisément l'humidité de l'air et se liquéfient peu à peu : tels sont le chlorure de calcium, l'azotate de calcium. Ces sels sont dits *déliquescents*. D'autres, au contraire, abandonnent peu à peu à l'air leur eau de cristallisation : tel est le carbonate de sodium. Ces sels sont dits *efflorescents*.

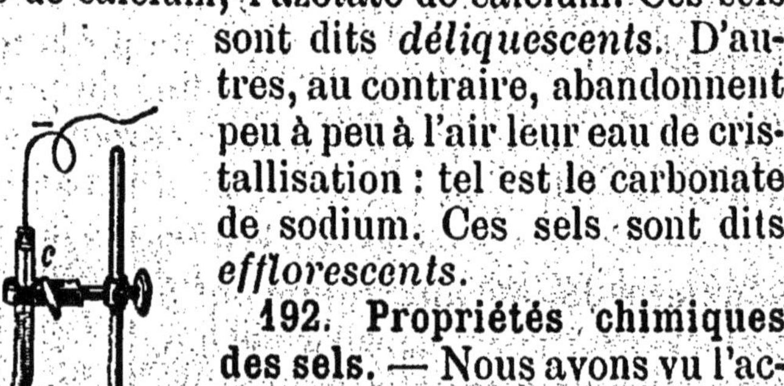

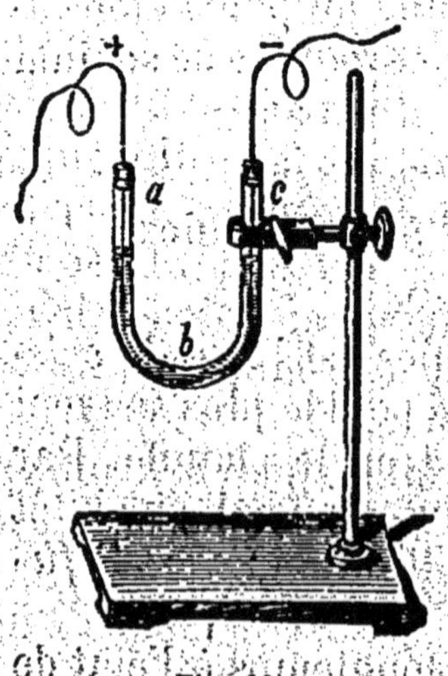

Fig. 66.

192. Propriétés chimiques des sels. — Nous avons vu l'action de la chaleur sur les principaux sels.

L'électricité décompose tous les sels. L'acide et l'oxygène de la base se rendent au pôle positif, tandis que le métal va au pôle négatif (*fig.* 66). Dans le cours de physique, nous reviendrons sur cette décomposition.

Nous n'ajouterons rien à ce que nous avons dit au chapitre précédent en ce qui concerne l'action des métalloïdes sur les sels ; nous dirons seulement quelques mots de l'action des métaux.

Quand on plonge une lame de fer bien décapé dans une dissolution de sulfate de cuivre, on la voit se recouvrir presque immédiatement d'une couche brillante de cuivre : le fer a décomposé le sulfate, il s'est substitué à une partie du cuivre. Il y a donc maintenant dans la dissolution un peu de sulfate de fer :

$$SO^4Cu + Fe = SO^4Fe + Cu.$$

C'est là un fait général. *Un métal est toujours déplacé de ses dissolutions salines par les métaux plus oxydables que ce métal*, c'est-à-dire par les métaux qui viennent avant ce métal dans le tableau de classification des métaux (§ 66).

Fig. 67.

Plaçons du mercure au fond d'un verre, puis versons dessus une dissolution d'azotate d'argent : il se formera de l'azotate de mercure, tandis que l'argent déplacé cristallisera en lamelles brillantes dans la dissolution, en formant l'*arbre de Diane* (*fig.* 67) :

$$2\,AzO^3Ag + Hg = (AzO^3)^2Hg + 2\,Ag.$$

Les corps simples ne sont pas les seuls qui puissent réagir sur les sels ; les acides, les bases et les autres sels peuvent aussi les décomposer. Berthollet, le premier, a posé des lois qui, *dans un certain nombre de cas*, permettent de prévoir les réactions qui doivent se produire. Les lois de Berthollet *relatives à l'action des acides, des bases et des sels sur les sels* comptent parmi les lois les plus importantes de la chimie.

II. — LOIS DE BERTHOLLET.

193. Lois de Berthollet. — Ces lois peuvent se réduire à deux, qui embrassent tous les cas.

Première loi. — Quand on fait agir un acide, une base ou un sel sur une dissolution d'un sel, il y a réaction et formation d'un nouveau sel, chaque fois qu'un corps insoluble dans l'eau peut prendre naissance.

Nous allons faire comprendre le sens de cette loi par quelques exemples.

1° Versons de l'*acide sulfurique* dans une dissolution de *borate de sodium :* il se formera du *sulfate de sodium*, parce que l'acide borique est insoluble; cet acide borique insoluble se précipitera :

$$Bo^2O^4Na^2 + SO^4H^2 + 2\,H^2O = \underset{\text{insoluble.}}{Bo^2O^4H^2,2\,H^2O} + SO^4Na^2.$$

2° La réaction qui nous a permis de préparer l'*anhydride silicique* (§ 167) est fondée sur la même loi :

$$SiO^3Na^2 + SO^4H^2 = \underset{\text{insoluble.}}{SiO^3H^2} + SO^4Na^2.$$

3° Versons une dissolution de *potasse* dans une dissolution de *sulfate de zinc :* il se formera du *sulfate de potassium*, parce que l'oxyde de zinc est insoluble; cet oxyde se précipitera :

$$SO^4Zn + K^2O = SO^4K^2 + \underset{\text{insoluble.}}{ZnO}.$$

On peut préparer tous les oxydes insolubles dans l'eau en s'appuyant sur cette réaction.

4° Versons une dissolution de *baryte* dans une dissolution de *sulfate de potassium :* il se formera du *sulfate de baryum*, parce que ce sulfate est insoluble; la potasse mise en liberté restera en dissolution :

$$BaO + SO^4K^2 = \underset{\text{insoluble.}}{SO^4Ba} + K^2O.$$

Le précipité blanc de sulfate de baryum qui se forme ici sert toujours à faire reconnaître la présence de l'acide sulfurique ou des sulfates dans les dissolutions, et notamment dans les eaux potables (§ 18).

5° Versons une dissolution de *chlorure de sodium* dans une dissolution d'*azotate d'argent* : il y aura une *double décomposition* des deux sels; il se formera de l'*azotate de sodium* et du *chlorure d'argent*, parce que le chlorure d'argent est insoluble :

$$AzO^3Ag + NaCl = \underset{\text{insoluble.}}{AgCl} + AzO^3Na.$$

Cette réaction permet de reconnaître la présence des chlorures dans les dissolutions, et particulièrement dans les eaux potables (§ 18).

Il serait facile d'allonger indéfiniment la liste de ces exemples.

Seconde loi. — Quand on fait agir un acide, une base ou un sel sur une dissolution d'un sel, il y a réaction et formation d'un nouveau sel chaque fois qu'un corps volatil peut prendre naissance.

1° Versons de l'acide sulfurique sur du carbonate de calcium : l'anhydride carbonique, étant volatil, sera chassé :

$$CO^3Ca + SO^4H^2 = \underset{\text{volatil.}}{CO^2} + SO^4Ca + H^2O.$$

2° Mettons de la chaux dans une dissolution de sulfate d'ammonium : comme l'ammoniaque est volatile, elle sera chassée :

$$SO^4(AzH^4)^2 + CaO = \underset{\text{volatil.}}{2\,AzH^3} + H^2O + SO^4Ca.$$

La préparation de l'ammoniaque est fondée sur cette loi, de même que la préparation du gaz carbonique.

3° Chauffons un mélange d'acide sulfurique et d'azotate de sodium : l'acide azotique, étant volatil à la température à laquelle on chauffe, sera chassé :

$$AzO^3Na + SO^4H^2 = \underset{\text{volatil à } 100°.}{AzO^3H} + SO^4NaH.$$

4° Chauffons un mélange de sulfate de sodium et de silice; au rouge, l'acide sulfurique est gazeux : il sera chassé :

$$H^2O + SO^4Na^2 + SiO^2 = \underset{\text{volatil à } 400°.}{SO^4H^2} + SiO^3Na^2.$$

Ceci nous montre que, dans des circonstances convenables, un acide très faible, comme l'acide silicique, peut chasser de ses combinaisons les acides les plus forts.

Remarque. — Quand, au moyen des éléments en présence, il ne peut se former ni corps volatil, ni corps insoluble, il peut encore y avoir réaction; seulement, dans ce cas, les lois de Berthollet n'indiquent pas ce qui se produira.

Remarque. — On voit par ce qui précède combien il est important de connaître exactement la solubilité ou l'insolubilité dans l'eau des bases, des acides et des différents sels : c'est pour cette raison que, dans les chapitres XI et XII, nous avons insisté sur cette solubilité.

CHAPITRE XIII.

POTASSE, SOUDE, SEL MARIN, CARBONATE DE SODIUM.

I. — POTASSIUM ET SODIUM.

194. Potassium et Sodium. — Le *potassium* et le *sodium* sont deux métaux mous comme la cire, extrêmement avides d'oxygène, combustibles. Leur avidité pour l'oxygène est telle qu'ils décomposent instantanément l'eau pour former des oxydes, et mettent l'hydrogène en liberté. On les prépare en décomposant le carbonate de potassium ou de sodium par le charbon à une température élevée.

Le potassium et le sodium sont très répandus dans la nature à l'état de combinaisons diverses. Le chlorure de sodium et le chlorure de potassium sont contenus dans les eaux de la mer; on les trouve aussi en grandes masses dans le sein de la terre, de même que les azotates, les sulfates, les silicates de potassium et de sodium.

Les végétaux renferment tous des sels de potassium (végétaux terrestres) et des sels de sodium (végétaux marins), qu'ils puisent dans le sol ou dans l'eau.

Le potassium et le sodium à l'état libre ont peu d'usages.

***195. Principaux composés du potassium et du sodium.** — Mais ces deux métaux entrent dans la composition d'un grand nombre de corps fort importants par leurs applications. Énumérons rapidement les principaux.

1° *Potasse* et *soude* caustiques : nous les étudierons.

2° *Chlorure de potassium* : on l'extrait des mines souterraines ou des eaux de la mer, ainsi que des cendres de certains végétaux. Il est employé en grandes masses dans la préparation du chlorate de potassium, de l'azotate de potassium, du sulfate de potassium.

Chlorure de sodium : nous l'étudierons.

3° *Carbonate de potassium :* il se retire des cendres des végétaux terrestres. Il est employé à la préparation de l'azotate de potassium, à la fabrication des verres fins, des savons, de l'eau de Javel, du chlorate de potassium, et au blanchissage.

Carbonate de sodium : nous l'étudierons.

4° *Sulfate de potassium :* il se retire des cendres de certains végétaux; on le prépare aussi au moyen du chlorure de potassium. Il sert à la préparation de l'alun et du carbonate de potassium.

Sulfate de sodium : il se retire du sein de la terre, des eaux de la mer; on le prépare aussi au moyen du chlorure de sodium et de l'acide sulfurique (§ 104). Il est employé à la préparation du carbonate de sodium et de certains verres.

5° *Azotate de potassium :* il se retire de la terre, ou se prépare par la réaction de l'azotate de sodium sur le chlorure de potassium. Il sert à la préparation de la poudre.

6° *Chlorate de potassium :* on le prépare par l'action du chlorate de calcium sur le chlorure de potassium. Il sert à la préparation de l'oxygène et de certaines poudres d'artifice.

7° *Hypochlorites de potassium et de sodium :* on les prépare par l'action du chlore sur les carbonates de potassium ou de sodium. Nous avons déjà parlé de leurs usages (§ 99).

Tous ces sels sont très fréquemment employés dans l'industrie; et c'est par centaines de millions de kilogrammes qu'il faut compter la consommation annuelle de certains d'entre eux. Nous allons nous entretenir seulement de quelques-uns.

II. — POTASSE ET SOUDE.

196. Propriétés. — Les seuls composés oxygénés du potassium et du sodium qui aient des applications sont la *potasse caustique* KOH et la *soude caustique* NaOH.

Ils sont solides, blancs, opaques. Ils fondent au rouge et se volatilisent au rouge vif; ils sont indécomposables par la chaleur.

Ces deux *alcalis* sont extrêmement solubles dans l'eau, déliquescents à l'air; ils ramènent au bleu la teinture rougie de tournesol.

A l'état solide, comme à l'état de dissolution, ce sont deux caustiques énergiques, qui dissolvent rapidement la peau et perforent les membranes.

La potasse et la soude sont décomposées, à une température élevée, par certains corps très avides d'oxygène, et notamment par le fer et le charbon. Nous avons vu que, inversement, le potassium et le sodium décomposent l'anhydride carbonique et l'oxyde de fer : ces réactions inverses les unes des autres se présentent souvent en chimie.

197. Préparation. — On les prépare en traitant par la chaux une dissolution bouillante de carbonate de potassium ou de sodium. Le carbonate de calcium insoluble se précipite (lois de Berthollet) ; il ne reste plus qu'à décanter et à chasser l'eau par la chaleur, pour avoir l'alcali à l'état solide :

$$CO^3K^2 + CaO + H^2O = 2\,KOH + CO^3Ca.$$

198. Usages. — La potasse et la soude sont très employées dans les laboratoires. La médecine les utilise comme caustiques, sous le nom de *pierre à cautère*.

III. — SEL MARIN.

199. Propriétés. — Le sel marin ou chlorure de sodium, NaCl, est un solide blanc, sans odeur, doué d'une saveur que tout le monde connaît. Il est peu soluble dans l'eau, et sa solubilité varie peu avec la température : 100 grammes d'eau dissolvent 36 grammes de sel à 0°, et 40 grammes à 100°.

La dissolution concentrée, soumise à l'évaporation, laisse déposer des cristaux cubiques réunis en forme de pyramide à quatre faces (*fig.* 68). Ces cristaux, formés de sel anhydre, retiennent un peu d'eau interposée entre eux, ce qui les fait décrépiter sur les charbons ardents.

Fig. 68.

Le sel est déliquescent ou efflorescent, suivant que l'air est humide ou sec. Il fond au rouge et se volatilise au rouge blanc ; il est indécomposable par la chaleur.

200. État naturel. — Le sel marin est très abondant dans la nature. Beaucoup de sources, dont les eaux ont traversé des couches de sel, sont salées : telles sont, en France, certaines sources des départements de la Moselle, de la Meurthe, du Doubs, des Basses-Pyrénées. Elles sont plus nombreuses encore en Allemagne et en Prusse.

Le sel se trouve en masses solides considérables dans le sein de la terre : on lui donne alors le nom de *sel gemme*. Les plus importantes mines de sel gemme sont celles de Viéliczka, en Pologne, de Cordoue, en Espagne, de Vic et de Dieuze, en Alsace-Lorraine. Les mines de Viéliczka, exploitées depuis six cents ans, sont si grandes qu'on dirait une ville souterraine, avec ses maisons, ses rues, ses chapelles taillées dans le sel.

Mais ce sont encore les eaux de la mer qui renferment le plus de sel. Outre de notables proportions de chlorures de potassium et de magnésium, de sulfates de calcium et de magnésium, de carbonates de calcium, de magnésium et de potassium, d'iodures et de bromures divers, elles renferment 27 kilog. de chlorure de sodium par mètre cube. Si tout le sel de l'Océan était répandu à la surface des continents, il y formerait une couche de plus de 200 mètres d'épaisseur.

201. Extraction. — On retire le sel de ces divers gisements.

1° *Marais salants.* — La plus grande partie est extraite de la mer. L'eau est amenée par la marée dans un vaste réservoir nommé *vasière* (*fig.* 69). Là, elle dé-

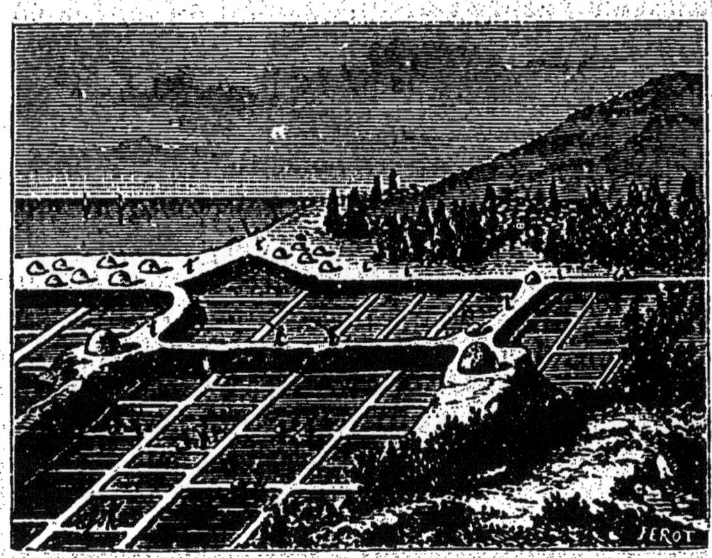

Fig. 69.

pose presque toutes les matières qu'elle tient en suspension et devient parfaitement limpide. Quand l'eau a séjourné assez longtemps dans la vasière, on la fait écouler dans une série de compartiments séparés les uns des autres par de petits sentiers unis, de quelques centimètres d'élévation. Dans ce parcours, elle est échauffée par les rayons du soleil et soumise aussi à l'action desséchante du vent, et elle s'évapore peu à peu. Ces nombreux bassins d'évaporation, qui, sur les bords de la mer, couvrent d'immenses étendues, forment ce qu'on nomme la *saline*.

Au bout de deux jours, la concentration est suffisante pour que la plus grande partie du sel se dépose sous forme de cristaux gris. On retire ce sel avec des râteaux, et on le laisse s'égoutter sur le bord, avant de le mettre en sac et de l'expédier.

Cette exploitation dure seulement pendant l'été.

Les *eaux mères*, quand elles ont déposé le chlorure de sodium, sont fréquemment soumises à un traitement supplémentaire, qui a pour but d'en retirer du sulfate de sodium et du chlorure de potassium.

En France, les marais salants établis sur toutes les côtes de la Méditerranée sont au nombre de 82 et occupent une surface totale de 25000 hectares. Il y en a beaucoup moins sur les bords de l'Océan ; les plus importants sont à Marennes (Charente-Inférieure), et au Croisic (Loire-Inférieure).

2° *Sources salées.* — Les eaux des sources salées sont versées à la partie supérieure des *bâtiments de graduation* (*fig.* 70), immenses murailles de fagots qui ont jusqu'à 400 mètres de longueur. En descendant lentement à travers les branches, elles s'évaporent rapidement ; après trois ou quatre opérations successives, la dissolution est assez concentrée pour qu'on puisse la faire évaporer par le feu et déterminer ainsi la cristallisation.

3° *Mines de sel gemme.* — Quand le sel de la mine est assez pur, comme à Viéliczka, on l'extrait en gros blocs ; puis on le pulvérise et on le livre à la consommation. Quand le sel est mêlé avec de la terre, on le dissout dans l'eau, en versant le liquide dans un trou de sonde, qui descend jusque dans la mine ; et, quand cette dissolution a été élevée du fond de la mine au moyen des pompes, on la fait évaporer dans des chaudières jusqu'à cristallisation.

202. Usages. — Le sel entre dans la préparation de presque tous nos aliments; les besoins de l'alimentation consomment en France 300 millions de kilogrammes de sel par an.

Fig. 70.

L'agriculture et l'industrie emploient aussi le sel, mais en quantité moitié moins grande : on en fait manger aux bestiaux; on s'en sert aussi pour amender certaines terres; enfin, le sel entre dans la préparation de nombreux produits chimiques, et principalement du sulfate de sodium, dont on fabrique chaque année des centaines de millions de kilogrammes.

IV. — CARBONATE DE SODIUM.

203. Propriétés. — Le carbonate de sodium est un sel solide, formé de gros cristaux qui renferment 10 molécules d'eau de cristallisation :

$$CO^3Na^2 + 10\,H^2O.$$

Le carbonate de sodium a une saveur âcre. Abandonné à l'air, il est efflorescent; il perd peu à peu 9 molécules d'eau et se transforme en un sel pulvérulent, qui a pour formule

$$CO^3Na^2 + H^2O.$$

Il est très soluble dans l'eau, et présente un maximum de solubilité à la température de 38°. A 14°, cent grammes d'eau dissolvent 60gr du carbonate qui a pour formule

$$CO^3Na^2 + 10\,H^2O;$$

à 38°, ils en dissolvent 1666gr, et 445gr à 104°.

Grâce à cette solubilité, les *cristaux de soude* fondent aisément dans leur eau de cristallisation; mais si on chauffe pendant longtemps, l'eau s'évapore, et le carbonate, devenu anhydre, reprend l'état solide. Il fond de nouveau au rouge.

Le carbonate de sodium est indécomposable par la chaleur, mais décomposable par la vapeur d'eau à une température élevée :

$$CO^3Na^2 + H^2O = 2\,NaOH + CO^2.$$

Il est décomposé par les acides gras, que nous étudierons en chimie organique : il se forme alors des sels de sodium (stéarate de sodium, oléate de sodium), solubles dans l'eau, qu'on nomme des *savons*. Cette propriété rend le carbonate de sodium éminemment propre au lessivage : quand on trempe du linge sale dans une dissolution chaude de carbonate de sodium, avec la graisse du linge il se forme des sels solubles : dès lors cette graisse s'en va, entraînant avec elle les poussières qu'elle maintenait sur le tissu.

Le carbonate de potassium jouit de propriétés analogues, et l'action des cendres dans les lessivages est due à la grande proportion de carbonate de potassium qu'elles renferment.

204. Préparation. — Le carbonate de sodium s'obtient de plusieurs manières :

Carbonate naturel. — Les cendres des végétaux qui croissent sur les bords de la mer renferment beaucoup de carbonate de sodium, et servent à préparer ce produit. — Les végétaux, séchés au soleil, sont brûlés dans de grandes fosses. Les cendres à moitié fondues que l'on obtient sont cassées en morceaux et livrées au commerce sous le nom de *soudes brutes*. En réalité, ce sont des mélanges de substances très diverses qui renferment seulement de 10 à 25 pour 100 de carbonate de sodium.

Carbonate artificiel. — Depuis une centaine d'années, on fabrique les *soudes brutes* par le procédé de Leblanc. Ce procédé consiste à décomposer le sulfate de sodium par un mélange de carbonate de calcium et de charbon, à une température élevée :

$$SO^4Na^2 + CO^3Ca + 4C = CO^3Na^2 + CaS + 4CO.$$

L'opération se fait dans un grand four en briques réfractaires chauffé par la flamme d'un foyer (*fig.* 71).

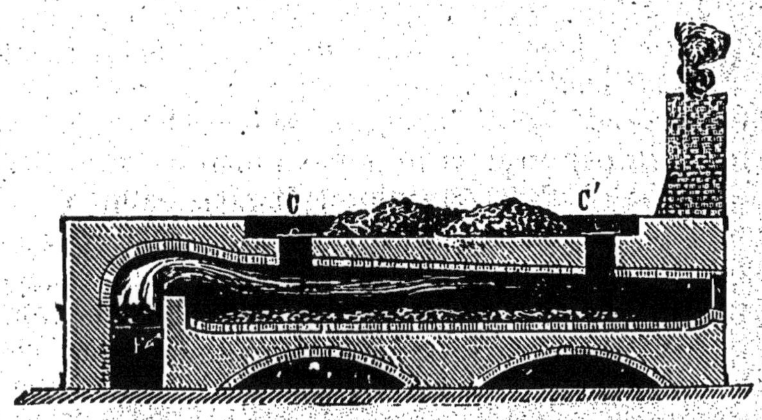

Fig. 71.

On met d'abord à sécher sur le four les matières mélangées ; puis on les introduit par les ouvertures

C et C'. Sous l'action de la chaleur, la réaction se produit. Après cinq ou six heures, on retire la masse en fusion; elle se solidifie par refroidissement.

La *soude artificielle* ainsi obtenue est un mélange de carbonate de sodium, de sulfure de calcium, de charbon et de carbonate de calcium en excès. Si on veut l'avoir plus pure, on la lessive; l'eau dissout le carbonate de sodium soluble et laisse presque complètement les autres substances insolubles. En faisant évaporer à sec la dissolution ainsi obtenue, on a une masse blanche renfermant 50 pour 100 de carbonate de sodium : c'est le *sel de soude.*

Cristaux de soude. — Si, enfin, on dissout le sel de sodium dans l'eau chaude, qu'on filtre et qu'on fasse cristalliser par refroidissement, on a de gros cristaux de carbonate de sodium à peu près pur $CO^3Na^2 + 10H^2O$, connus sous le nom de *cristaux de soude.*

Remarque. — Nous voyons que le carbonate de sodium, produit essentiellement industriel, a plusieurs noms dans le commerce. A peu près pur et cristallisé, il se nomme *cristaux de soude* (c'est ce produit que les ménagères appellent peu correctement *potasse* ou *cristaux*); très impur, et non cristallisé, il reçoit les noms de *sel de soude, soude brute, soude naturelle, soude artificielle.*

On prépare aussi beaucoup aujourd'hui la *soude artificielle* par un procédé nouveau dit *procédé Salvay,* ou *procédé à l'ammoniaque.* Il nous suffit d'avoir indiqué les modes de préparation précédents.

205. Usages. — Les *soudes brutes,* et principalement les soudes artificielles, sont fabriquées chaque année par centaines de millions de kilogrammes. Nous verrons qu'elles servent à la fabrication de la verrerie commune et des savons. Le *sel de soude* entre dans la composition des glaces et de la verrerie fine. Les *cristaux de soude* sont employés dans le blanchiment et le lessivage, ainsi que dans la teinture.

V. — POUDRE.

***206. Azotate de potassium.** — L'azotate de potassium se trouve à la surface du sol dans les pays chauds; dans les pays tempérés, on le rencontre dans les lieux humides, tels que caves, écuries, vieux murs. On le fabrique, enfin, en décomposant le chlorure de potassium par l'azotate de sodium.

Ce sel est un solide cristallisé, soluble dans l'eau, et facilement décomposable par la chaleur, comme tous les azotates :

$$2\,AzO^3K = K^2O + 2\,Az + 5\,O.$$

Comme tous les azotates, c'est un corps très oxydant. Nous avons vu (§ 186) que, mêlé avec du soufre ou du charbon, il forme une poudre capable de brûler en vase clos avec une grande rapidité. La combustion est encore plus vive avec un mélange d'azotate de potassium, de soufre et de charbon :

$$2\,AzO^3K + S + 3\,C = K^2S + 2\,Az + 3\,CO^2.$$

C'est ce mélange qu'on nomme *poudre à tirer*.

***207. Combustion de la poudre.** — Quand on met le feu en un point du mélange que nous venons d'indiquer, l'inflammation se propage dans toute la masse avec une extrême rapidité. L'oxygène de l'azotate de potassium se porte sur le charbon et le transforme en anhydride carbonique; la réaction détermine la production de deux gaz : azote et anhydride carbonique, qui, surtout à la température élevée à laquelle ils sont, ont un volume considérable (1500 fois plus grand que celui de la poudre).

Si donc la combustion se fait en vase clos, la force expansive des gaz produits exercera une énorme pression sur les parois et déterminera une explosion; si la combustion se fait dans un fusil ou dans un canon bouché par un projectile, ce projectile sera envoyé au loin avec une grande vitesse.

***208. Composition de la poudre.** — Dans la poudre, on pourrait remplacer l'azotate de potassium par tout autre corps oxydant, tel que l'azotate de sodium ou le chlorate de potassium; on pourrait également remplacer le soufre et le charbon par d'autres corps combustibles, phosphore, sciure de bois, sucre en poudre. L'explosion aurait lieu tout aussi bien. L'expérience a démontré que le mélange d'azotate de potassium (appelé aussi *nitre* ou *salpêtre*) avec le soufre et le charbon donne les meilleurs résultats. — La formule précédente indique que les proportions des trois substances doivent être : deux atomes de salpêtre $2(14+3\times16+39)=202$, pour un atome ou 32 de soufre et 3 atomes ou 36 de charbon. La poudre de guerre a, en effet, à peu de chose près, cette composition. Elle renferme, pour 100 grammes : 75 de salpêtre, 12,5 de soufre et 12,5 de charbon.

***209. Fabrication de la poudre.** — Le salpêtre employé est parfaitement pur; le soufre est du soufre en canon; le charbon est fait par distillation avec du bois léger de peuplier ou de bourdaine. Ces trois substances étant parfaitement pulvérisées et unies dans les proportions convenables, on les arrose d'eau, et on les soumet pendant plusieurs heures à l'action de pilons de bois; on obtient ainsi un mélange parfaitement intime. La galette humide que les pilons ont produite est passée à travers un crible, qui la réduit en grains de grosseur très régulière; il ne reste plus qu'à *lisser* ces grains, en les faisant tourner doucement dans une barrique pendant plusieurs heures : alors la poudre est terminée. Elle doit être conservée à l'abri de l'humidité, dans des tonneaux bien fermés.

L'importance de la *poudre noire* a aujourd'hui considérablement diminué.

CHAPITRE XIV.

CHAUX, CARBONATE, SULFATE, PHOSPHATE.

210. Calcium. — Le calcium est un métal jaune, très brillant. Ce n'est qu'une curiosité scientifique, sans aucun usage ; il n'a jamais été préparé qu'en fort petites quantités.

Ce métal est pourtant très répandu dans la nature : car le carbonate de calcium se rencontre partout, et le sulfate de calcium est assez abondant aussi.

***211. Principaux composés du calcium.** — Le calcium forme plusieurs composés naturels ou artificiels, qui nous rendent de grands services. Voici les principaux :

1° *Chaux :* nous l'étudierons.

2° *Chlorure de calcium :* employé comme desséchant (§ 12).

3° *Carbonate de calcium :* nous l'étudierons.

4° *Sulfate de calcium :* nous l'étudierons.

5° *Hypochlorite de calcium*, connu dans l'industrie sous le nom de *chlorure de chaux*, de *chlorure décolorant*, de *chlorure désinfectant*. Nous en connaissons la préparation et les usages (§ 99).

6° *Phosphate de calcium :* nous l'étudierons.

212. Chaux. — Le protoxyde de calcium anhydre CaO ou *chaux vive* est un corps solide, blanc, non cristallisé, d'une saveur caustique, difficilement fusible et indécomposable par la chaleur. La chaux bleuit la teinture de tournesol ; elle se combine avec les acides, pour former des sels ; elle absorbe notamment l'anhydride carbonique de l'air, et se transforme alors en carbonate de calcium.

La propriété importante de la chaux, c'est son affinité pour l'eau. Quand on l'arrose avec de l'eau (*fig.* 72), elle s'échauffe jusqu'à une température voisine de 300°, ce qui volatilise une partie de l'eau; puis elle se fendille, augmente de volume et tombe en poussière : on a alors la chaux hydratée CaO,H^2O ou *chaux éteinte.*

Fig. 72.

Si l'on ajoute plus d'eau, il se forme une pâte grasse et onctueuse; avec plus d'eau encore, on obtient par agitation un liquide blanc, appelé *lait de chaux*, qui est formé par la chaux en suspension dans l'excès d'eau. On emploie le lait de chaux, en guise de peinture blanche économique, pour badigeonner les murs.

Abandonné à lui-même, le lait de chaux laisse déposer presque toute sa chaux. On a alors une dissolution limpide d'un peu de chaux dans l'eau : c'est *l'eau de chaux*; un litre d'eau ne peut dissoudre qu'un gramme de chaux.

En raison de l'avidité de la chaux pour l'eau et pour l'anhydride carbonique, on est obligé de la conserver dans des flacons ou dans des tonneaux fermés : sans cette précaution, on la verrait *se déliter* et tomber peu à peu en poussière.

Dans les laboratoires, on prépare la chaux en calcinant pendant longtemps le marbre blanc (carbonate de calcium pur) dans un creuset de terre : l'anhydride carbonique s'en va; la chaux reste :

$$CO^3Ca = CaO + CO^2.$$

Dans le chapitre suivant, nous verrons comment on prépare la chaux dans l'industrie. Cette matière est employée en grandes masses à la préparation des chlorures décolorants et désinfectants (§ 99), de l'ammoniaque (§ 88), de la potasse et de la soude (§ 197), de la bougie, du sucre (cours de troisième année), et surtout des mortiers (§ 232). En agriculture, on s'en sert comme amendement.

Peu de corps ont autant d'usages importants.

213. Carbonate de calcium. — Le carbonate de calcium CO^3Ca est un solide, blanc quand il est pur, insoluble dans l'eau ordinaire, mais soluble dans l'eau chargée d'anhydride carbonique. La dissolution qui se produit alors se trouble quand on la chauffe : car l'anhydride carbonique est chassé par la chaleur, et le carbonate, devenu insoluble, se dépose (§ 18).

La chaleur le décompose en chaux et anhydride carbonique. Quand on opère dans un vase hermétiquement clos, l'anhydride carbonique produit exerce une forte pression sur le carbonate non décomposé, et arrête la décomposition : le carbonate fond alors, et, par refroidissement, prend l'apparence du marbre.

Les acides décomposent presque tous le carbonate de calcium, en donnant un dégagement d'anhydride carbonique (lois de Berthollet) (§ 193).

Etat naturel. — Ce corps ne se prépare pas dans les laboratoires ; on le trouve dans la nature, sous les formes les plus diverses ; mais il est toujours reconnaissable à son effervescence sous l'action des acides et à sa transformation en chaux par l'application de la chaleur. C'est une des roches les plus abondantes dans la croûte terrestre.

Cristallisé, il est tantôt transparent et incolore, tantôt opaque, formant le *spath d'Islande* et l'*aragonite*.

Amorphe, il constitue :

1° Les nombreuses variétés de pierre à bâtir appelées *calcaires*. Sous cette forme, il a servi et il sert encore, dans tous les pays du monde, à la construction de la plupart des monuments. En France, il n'y a guère que quelques points de la Bretagne et de l'Auvergne qui soient privés de calcaire. Le calcaire sert aussi à la fabrication de la chaux.

2° La *pierre lithographique*, carbonate dur, susceptible d'un beau poli, servant à la reproduction des dessins par les procédés de la lithographie (*fig.* 73).

3° L'*albâtre calcaire*, susceptible aussi d'être poli, est fort recherché pour l'ornementation à cause de ses couleurs agréables. L'*onyx* est le plus estimé des albâtres.

Fig. 73.

4° Le *marbre*, le plus dur des calcaires, susceptible d'un beau poli, orné des couleurs les plus variées et les plus vives. Il provient de la fusion du calcaire à une température élevée dans les couches profondes du sol; cette fusion a été rendue possible par la pression des terrains supérieurs, pression qui empêchait le dégagement de l'anhydride carbonique.

5° La *craie*, très friable, formée par l'accumulation des coquilles calcaires d'animaux marins microscopiques. Elle constitue le blanc d'Espagne, avec lequel on polit les métaux, le blanc à écrire; elle sert aussi à la fabrication de la chaux; certaines craies sont assez dures pour être employées dans les constructions.

Calcaire en dissolution dans l'eau. — Les eaux qui courent à la surface de la terre ou dans les profondeurs du sol renferment toujours du gaz carbonique (§ 18): aussi peuvent-elles dissoudre une notable proportion du carbonate de calcium qu'elles rencontrent sur leur route. Toutes les eaux naturelles sont plus ou moins calcaires. Ceci nous explique pourquoi elles se troublent par l'ébullition et incrustent à la longue l'intérieur des vases dans lesquels on les fait chauffer.

Les eaux souterraines, souvent très riches en gaz

carbonique, renferment quelquefois beaucoup de calcaire. Arrivées à l'air, elles abandonnent une partie de leur gaz, et le calcaire se dépose sur les objets environnants : l'eau est dite *incrustante*. Les sources incrustantes sont fort nombreuses en Auvergne; celle de Saint-Allyre, à Clermont, est la plus célèbre : tout objet déposé dans l'eau de cette source est rapidement incrusté (*fig.* 74).

Fig. 74.

Les eaux d'infiltration des grottes déposent peu à peu de longues aiguilles calcaires nommées *stalactites*, qui pendent de la voûte. Au-dessous de chaque stalactite s'élève du sol une aiguille semblable, *stalagmite*,

Fig. 75.

formée par des gouttes d'eau qui tombent de la voûte (*fig.* 75). Souvent les stalactites et les stalagmites se rejoignent et constituent des colonnes.

214. Sulfate de calcium. — Le sulfate de calcium est tantôt anhydre SO^4Ca, tantôt hydraté $SO^4Ca,2H^2O$. Le *sulfate hydraté*, le seul important, est blanc, tendre, très peu soluble dans l'eau. Les eaux naturelles qui en renferment une notable proportion sont dites *séléniteuses*.

Chauffé à 120°, le sulfate de calcium perd ses deux molécules d'eau et donne le *sulfate anhydre*, fusible au rouge blanc et indécomposable par la chaleur.

Quand la température de la calcination n'a pas dépassé 135°, le sulfate anhydre peut reprendre son eau et reformer le sulfate hydraté. Quand la calcination a eu lieu au rouge, la combinaison avec l'eau ne se produit plus. C'est sur cette propriété que sont fondés les emplois du plâtre.

Le *plâtre* est du sulfate de calcium hydraté rendu anhydre par une calcination opérée à 130°. On le pulvérise et on le mélange avec de l'eau, de manière à former un *lait* bien blanc, mais parfaitement liquide : le sulfate de calcium s'hydrate, et le liquide se *prend* très rapidement en une masse solide composée de petits cristaux de sulfate de calcium hydraté enchevêtrés les uns dans les autres. Le plâtre est fort employé dans les constructions ; il est précieux dans les travaux d'urgence par cela même qu'il se prend avec rapidité ; sa couleur blanche le fait rechercher pour les revêtements des murs intérieurs et des plafonds.

En se prenant, le plâtre éprouve une légère augmentation de volume, ce qui le rend parfaitement propre au moulage. L'agriculture l'emploie aussi pour amender certaines terres. Gâché avec une dissolution chaude de colle forte, le plâtre devient très dur et susceptible d'être poli ; de plus, en le mélangeant avec des matières colorantes, on peut lui communiquer les couleurs les plus vives et les plus capricieusement distribuées. Alors, sous le nom de *stuc*, il remplace le marbre ordinaire pour les décorations d'intérieur, qui ne doivent pas être exposées aux intempéries des saisons.

État naturel du sulfate de calcium. — Le sulfate de calcium hydraté ou *pierre à plâtre*, ou *gypse*, se trouve en grands amas en Provence, en Bourgogne et dans les Vosges. Les collines qui s'élèvent au nord de Paris (Montmartre, Pantin, Belleville, Ménilmontant) sont entièrement formées de cette espèce de pierre.

La pierre à plâtre présente d'ordinaire des masses considérables d'un blanc jaunâtre; souvent elle est formée de grands cristaux plats superposés de façon à offrir l'aspect d'un fer de lance (*fig.* 76).

Fabrication du plâtre. — Le plâtre se prépare en grand par la *cuisson* ménagée du gypse. On empile la pierre dans les fours à plâtre (*fig.* 77), en ménageant à la partie inférieure des cavités, dans lesquelles on fait brûler des fagots. On doit conduire le feu très doucement, de peur qu'une température trop élevée n'enlève au plâtre la propriété de se prendre avec l'eau.

Fig. 76.

Quand la cuisson est terminée, on réduit les blocs en une poussière que l'on conserve à l'abri de l'humidité.

215. Phosphate de calcium. — Avec l'acide phosphorique, la chaux forme plusieurs combinaisons. Le phosphate tribasique $P^2O^8Ca^3$ est très répandu dans la nature. C'est un sel solide, insoluble dans l'eau naturelle, mais soluble dans l'eau chargée d'anhydride carbonique. Grâce à cette propriété, les plantes peuvent puiser dans le sol, à l'état de dissolution dans l'eau, le phosphate de calcium nécessaire à leur développement; ce phosphate constitue un excellent engrais : depuis une trentaine d'années, il est utilisé avec un plein succès dans la culture des céréales.

Fig. 77.

Il forme la majeure partie des os (§ 131), ce qui permet d'employer comme engrais les résidus de la préparation du phosphore, et le noir animal qui n'absorbe plus les matières colorantes (§ 150). Il se rencontre aussi en rognons très durs dans la Seine-Inférieure, la Somme, le Pas-de-Calais, la Meuse, la Marne, l'Isère et la Drôme. Ces rognons sont formés d'un mélange de phosphates de calcium, de fer et d'aluminium; pulvérisés dans des moulins spéciaux, ils constituent un engrais recherché des agriculteurs. Enfin, l'*apatite*, mélange de phosphate de calcium et de chlorure de calcium, très abondante en Espagne et dans quelques départements français (le Lot notamment), est employée au même usage.

CHAPITRE XV.

ALUMINE. — ALUN. — ARGILES, VERRES ET POTERIES, CHAUX, MORTIERS, CIMENTS.

I. — ALUMINIUM.

216. Propriétés. — L'aluminium est un métal d'un gris d'argent; il a une malléabilité, une ductilité, une dureté et une ténacité comparables à celles de l'argent. Il est aussi sonore que le bronze; il conduit la chaleur et l'électricité beaucoup mieux que le fer; il est moins fusible que le zinc, et n'est pas volatil. Ce métal possède donc à un haut degré les qualités physiques que l'on recherche dans les métaux usuels. Il est même supérieur à tous par sa grande légèreté. Sa densité, 2,56, est à peu près celle de la porcelaine.

Ses propriétés chimiques sont tout aussi précieuses. Il est complètement inaltérable à l'air, même aux températures élevées; l'acide sulfhydrique ne le noircit pas. Les corps gras et les acides végétaux employés dans la cuisine sont sans action sur l'aluminium, tandis qu'ils accélèrent l'oxydation du fer, du zinc et du cuivre. Seuls, les acides azotique, sulfurique et chlorhydrique le dissolvent à une température plus ou moins élevée. Il est, en somme, aussi inaltérable que l'argent. Ce serait le plus précieux des métaux usuels, si l'industrie parvenait à le livrer au prix du fer.

L'aluminium est le métal le plus répandu dans la nature : les *argiles*, qui sont des silicates d'aluminium, se rencontrent partout. Malheureusement, les composés de l'aluminium sont difficiles à décomposer, et l'extraction de ce métal, plus abondant que le fer, est encore assez laborieuse. Cependant le prix du métal diminue chaque jour, et ses usages deviennent fort nombreux : allié au cuivre, il forme le *bronze d'aluminium*, qui a presque l'éclat et l'inaltérabilité de l'or, avec la solidité du fer.

***217. Principaux composés de l'aluminium.** — Les composés les plus importants sont les suivants :

1° L'*alumine* (Al^2O^3), que nous étudierons;

2° Le *sulfate d'aluminium* $(SO^4)^3Al^2 + 18\,H^2O$, qui est employé à la préparation de l'alun;

3° L'*alun* ou *sulfate double de potassium et d'aluminium* $SO^4K^2 + (SO^4)^3Al^2 + 24\,H^2O$, que nous étudierons;

4° Le *silicate d'aluminium*, qui constitue en grande partie les argiles.

218. Alumine. — L'alumine (Al^2O^3) est un corps solide, insoluble dans l'eau, très difficilement fusible, indécomposable par la chaleur, par les métaux et par les métalloïdes. Pour décomposer l'alumine, il faut faire agir à la fois le charbon et le chlore à une température élevée :

$$Al^2O^3 + 3\,C + 6\,Cl = 3\,CO + Al^2Cl^6.$$

On la prépare dans les laboratoires, en décomposant une dissolution de sulfate d'aluminium par l'ammoniaque : l'alumine insoluble se précipite (lois de Berthollet). On a ainsi l'*alumine gélatineuse* et hydratée ($Al^2O^4H^2$), qui, fortement chauffée, donne l'alumine anhydre (Al^2O^3). La préparation industrielle diffère peu de celle-là.

L'*alumine gélatineuse* possède la remarquable propriété d'absorber les matières colorantes et de former avec elles des composés insolubles, nommés *laques*, fort employés dans la peinture. On constate aisément la formation de cette laque, en faisant bouillir une décoction de cochenille avec de l'alumine gélatineuse. A cause de cette propriété, les divers composés de l'alumine sont fort employés en teinture.

L'alumine se rencontre aussi dans la nature. Les pierres précieuses les plus estimées après le diamant ne sont autre chose que de l'alumine cristallisée incolore (*corindon*), ou colorée par des quantités très petites d'oxydes étrangers, en jaune (*topaze orientale*), en bleu (*saphir oriental*), en rouge de feu (*rubis oriental*), en pourpre (*améthyste orientale*). L'émeri, qui, à cause de sa dureté, sert à polir les métaux et le verre, est de l'alumine cristallisée colorée en noir au moyen de l'oxyde de fer. L'alumine combinée avec l'anhydride silicique forme les *argiles* et entre dans la composition des *feldspaths*.

219. Alun. — L'alun ($SO^4K^2 + (SO^4)^3Al^2 + 24\,H^2O$) est un sel blanc, d'une saveur astringente. Il est beaucoup plus soluble à chaud qu'à froid; 100gr d'eau en dissolvent 9gr à 0°, et 375gr à 100°. Aussi peut-on le faire aisément cristalliser par le refroidissement : il se forme alors de beaux cristaux (*fig.* 78). Quand on chauffe l'alun, il fond vers 92° dans son eau de cristallisation. Si l'on continue à le chauffer, il devient peu à peu anhydre; en même temps il se boursoufle, de manière à former au-dessus du creuset une sorte de champignon spongieux, extrêmement léger et très friable, d'*alun calciné* (*fig.* 79). A une température plus élevée, il est décomposé avec dégagement d'anhydride sulfureux :

Fig. 78.

$$SO^4K^2 + (SO^4)^3Al^2 = SO^4K^2 + Al^2O^3 + 3\,SO^2 + 3\,O.$$

L'alun se prépare industriellement par plusieurs procédés; le plus important est le suivant. Une argile à peu près pure est traitée par l'acide sulfurique; il se forme du sulfate d'aluminium, qui reste en dissolution, et de la silice, qui se précipite (lois de Berthollet). On décante, puis on ajoute une dissolution de sulfate de potassium, et on laisse cristalliser par refroidissement.

Fig. 79.

Les usages de l'alun sont importants. On l'emploie dans la teinture (§ 218), dans le tannage des cuirs, dans la fabrication du papier, dans la clarification des suifs. La médecine utilise les propriétés astringentes de l'alun et les propriétés caustiques de l'alun calciné.

220. Silicate d'aluminium. — Le silicate d'aluminium est un solide blanc, compact, ne se fondant que très difficilement.

Ce sel est insoluble dans l'eau; mais il forme avec ce liquide une pâte grasse et liante, parfaitement plastique, pouvant prendre et conserver les formes les plus variées. Cette pâte se contracte et se fendille par la dessiccation, et alors elle *happe* à la langue, par suite de son avidité pour l'eau.

Chauffée au rouge, la pâte de silicate d'aluminium perd toute son eau, éprouve un retrait considérable, et se transforme en une masse extrêmement dure, inattaquable par les acides et les alcalis, presque infusible, et sur laquelle l'eau n'a plus aucune action.

Le silicate d'aluminium ne se rencontre pas absolument pur dans la nature; mais, mélangé avec des impuretés très diverses, il forme les *argiles*, qu'on rencontre partout si abondantes et si nombreuses.

II. — ARGILES, POTERIES.

221. Kaolin. — Le *kaolin* est du *silicate d'aluminium* presque pur; il possède au plus haut degré les caractères que nous venons d'indiquer. On ne le rencontre que dans un petit nombre de régions : il en existe de vastes dépôts en Chine, en Saxe, en Russie, en Angleterre et en France. Nos principales carrières de kaolin sont situées près de Limoges, d'Alençon, de Bayonne et de Cherbourg.

La propriété qu'a le kaolin de former avec l'eau une pâte plastique qui durcit par la cuisson permet de l'employer à la fabrication des poteries. Les poteries à base de kaolin portent le nom de *porcelaines*.

222. Argiles communes. — Les argiles communes, souvent appelées *terres glaises*, sont aussi formées par du silicate hydraté d'aluminium; mais elles renferment, en outre, des proportions très variables d'oxyde de fer ou de manganèse, de la chaux, du sable, du calcaire. Ces matières étrangères colorent les argiles en jaune, en rouge ou en vert; elles les rendent plus fusibles et diminuent la plasticité de la pâte. La plupart des argiles communes sont cependant encore propres à la fabrication de poteries diverses.

Ainsi, les *argiles plastiques*, ne contenant que peu de matières étrangères, ont à peu près les propriétés du kaolin. Elles servent à la fabrication des *poteries réfractaires* (briques réfractaires et creusets) et des *faïences*.

Les *argiles figulines* renferment une notable proportion d'oxyde de fer et de chaux; elles sont plus fusibles que les précédentes, forment une pâte moins plastique et acquièrent moins de dureté par suite de la cuisson. On les emploie pour faire des poteries grossières, rouges, poreuses (briques, tuiles, pots à fleurs, poteries communes vernissées).

Les *argiles smectiques*, peu fusibles, ne donnent

qu'une pâte peu liante, impropre à la confection des poteries. Elles sont employées, sous le nom de *terres à foulon*, au dégraissage des draps : elles ont, en effet, la propriété d'absorber les matières grasses avec une grande avidité.

Enfin, les *marnes*, la *sanguine*, l'*ocre*, la *terre d'ombre* et la *terre de Sienne* sont des argiles plus impures, dont la première est employée en agriculture comme amendement; les autres servent dans la peinture.

223. Poteries. — L'argile ne peut former à elle seule la pâte des poteries : le retrait qu'elle éprouve par suite de la cuisson la fendille et lui ôte toute solidité. On est obligé d'y ajouter une *matière dégraissante*, peu plastique, ne se contractant pas par la cuisson et diminuant le retrait, ou bien un *fondant* qui rend la pâte susceptible d'éprouver au feu un commencement de fusion.

De là, la division des poteries en deux catégories principales :

1° *Les poteries renfermant un fondant.* Le commencement de fusion qu'elles ont subi les rend compactes, légèrement translucides, imperméables aux liquides. On les recouvre ordinairement d'un vernis, qui cache leur surface toujours rugueuse. Exemples : *porcelaine*, *poterie de grès*.

Fig. 80.

2° *Les poteries ne renfermant pas de fondant.* Elles sont poreuses, perméables aux liquides. Exemples : *faïence*, *poteries communes*, *terres cuites*. On vernit seulement celles de ces poteries qui doivent servir à la préparation ou à la conservation des aliments ou des liquides.

Fig. 81.

224. Porcelaines. — La *porcelaine* est formée de kaolin, auquel on ajoute du feldspath finement pulvérisé (fondant) et du sable (matière dégraissante). Quand, à la suite de divers traitements, dont le plus important est la malaxation, la pâte a acquis une consistance suffisante, on la façonne soit *au tour* (*fig.* 80), soit par *le moulage* (*fig.* 81). Les pièces, d'abord séchées à l'air, subissent une première cuisson, appelée *dégourdi*, qui donne une pâte très poreuse. A la surface de la porcelaine dégourdie on applique un vernis, composé d'une substance (*pegmatite*) capable de fondre à la température de la seconde cuisson ; on applique ce vernis en plongeant la pièce dans de l'eau vinaigrée qui tient en suspension la pegmatite pulvérisée, et en la retirant aussitôt. La porcelaine étant ainsi *couverte*, on la loge, pièce à pièce, dans des étuis ou *cazettes* (*fig.* 82) en argile réfractaire, dans lesquelles s'opère la seconde cuisson. Cette cuisson se fait à une température assez élevée pour ramollir la pâte et fondre complètement le vernis. La fabrication est alors terminée. Les fours à porcelaine sont à trois compartiments (*fig.* 83). Dans

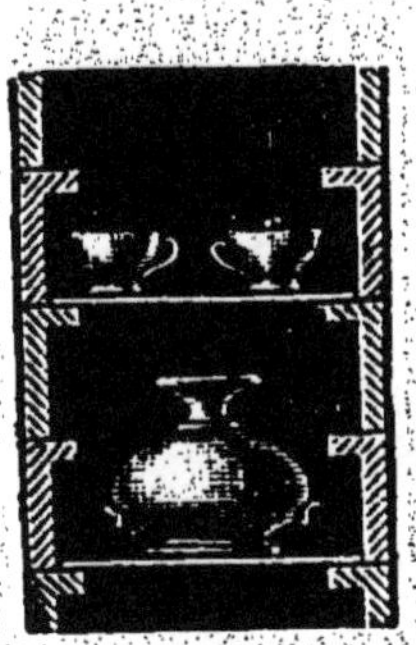

Fig. 82.

les deux compartiments inférieurs fortement chauffés par les foyers F, F, F, F on met les pièces soumises à la seconde cuisson; le compartiment du haut, plus éloigné du feu, reçoit les pièces à dégourdir.

Fig. 83.

Les *poteries de grès* sont fabriquées avec des argiles que colorent diverses impuretés, et principalement de l'oxyde de fer; elles ont les propriétés générales de la porcelaine.

225. Faïences. — Les *argiles plastiques*, mélangées avec une terre dégraissante (quartz pulvérisé), servent à la fabrication des faïences. La cuisson se fait à température élevée et produit une dureté quelquefois supérieure à celle de la porcelaine; mais, comme il n'y a pas de fondant, la pâte n'éprouve pas un commencement de fusion, et, par suite, ne devient pas translucide. Les faïences fines, à pâte blanche, reçoivent un vernis transparent analogue à celui de la porcelaine; les faïences communes, à pâte colorée, reçoivent un vernis blanc opaque, qui cache la pâte.

226. Décoration des faïences et des porcelaines. — Les fabriques de faïence et de porcelaine livrent au commerce non seulement des ustensiles de ménage, mais encore un très grand nombre d'objets d'or-

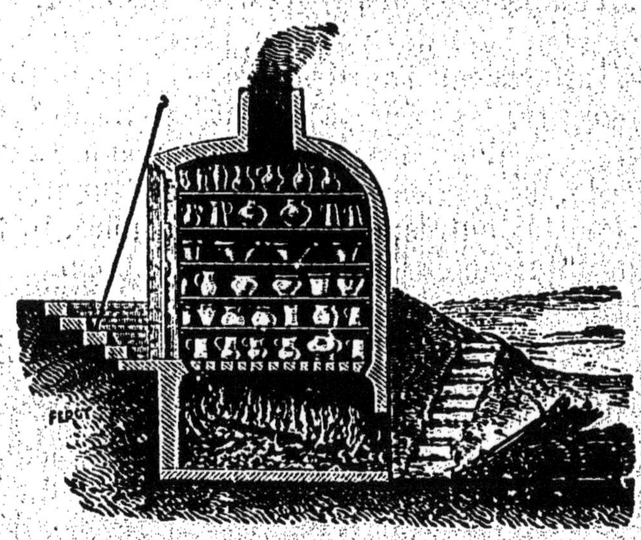

Fig. 84.

nementation, merveilleux de forme et de décoration. Ces objets sont souvent décorés avec un grand luxe, par les dessins les plus variés et les couleurs les plus éclatantes.

Les matières colorantes, associées avec une sorte de vernis qu'on nomme souvent *émail* ou *glaçure*, sont appliquées sur la pièce déjà terminée et vernie; puis on procède à une troisième cuisson. L'émail fond et fixe la couleur de manière à la rendre inaltérable.

227. Terres cuites. — Les terres cuites (briques, tuiles, pots à fleurs) renferment des *argiles figulines* mélangées avec du sable. Elles sont façonnées soit au moule, soit au tour; après avoir été séchées à l'air, elles subissent une seule cuisson, à température peu élevée, dans des fours en maçonnerie (*fig.* 84).

Les poteries communes destinées à la préparation des aliments ont la même pâte; on les vernit avec un silicate de plomb très fusible, coloré par divers oxydes métalliques, et on les soumet à une seconde cuisson.

III. — VERRES.

228. Composition des verres. — A côté du silicate d'aluminium, base des poteries, presque infusible et *opaque*, se placent d'autres silicates, plus fusibles et *transparents :* les principaux sont les silicates de potassium, de sodium, de calcium et de plomb. Les deux premiers sont facilement fusibles et solubles dans l'eau; les deux autres, difficilement fusibles, fragiles, sont insolubles dans l'eau. L'union des premiers avec les derniers forme des silicates doubles *assez facilement fusibles, assez résistants, et insolubles dans l'eau:* ces silicates doubles portent le nom de *verres.*

Le silicate double de sodium et de calcium forme le verre commun, dit *verre à vitre;* le silicate double de potassium et de calcium constitue le verre fin, dit *verre de Bohême.* Les uns et les autres sont remarquables par leur légèreté.

Le silicate double de potassium et de plomb forme le *cristal* et le *strass; l'émail* est un cristal rendu opaque au moyen du bioxyde d'étain et coloré par divers oxydes métalliques. Les verres à base de plomb ont une grande densité.

On obtient ces divers silicates en fondant ensemble, dans des proportions convenables, du sable, de la chaux et du carbonate alcalin pour les premiers; du sable, de l'oxyde rouge de plomb et du carbonate de potassium pour les seconds.

La qualité des verres dépend, non seulement de la nature des substances qui entrent dans leur composition, mais encore du degré de pureté de ces substances.

Ainsi, on fabrique le verre à vitre avec du *sable ordinaire* (anhydride silicique impur), de la *craie* et de la *soude brute*, qui, par leur réaction, forment un *silicate double de calcium et de sodium* très impur. On obtient le verre de Bohême avec du *quartz pulvérisé* (anhydride silicique pur), de la *chaux vive* provenant d'un calcaire très pur, et du *carbonate de potassium* raffiné. Le verre à bouteille, le plus commun de tous les verres, renferme du *sable ferrugineux*, de *l'argile*, au lieu de calcaire, et des *cendres*, au lieu de carbonate de potassium raffiné.

229. Propriétés du verre. — Le verre est un corps amorphe, transparent, fragile, sonore, résistant le plus souvent à l'action de l'eau, des acides et des alcalis. La fusibilité du verre dépend de sa composition : on rend le verre plus fusible en augmentant la proportion de potasse, de soude ou de plomb; on le rend moins fusible en ajoutant de la chaux. Avant de se liquéfier, le verre passe par l'état pâteux, *ce qui le rend facile à façonner par le soufflage, le moulage ou le coulage*. C'est là ce qui, pour le verre, correspond à la plasticité de la pâte dans la fabrication des poteries.

Refroidi brusquement, le verre devient extrêmement fragile : il se *trempe*. De là, la nécessité de soumettre le verre, après sa fabrication, à un refroidissement très lent.

Les oxydes métalliques se dissolvent aisément dans le verre fondu et lui communiquent des colorations souvent très vives. Cette propriété est utilisée dans la fabrication des verres colorés.

230. Fabrication du verre. — La fabrication du verre se fait dans des fours spéciaux (*fig.* 85). La partie centrale M, placée près du foyer, a une température très élevée; sur les côtés, deux *arches* plus éloignées du feu sont beaucoup moins chauffées.

Les matériaux, soigneusement pesés et mélangés, sont d'abord placés dans les arches; là, ils subissent une calcination (appelée *frite*), qui détermine le commencement de la réaction. La matière fritée est ensuite transportée au centre du four, en M; la fusion se produit; l'anhydride carbonique du calcaire et du

Fig. 85.

carbonate de sodium ou de potassium s'en va; le silicate double se forme. Quand la fusion est complète, on laisse baisser le feu jusqu'à ce que la matière prenne la consistance pâteuse, et alors on façonne.

La façon est donnée par *soufflage*, *moulage ou coulage*. — Le *soufflage* s'exécute au moyen d'une longue *canne* de fer percée d'un canal étroit suivant son axe. L'ouvrier plonge l'extrémité de la canne dans la masse pâteuse, et la retire chargée d'une certaine quantité de verre. En soufflant dans la canne et en lui imprimant des mouvements convenables, il arrive à obtenir des objets creux de forme très complexe. On obtient les carreaux de vitre en fabriquant par soufflage un gros cylindre de verre, qu'on fend ensuite longitudinalement, et qu'on étend sur une plaque de fonte.

On opère le *moulage* en coulant dans un moule le verre pâteux. Le soufflage et le moulage se pratiquent souvent simultanément; quand on a fait par soufflage un cylindre de verre, on l'introduit dans un moule de forme déterminée, puis, en soufflant, on force le cylindre à prendre la forme du moule. On opère de la sorte dans la fabrication des bouteilles et des carafes.

Les grandes pièces, telles que les glaces, se font par le *coulage* du verre liquide sur une table de bronze.

IV. — CHAUX, MORTIERS.

231. Fabrication de la chaux. — Dans le chapitre précédent, nous avons laissé de côté la fabrication de la chaux et des mortiers. Nous pouvons maintenant y revenir : car nous sommes en état de comprendre complètement la théorie de leur solidification.

On prépare la chaux en décomposant le carbonate de calcium par la chaleur. Tous les calcaires naturels peuvent servir à cette préparation; mais quelques-uns seulement donnent une chaux propre aux usages industriels; ces calcaires particuliers, assez nombreux et répandus presque partout, reçoivent le nom de *pierres à chaux*.

L'opération se fait dans des fours en maçonnerie revêtus intérieurement de briques réfractaires (*fig.* 86). Sous les pierres empilées on allume un grand feu de fagots, capable d'élever la température au rouge vif; la cuisson dure plusieurs heures. Quand elle est terminée, on laisse le feu s'éteindre, et on retire la chaux. Dans la grande fabrication, ces fours à *préparation*

Fig. 50.

intermittente sont remplacés par des fours à *préparation continue*. Ces derniers ont jusqu'à dix mètres de hauteur et possèdent deux ouvertures inférieures : l'une qui sert de foyer, et l'autre destinée à retirer la chaux cuite.

232. Diverses chaux industrielles. — Nous avons vu quelles propriétés possède la chaux pure (§ 212). Les chaux industrielles, toujours mélangées avec les impuretés que renfermait le calcaire, en diffèrent sensiblement. On les divise en *chaux aériennes* et *chaux hydrauliques*, suivant qu'elles sont destinées à la fabrication des *mortiers ordinaires* ou des *mortiers hydrauliques.*

Les *chaux aériennes* sont dites *grasses* ou *maigres*, suivant qu'elles forment avec l'eau une pâte forte et liante, avec grande augmentation de volume et grand dégagement de chaleur, ou une pâte sèche et courte, avec une faible augmentation de volume et un petit dégagement de chaleur.

Les chaux grasses proviennent de calcaires à peu près purs; les chaux maigres renferment de la magnésie, de l'oxyde de fer et du sable.

Les *chaux hydrauliques* forment avec l'eau une pâte sèche et courte; elles s'échauffent peu et augmentent peu de volume; au premier abord elles ressemblent donc beaucoup aux chaux maigres. Mais elles possèdent la propriété de *durcir sous l'eau*, ce qui les rend propres aux constructions hydrauliques. Elles proviennent de la calcination des calcaires contenant de 10 à 40 pour 100 d'argile.

233. Mortiers aériens. — Les mortiers sont des mélanges destinés à lier les matériaux des constructions.

Les mortiers aériens sont formés d'un mélange de chaux aérienne éteinte et de sable; les chaux grasses donnent de meilleurs mortiers que les chaux maigres. Ce mélange a la propriété de durcir à l'air au bout d'un certain temps, de façon à former un véritable lut solide qui lie fortement les matériaux les uns aux autres.

Ce durcissement est dû à ce que la chaux absorbe peu à peu l'anhydride carbonique de l'air et se transforme en carbonate de calcium ayant la consistance du calcaire ordinaire. La dessiccation et le durcissement du mortier sont accompagnés d'un retrait considérable. Le sable qu'on ajoute a pour effet d'empêcher le fendillement, qui serait la conséquence de ce retrait. De plus, le calcaire formé adhère fortement au sable, ce qui augmente la consistance du bloc.

Les mortiers aériens se désagrègent complètement dans l'eau, comme le fait aussi la chaux : ils ne peuvent être employés dans les constructions hydrauliques.

234. Mortiers hydrauliques. — Les chaux hydrauliques feraient de très mauvais mortiers aériens, à cause de la forte proportion d'impuretés qu'elles renferment.

Mais elles durcissent sous l'eau au bout de quelques jours et acquièrent une consistance supérieure à celle du calcaire même. La rapidité avec laquelle les chaux hydrauliques se prennent a été expliquée par l'ingénieur Vicat. Il a démontré qu'elle est due à l'argile que renferment ces chaux. Pendant la cuisson, l'argile a perdu son eau et s'est transformée en silicate anhydre d'aluminium; sous l'eau, ce silicate s'hydrate de nouveau, en même temps qu'il se combine avec la chaux pour former un *silicate double hydraté d'aluminium et de calcium*, qui est un composé complètement insoluble et doué d'une grande dureté. La chaux se prend d'autant plus rapidement, et le composé formé est d'autant plus dur, que la proportion d'argile est plus forte, pourvu qu'elle ne dépasse pas 40 pour 100. Ici l'anhydride carbonique ne joue aucun rôle.

Les chaux obtenues avec les calcaires renfermant 10 pour 100 d'argile durcissent après quinze jours d'immersion ; les *ciments* obtenus avec les calcaires renfermant 40 pour 100 d'argile durcissent parfois en quelques minutes.

On peut obtenir des chaux hydrauliques artificielles en mélangeant des chaux grasses avec certaines argiles cuites et pulvérisées.

Les mortiers hydrauliques sont formés tantôt de chaux hydrauliques employées seules, tantôt de chaux hydrauliques mélangées avec du sable.

Le *béton* est un mélange de chaux hydraulique, de sable et de cailloux. En appliquant des couches de béton les unes sur les autres sur un terrain humide, on le transforme en un sol imperméable, sur lequel on peut établir de solides fondations : les piles des ponts reposent toujours sur des massifs de béton.

Le *ciment* est une chaux extrêmement hydraulique qui se prend sous l'eau au bout de quelques minutes. Il est toujours employé seul. On fabrique des ciments artificiels, comme des chaux hydrauliques artificielles, en mélangeant de la chaux grasse avec de l'argile calcinée.

CHAPITRE XVI.

FER. ZINC.

I. — FER.

235. Propriétés physiques. — Le fer, lorsqu'il est pur ou presque pur, est un métal d'un gris bleuâtre, qui a beaucoup d'éclat lorsqu'il est poli. Il est assez malléable pour pouvoir être réduit en lames minces (*tôle*). Sa ductilité lui permet de passer aisément à la filière et de donner des fils assez fins (*fils d'archal*). Lorsque le fer a été passé à la filière, il devient cassant : on dit qu'il *s'écrouit*. On lui rend sa ductilité et sa malléabilité primitives en le *recuisant* et en le laissant refroidir lentement.

Le fer est le plus dur et le plus tenace des métaux usuels. Fondu, il a une texture grenue; le martelage le rend fibreux et, par suite, capable de mieux résister aux chocs. Quand le métal fibreux est soumis à de fréquentes trépidations, il reprend la texture grenue : c'est ce qui arrive aux essieux des voitures et des wagons, aux chaînes des ponts suspendus. Il faut tenir compte de cette propriété dans les divers appareils où l'on emploie le fer : car le retour à la texture grenue est accompagné d'une grande diminution dans la ténacité; les ruptures assez fréquentes des essieux des locomotives s'expliquent par ce changement dans leur constitution moléculaire.

Le fer conduit moins bien la chaleur et l'électricité que la plupart des métaux usuels. Sa densité est 7,79.

La température de fusion du fer est voisine de 1 400°; c'est une température qu'on n'obtient pas dans les feux de forge de l'industrie. Heureusement, le métal devient assez mou au rouge vif pour prendre sous le marteau toutes les formes que l'on veut lui donner; il se soude alors à lui-même sans l'intermédiaire d'aucun autre métal. Sans cette propriété, le fer perdrait une grande partie des avantages qu'il présente pour notre usage.

236. Propriétés chimiques. — Le fer se conserve intact dans l'air sec à la température ordinaire; au rouge vif, il s'oxyde rapidement, et quand on le martèle, il brûle même, en lançant des paillettes incandescentes d'oxyde magnétique Fe^3O^4.

L'air humide détermine son oxydation lente. Il se forme de la rouille, sesquioxyde de fer hydraté $Fe^2O^3+3H^2O$, qui recouvre bientôt tout le métal et pénètre même au sein de la masse (§ 180).

Nous avons vu comment, dans un grand nombre d'applications, on préserve le fer de cette oxydation; nous y reviendrons, en parlant du zinc et de l'étain.

Nous savons aussi que le fer décompose l'eau au rouge (§ 12); qu'il se combine facilement avec le soufre et avec le chlore; qu'il est attaqué par tous les acides forts, acide sulfurique, acide chlorhydrique, acide azotique. En somme, le fer est très altérable.

Il a la propriété très importante de dissoudre le charbon. La *fonte* et *l'acier*, que nous aurons à étudier, ne diffèrent du fer pur que par la proportion variable de charbon qui y est contenue.

***237. Principaux composés du fer.** — A l'inverse des métaux que nous avons étudiés jusqu'ici, le fer est bien plus important par lui-même que par ses composés.

On connaît quatre combinaisons du fer avec l'oxygène :

Le *protoxyde de fer* FeO.

Le *sesquioxyde de fer* Fe^2O^3, abondant dans la nature, où il porte les noms de fer *oligiste*, d'*hématite rouge*. Le *colcothar* ou *rouge d'Angleterre* est du sesquioxyde de fer, qui sert à polir les glaces et les métaux.

Le sesquioxyde hydraté Fe^2O^3, H^2O est celui qui constitue la rouille. Il se rencontre aussi en grandes masses dans la nature (*hématite brune*, *limonite*).

L'*oxyde magnétique* Fe^3O^4 est ainsi nommé parce qu'il attire le fer. Il est abondant dans la nature, particulièrement en Algérie, en Suède et en Norvège.

L'*acide ferrique* FeO^3 ne se trouve pas dans la nature.

Avec le chlore, le fer produit le *protochlorure* $FeCl^2$ et le *sesquichlorure* Fe^2Cl^6.

Avec le soufre, il forme le *protosulfure* FeS et le *bisulfure* FeS^2. Le *bisulfure* est très abondant dans la nature (*pyrite de fer*); il est souvent cristallisé en cubes d'une belle couleur jaune d'or, ayant l'éclat métallique.

Le *carbonate de fer* CO^3Fe se rencontre souvent sous terre en grands amas (*fer spathique* des géologues).

Le *sulfate de protoxyde de fer* $SO^4Fe + 7\,H^2O$ ou *vitriol vert* est le seul sel de fer qui soit directement employé dans l'industrie. On ne le rencontre pas dans la nature; on le prépare industriellement soit en traitant le fer par l'acide sulfurique, soit en oxydant le bisulfure de fer naturel par un grillage à l'air. Il se présente sous la forme de gros cristaux verts, qui ont été obtenus par dissolution. Ce sel est employé en teinture : c'est la base de presque toutes les couleurs noires; on l'emploie aussi dans la fabrication du rouge d'Angleterre et de l'encre ordinaire.

Le *bleu de Prusse*, enfin, est aussi un sel de fer (*cyanure de fer*).

238. État naturel. — Le fer est extrêmement répandu dans la nature. On le rencontre *partout*, dans toutes les roches qui composent l'écorce terrestre; les eaux, les végétaux et les animaux en renferment aussi. De plus, un grand nombre de ses composés se trouvent en masses considérables; ce sont : le sesquioxyde anhydre et hydraté, l'oxyde magnétique, le bisulfure et le carbonate.

II. — MÉTALLURGIE DU FER.

239. Minerai de fer. — Les *minerais de fer*, c'est-à-dire les composés dont on retire industriellement le fer, sont nombreux. Ce sont : l'*oxyde magnétique* Fe^3O^4 (Suède, Norvège, Algérie), le meilleur des minerais de fer, le *fer oligiste et l'hématite rouge* Fe^2O^3 (Allemagne, île d'Elbe, Vosges), l'*hématite brune et la limonite* Fe^2O^3,H^2O(Bourgogne, Franche-Comté, Berry), et le *fer spathique* CO^3Fe (Saint-Étienne, Pyrénées et surtout Angleterre).

Le bisulfure de fer, quoique très abondant, n'est pas employé : son traitement serait trop coûteux.

240. Réactions fondamentales de la métallurgie du fer. — Le minerai, séparé autant que possible de la *gangue* terreuse avec laquelle il est mélangé, est soumis au traitement chimique.

Ce traitement consiste tout simplement à décomposer l'oxyde ou le carbonate par le charbon :

$$2(Fe^2O^3,H^2O) + 3C = 4Fe + 3CO^2 + 2H^2O.$$
$$2CO^3Fe + C = 2Fe + 3CO^2.$$

On effectue l'opération en mélangeant le minerai et le charbon, et en faisant brûler ce mélange dans un fort courant d'air. Le charbon fournit la chaleur nécessaire à la réaction, en même temps qu'il agit comme réducteur du minerai.

Si l'oxyde ou le carbonate était pur, on aurait immédiatement le fer, sans perte aucune; malheureusement, il n'en est pas ainsi. Le minerai est toujours impur : il renferme le plus souvent une notable proportion d'argile (*silicate d'aluminium*). Pendant la réduction, l'argile se combine avec une partie de l'oxyde de fer, et forme un *verre* grossier, facilement fusible, le *silicate double d'aluminium et de fer*, qui s'écoule en emportant une partie du métal : de là une diminution dans le rendement.

Fig. 87.

Avec les minerais très impurs de France et d'Angleterre, l'oxyde passerait presque entièrement à l'état de silicate double, et on n'obtiendrait presque rien. De là la nécessité d'ajouter au mélange de charbon et de minerai un *fondant* capable de se combiner avec l'argile ; on ajoute du calcaire, qui, avec l'argile, donne du *silicate double d'aluminium et de calcium*. Dès lors, l'*oxyde* de fer peut être entièrement réduit par le charbon.

Il y a donc deux procédés d'extraction du fer : 1° méthode sans fondant, applicable seulement aux minerais très riches (méthode Catalane), 2° méthode avec fondant, applicable à tous les minerais (méthode des hauts fourneaux).

241. Méthode Catalane. — Dans le fond d'un *creuset* C (*fig.* 87) en briques réfractaires, on place du charbon de bois bien allumé; puis on charge avec un mélange de minerai et de charbon de bois, et, par une *tuyère*, on fait arriver le vent d'une soufflerie hydraulique, que nous n'avons pas à décrire ici. L'oxygène de l'air, rencontrant le charbon, se change en anhydride carbonique; un peu plus haut, l'excès de charbon le ramène à l'état d'oxyde de carbone. A cette température élevée, l'oxyde de carbone, gaz éminemment réducteur (§ 152), réagit sur l'oxyde de fer, reforme l'anhydride carbonique et met le métal en liberté.

La température n'étant pas assez élevée pour fondre le fer, ce métal reste à l'état pâteux. On remue la masse avec un *ringard*, de manière à réunir toutes les petites masses de fer éparses dans le charbon et à les souder entre elles; le silicate double d'aluminium et de fer (*laitier*), qui se forme en petite quantité, fond et coule à la partie inférieure. Au bout de 6 heures, l'opération est terminée : on a une *loupe* de fer du poids de 150 kilogrammes, qu'on retire du creuset, et qu'on soumet au marteau, pour exprimer le *laitier* qui la pénètre, et pour la rendre compacte.

Cette méthode si simple donne de très bon fer; mais elle n'est pas économique : elle est aujourd'hui presque complètement abandonnée.

242. Méthode des hauts fourneaux. — Elle est beaucoup plus complexe. Le *fondant* que l'on ajoute donne un *laitier* peu fusible (silicate double d'aluminium et de calcium). Il faut dès lors chauffer beaucoup plus que dans le four catalan, pour fondre le laitier et le séparer du fer; à cette température, le métal se combine avec un peu de charbon et donne un com-

Fig. 88.

posé particulier, la *fonte*, qu'il faudra ensuite décarburer. On n'aura donc pas le fer du premier coup :

deux opérations successives seront nécessaires pour l'obtenir.

Malgré ces inconvénients, le procédé des hauts fourneaux est le plus économique.

Le haut fourneau se compose de deux troncs de cône A et B en briques réfractaires (*fig.* 88).. Au-dessous du tronc de cône inférieur, se trouve un *creuset* C, dans lequel s'écouleront la fonte et le laitier; au-dessus du tronc de cône supérieur est une ouverture, le *gueulard*, par laquelle on versera constamment le charbon, le minerai et le fondant. Au-dessus du creuset, arrive, par trois tuyères, le vent d'une puissante soufflerie.

A la partie inférieure, il se forme de l'anhydride carbonique, qui, un peu plus haut, est réduit par le charbon et ramené à l'état d'oxyde de carbone. Ce gaz réagit sur le minerai, reforme l'anhydride carbonique et met le métal en liberté. L'anhydride carbonique formé pour la seconde fois s'élève un peu plus; il est de nouveau réduit par le charbon et s'échappe, à l'état d'oxyde de carbone, par l'ouverture du gueulard.

Dans l'intérieur du haut fourneau, le minerai est donc réduit; le fer, aussitôt libre, se combine avec une petite quantité de charbon et forme la fonte, qui, étant assez facilement fusible, s'écoule à l'état liquide jusqu'au creuset. Le laitier fond en même temps et va aussi dans le creuset; les deux liquides se superposent par ordre de densité : le laitier surnage et s'écoule peu à peu en un verre noirâtre, qu'on peut étirer en fils, comme le verre à bouteilles.

Quand on juge que le creuset est à peu près plein de fonte, on débouche une ouverture pratiquée à la partie inférieure et fermée par un tampon d'argile. Le métal fondu coule sur la pente *ab* et va se mouler, dans des rigoles de sable, en blocs allongés, du poids de 50 à 100 kilogrammes, que l'on nomme *gueuses*. Les hauts fourneaux emploient du charbon de bois ou du coke; ils ont une hauteur variant de 10 à

18 mètres. Ils fonctionnent sans interruption pendant l'espace de 18 à 20 mois; on ne les éteint que lorsque des réparations sont devenues urgentes.

243. Affinage de la fonte. — Pour avoir le fer pur, il faut décarburer la fonte. L'opération est extrêmement simple : il suffit de chauffer la fonte dans un courant d'air, qui brûle le charbon, et d'arrêter l'oxydation au moment même où le fer commence à brûler. Les appareils employés dans l'*affinage* sont très divers.

Affinage au petit foyer. — On jette plusieurs gueuses dans un fourneau catalan bien allumé. La fonte devient liquide et s'écoule devant l'ouverture de la tuyère. Elle est peu à peu décarburée par le courant d'air; à mesure que l'opération s'avance, la masse devient pâteuse par suite de la formation du fer, que la chaleur du foyer ne peut maintenir liquide. On l'agite avec un ringard devant la tuyère pour que la combustion du carbone se complète, et on retire la loupe quand elle a pris une consistance suffisante.

Fig. 89.

Affinage au four à puddler. — L'affinage se fait plus en grand avec le *four à puddler* (*fig.* 89). La flamme d'un foyer à houille passe sur la fonte placée sur une sole plane recouverte d'une voûte surbaissée. Le tirage de la cheminée étant très énergique, cette flamme est mêlée à un très grand excès d'air : elle est très oxydante. La fonte se liquéfie d'abord, puis, sous l'action de l'oxygène, elle se décarbure, devient visqueuse, puis se réunit en une masse pâteuse, que l'on brasse avec un ringard jusqu'au moment où on la sort pour la soumettre au marteau.

Affinage au convertisseur Bessemer. — L'appareil se compose (*fig.* 90) d'une cornue en fer recouverte intérieurement d'un lut très réfractaire. Le fond de cette cornue est percé de petites ouvertures, par lesquelles on peut faire arriver de l'air comprimé à la pression de deux atmosphères.

On commence par remplir la cornue de charbon allumé. Quand elle est chauffée au rouge blanc, on enlève le charbon, on verse de la fonte liquide et on fait arriver l'air. Le gaz qui traverse ainsi le liquide le fait bouillonner tumultueusement et détermine l'oxydation extrêmement rapide du charbon dissous. Des étincelles sortent en grand nombre par l'ouverture, et la température développée par la combustion est suffisante, quoiqu'il n'y ait pas d'autre combustible que la fonte même, pour maintenir la masse à l'état de fusion. On a ainsi, au bout de quelques minutes, dix mille kilogrammes de fer liquide, parfaitement décarburé.

Fig. 90.

III. — FONTE ET ACIER.

244. Propriétés de la fonte. — La fonte est un carbure de fer qui renferme de 2 à 5 pour 100 de charbon et de 98 à 95 pour 100 de fer. Il existe deux variétés de fonte, la *grise* et la *blanche*.

La *fonte grise* a une densité égale à 7; elle fond à 1200° et devient extrêmement fluide, ce qui la rend très propre au moulage; de plus, elle se laisse aisément limer, tourner et forer. Elle n'est ni ductile ni malléable; mais elle résiste assez bien au choc sans se briser. Elle se produit surtout dans les hauts fourneaux, où la température est très élevée.

La *fonte blanche* a une densité égale à 7,5; elle fond plus aisément que la fonte grise, mais elle reste toujours pâteuse. Elle est encore moins ductile et moins malléable que l'autre; quoique plus dure, elle est plus cassante. Elle n'est guère employée directement; on la convertit toujours en fer ou en acier.

245. Usages de la fonte. — La fonte, surtout la fonte grise, est souvent utilisée directement. Au moyen du moulage, on fabrique en fonte un grand nombre d'appareils ou d'ustensiles employés dans l'industrie et dans les ménages : la fonte est, en effet, le moins cher de tous les métaux. Grilles et portes de jardins, colonnes de soutien, candélabres pour l'éclairage des rues, tuyaux de conduite d'eau, poêles, marmites, objets d'art de grandes dimensions, etc., la liste serait trop longue des objets de fonte que fabrique l'industrie.

246. Propriétés et fabrication de l'acier. — L'acier est aussi un carbure de fer; il renferme moins de 2 pour 100 de charbon. Il possède à un haut degré toutes les propriétés physiques qui rendent le fer si précieux : il est plus ductile, plus malléable, plus dur que le fer; comme le fer, il se ramollit avant de fondre, il peut se travailler au marteau et se souder à lui-même. C'est le meilleur de tous les fers. De plus, il est fusible au feu de forge, ce qui, dans certains cas, lui donne une grande supériorité sur le métal pur. Enfin, et c'est là son caractère distinctif le plus important, il devient extrêmement dur, élastique et cassant, quand on le chauffe au rouge, et qu'on le refroidit ensuite brusquement en le plongeant dans l'eau. Les effets de la *trempe* disparaissent, et l'acier redevient ductile, quand on le *recuit*, et qu'on le laisse refroidir lentement.

Les propriétés de l'acier varient du reste, dans de larges limites, selon la proportion de carbone qu'il renferme.

L'acier se produit par carburation du fer ou par décarburation partielle de la fonte.

La décarburation partielle de la fonte se fait dans le four à puddler ou dans le convertisseur Bessemer.

Par la carburation du fer, on obtient l'*acier de cémentation*, le meilleur de tous. On range des barres de fer dans un grand four, en les séparant les unes des autres par du charbon de bois pulvérisé. On maintient ce four au rouge pendant plusieurs jours ; peu à peu le fer se combine avec le charbon qui l'entoure, et se transforme en acier. On rend cet acier plus homogène en le faisant fondre dans de petits creusets. Il constitue alors l'*acier fondu*.

247. Usages de l'acier. — Les usages de l'acier deviennent de jour en jour plus importants, et la consommation de ce métal s'accroît avec une prodigieuse rapidité.

Les aciers fins, acier puddlé et surtout acier de cémentation, servent à la fabrication des objets de coutellerie qui devront être trempés : couteaux, rasoirs, instruments de chirurgie, rabots, cisailles, limes, burins, bijouterie d'acier, ressorts de montre, sabres, scies, ressorts de voitures, instruments aratoires..... Les aciers moins fins donnés par le convertisseur Bessemer tendent à remplacer le fer, auquel ils sont supérieurs, dans la plupart de ses usages : on fait maintenant en acier les canons, les rails de chemin de fer, etc. ; les tôles d'acier ont une résistance bien supérieure à celle des tôles de fer.

248. Consommation du fer. — Le fer, la fonte et l'acier doivent leur importance non seulement à leurs précieuses qualités physiques, à leur solidité, mais encore à la faculté qu'ils ont de se façonner au marteau et de se souder à eux-mêmes. Ils la doivent aussi à leur grande diffusion à la surface de la terre et à la simplicité des procédés mis en œuvre pour leur extraction.

Les premiers hommes, à peine sortis de l'âge de pierre, n'avaient que le bronze à leur disposition. L'usage du fer remonte seulement aux premiers temps de l'époque romaine. Aujourd'hui le fer est l'auxiliaire absolument indispensable de la civilisation. L'Angleterre produit par an plus de 4 millions de tonnes de fer, fonte ou acier; tous les autres pays du monde réunis en fabriquent à peu près deux fois plus : ce qui fait 12 millions de tonnes de fer pour la consommation annuelle du monde entier.

IV. — ZINC.

249. Propriétés physiques. — Le zinc est un solide d'un blanc bleuâtre, d'une densité égale à 6,86. Il est assez dur ; sa ténacité est faible, ainsi que sa ductilité; il est plus malléable que le fer. Il fond à la température de 410° et se volatilise au rouge blanc.

250. Propriétés chimiques. — Dans l'air humide, le zinc se recouvre rapidement d'une couche terne de carbonate de zinc hydraté; mais l'altération est purement superficielle (§ 180).

Au rouge, il brûle vivement dans l'air; la flamme qu'il produit a un très grand éclat, dû à l'oxyde de zinc solide qui se forme (*fig.* 91).

Il décompose l'eau au rouge sombre; à froid, il est vivement attaqué et rapidement dissous par les acides forts.

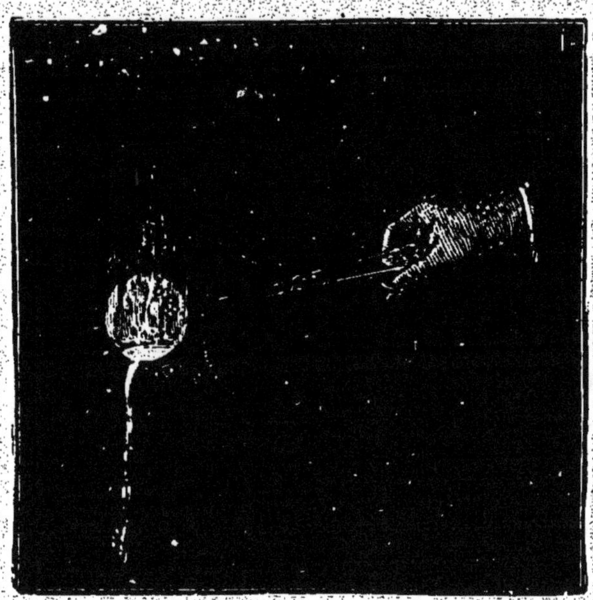

Fig. 91.

Sa quasi-inaltérabilité à l'air le fait employer, sous forme de lames minces, à la couverture des maisons, à la construction des gouttières, des baignoires, des seaux, de divers ustensiles de ménage. Elle le rend parfaitement propre aussi à préserver le fer de l'oxydation (fer galvanisé).

Mais les vases de zinc ou les vases de fer galvanisé ne doivent jamais être employés à la préparation ni à la conservation des substances alimentaires. Ce métal est, en effet, attaqué par le vinaigre, le verjus, le vin, le cidre, la bière, l'eau salée, les corps gras : il se forme alors des composés vénéneux.

***251. Principaux composés du zinc.** — Le *protoxyde de zinc*, solide blanc, qu'on obtient par la combustion directe du zinc, sert à la peinture sous le nom de *blanc de zinc*. Il a sur le *blanc de plomb* (carbonate de plomb) l'avantage de n'être pas noirci par les émanations d'acide sulfhydrique, parce que le sulfure de zinc qui se forme est blanc.

Le *sulfure de zinc* (*blende*) se trouve dans la nature.

On obtient le *sulfate de zinc*, sel cristallisé très soluble dans l'eau, en attaquant le zinc par l'acide sulfurique (§ 12). Le sulfate de zinc est employé dans la teinture.

Le *carbonate de zinc* (*calamine*) se trouve aussi dans la nature

Les composés du zinc ont une très faible importance industrielle.

252. Extraction du zinc. — Le zinc se retire du sulfure (*blende*) ou du carbonate (*calamine*). Ces minerais sont assez répandus en Silésie et en Belgique; il y en a peu en France.

Pour effectuer l'extraction, on grille la blende au contact de l'air, pour la transformer en oxyde de zinc, avec dégagement d'anhydride sulfureux. S'il s'agit de la calamine, on la calcine fortement pour chasser l'anhydride carbonique.

L'oxyde de zinc ainsi obtenu dans l'un et l'autre cas est décomposé par le charbon à une haute température. Les appareils employés diffèrent complètement de ceux qui servent dans l'extraction du fer. Le zinc se volatilise à mesure qu'il devient libre et va se sublimer sur des parois froides, où on le recueille.

253. Consommation du zinc. — Outre les usages que nous avons déjà indiqués, le zinc sert à la fabrication du laiton, du maillechort; à la confection d'objets d'art imitant le bronze. Les *piles électriques* en emploient de grandes quantités. Pour l'Europe, la production du zinc est d'environ 200 000 tonnes par an; c'est peu de chose à côté de la production du fer.

CHAPITRE XVII.

ÉTAIN, CUIVRE, PLOMB.

I. — ÉTAIN.

254. Propriétés. — L'étain est aussi blanc que l'argent; sa densité est 7,3. Il fond à 228°; c'est le plus fusible des métaux usuels. Sa texture est souvent cristalline, et, quand on le plie, il fait entendre un *cri* provenant de la séparation des cristaux microscopiques dont il est formé

Il est peu tenace et peu ductile, très mou, mais assez malléable pour être réduit en feuilles minces.

Son oxydation dans l'air humide est purement superficielle, comme celle du zinc; mais il a sur ce dernier métal l'avantage de n'être attaqué par aucune des substances employées dans la préparation des aliments. Aussi est-il employé à la fabrication des plats et des couverts, des mesures à liquide, des feuilles minces dans lesquelles on enveloppe le chocolat. Il sert surtout à *étamer* les objets employés dans la cuisine; le fer-blanc est du fer étamé.

* **255. Principaux composés de l'étain.** — Le *bioxyde d'étain* (SnO^2), qu'on trouve dans la nature (*cassitérite*), a les propriétés d'un acide. Il s'unit aux bases pour former des sels. Il est employé en teinture.

Le protochlorure et le bichlorure d'étain sont aussi employés en teinture.

256. Extraction et consommation. — On extrait l'étain de la *cassitérite* (SnO^2), qu'on décompose par le charbon. Les principaux gisements de cassitérite se trouvent en Saxe, en Bohême, en Angleterre et dans les Indes.

Aux divers usages que nous avons indiqués, il faut joindre l'emploi de l'étain dans la fabrication du bronze et du tain des miroirs. La consommation annuelle de l'étain est de 20 000 tonnes.

II. — CUIVRE.

257. Propriétés. — Le cuivre est un métal rouge-jaunâtre clair, doué d'une odeur désagréable, qui se développe surtout par le frottement. Sa densité est 8,80. Il fond vers 1100°, et se vaporise à une température plus élevée, en communiquant à la flamme une belle coloration verte. Le fer seul a une ténacité supérieure à celle du cuivre.

Le cuivre est le plus ductile et le plus malléable des métaux usuels non précieux. Grâce à ces propriétés, on peut le travailler au marteau avec la plus grande facilité : la plupart des objets de cuivre sont façonnés par simple martelage. Le *clinquant* ou *or faux* est formé de feuilles de cuivre dont l'épaisseur est inférieure à un centième de millimètre.

Le cuivre est aussi, après l'argent, le métal qui conduit le mieux la chaleur et l'électricité. En raison de sa grande conductibilité pour l'électricité, on l'emploie en fils dans les laboratoires, et l'on s'en sert pour les communications télégraphiques lointaines; à cause de sa grande conductibilité pour la chaleur, on préfère les chaudières de cuivre à celles de fer, malgré leur prix bien plus élevé. Seules, les machines à vapeur emploient des chaudières de fer, le cuivre ne présentant pas une ténacité suffisante.

L'air humide altère rapidement le cuivre : il le recouvre d'une couche de carbonate de cuivre hydraté (vert-de-gris); mais cette couche est purement superficielle. Le contact de tous les acides active encore l'oxydation : aussi ne doit-on pas conserver les aliments dans des vases de cuivre, de peur qu'il ne se forme un sel vénéneux. Pour éviter cet inconvénient, on étame intérieurement les vases de cuivre.

Nous avons étudié l'action du cuivre sur l'oxygène

à chaud, sur les différents métalloïdes et sur les principaux acides.

* **258. Principaux composés du cuivre.** — Le cuivre forme avec l'oxygène deux combinaisons : le *sous-oxyde* Cu^2O, employé dans la fabrication des verres colorés ; le *protoxyde* CuO, qui est aussi employé aux mêmes usages.

Le *carbonate de cuivre* se rencontre dans la nature ; il y forme la *malachite*, d'une belle couleur verte nuancée, avec laquelle on fabrique des objets d'ornement, et l'*azurite* bleue, employée en teinture. Le seul sel de cuivre important est le *sulfate* $SO^4Cu + 5H^2O$, vulgairement appelé *vitriol bleu* ou *couperose bleue*. C'est un corps très soluble dans l'eau, cristallisant en beaux prismes transparents, d'un bleu magnifique.

Ses usages sont importants. Il sert en teinture à la préparation des couleurs noires, violettes, vertes, lilas et bleues. L'agriculture l'emploie pour le *chaulage* du blé de semence, afin d'assurer sa conservation ; la médecine l'utilise. La galvanoplastie, enfin, lui emprunte son métal pour le déposer en couche mince sur les moules les plus divers.

259. Extraction du cuivre. — Le cuivre n'est pas très répandu. On le rencontre quelquefois à l'état natif, en masses même assez considérables. Les principaux minerais, qu'on rencontre en Angleterre, en Suède, en Norvège, en Russie, au Chili et au Pérou, sont le sous-oxyde, le carbonate et surtout le sulfure double de cuivre et de fer Cu^2S, Fe^2S^3 (*pyrite cuivreuse*).

Le sous-oxyde et le carbonate donnent très facilement le cuivre, par une forte calcination avec du charbon ; malheureusement, ces composés sont peu abondants. Le traitement du principal minerai, la *pyrite cuivreuse*, est, au contraire, extrêmement difficile. On grille le minerai à l'air, ce qui fait partir une partie du soufre à l'état de gaz sulfureux ; on le calcine ensuite avec des matières siliceuses, lesquelles forment un silicate double d'aluminium et de fer, qui s'écoule, emportant ainsi une partie du fer. En faisant alterner ainsi à plusieurs reprises le grillage et la calcination, on finit par éliminer tout le soufre et tout le fer, et par obtenir du cuivre propre aux usages industriels.

260. Consommation du cuivre. — Il n'est pas de métal qui ait des usages plus variés. Le cuivre en lames sert à la fabrication d'une foule d'ustensiles de ménage, des chaudières, des alambics; il est employé au doublage des navires. La galvanoplastie, le prenant à l'état de sulfate de cuivre, l'emploie pour fabriquer un grand nombre d'objets, depuis les petites médailles jusqu'aux statues colossales ayant plusieurs mètres de hauteur. La préparation des alliages les plus importants en consomme encore davantage. Le *laiton* ou *cuivre jaune* (cuivre et zinc), le *maillechort* (cuivre, zinc et nickel), le *bronze* (cuivre et étain), le *bronze d'aluminium* (cuivre et aluminium), dont nous avons indiqué les principaux usages (§ 189), renferment plus des trois quarts de leur poids de cuivre. La production annuelle du cuivre est de 70 000 tonnes, représentant une valeur de plus de 200 millions de francs.

III. — PLOMB.

261. Propriétés. — Le plomb est gris bleuâtre, très brillant quand on vient de le couper. Sa densité est 11,35; il fond à 335°.

C'est le plus mou, le moins ductile et le moins tenace des métaux usuels. On le coupe au couteau, on le raye avec l'ongle; il laisse une trace grise sur le papier. Il est impossible de le faire passer à la filière.

On profite de la grande flexibilité et de la grande mollesse du plomb pour faire avec ce métal des tuyaux sans soudure, d'une longueur illimitée, pouvant se courber à volonté dans toutes les directions. Aucun autre métal ne saurait remplacer le plomb pour cet usage. On place le plomb dans un cylindre d'acier percé à sa partie inférieure d'une ouverture annulaire présentant exactement les dimensions du tuyau qu'on veut fabriquer; le cylindre étant chauffé par un foyer extérieur à une température voisine de 300°, température à laquelle la mollesse du métal est encore plus grande, on y enfonce un piston d'acier poussé par une presse hydraulique. Le plomb, comme le ferait une pâte argileuse, s'écoule par l'ouverture inférieure, sous forme d'un tuyau que l'on roule sur lui-même à la sortie; en enlevant de temps en temps le piston pour remettre de nouveau du métal, on peut donner au tuyau la longueur que l'on désire.

Les fils s'obtiennent de la même manière.

La malléabilité du plomb est plus grande que celle du fer et du zinc; il partage avec l'étain la propriété de ne pas *s'écrouir* sous l'action du laminoir ni du marteau, il reste toujours mou. Il se ternit rapidement à l'air, par suite de la formation d'une couche superficielle de carbonate de plomb hydraté.

Il est important de connaître l'action de l'eau sur le plomb à la température ordinaire. L'eau pure et aérée (eau de pluie) oxyde le plomb et dissout en partie l'oxyde formé, de sorte que le métal est attaqué d'une manière continue, et que l'eau se charge d'une quantité croissante d'oxyde; elle peut devenir délétère. L'eau de source et de rivière, riche en anhydride carbonique, en chlorure de sodium et de calcium, en sulfate de calcium, détermine encore l'oxydation du plomb, mais ne dissout plus l'oxyde formé : elle reste potable. Dans chaque cas particulier, on doit donc étudier la composition des eaux potables et leur action sur le plomb, avant de décider si elles peuvent être conduites dans des tuyaux de ce métal.

Les acides, même faibles, activent beaucoup l'altération du plomb à l'air et déterminent la formation de sels délétères. Il faut donc bien se garder d'employer les vases de plomb pour la préparation et la conservation des aliments; les conserves alimentaires ne doivent être placées que dans des boîtes étamées à l'étain fin, exempt de plomb.

Le plomb ne décompose pas l'eau; l'acide sulfurique et l'acide chlorhydrique ne l'attaquent que lorsqu'ils sont concentrés et chauds; l'acide azotique étendu le dissout lentement.

Le plomb est le plus vénéneux des métaux usuels: tous les ouvriers qui le travaillent subissent une intoxication lente, qui ruine peu à peu leur santé.

*** 262. Principaux composés du plomb.** — L'oxygène forme trois composés avec le plomb. On obtient le *protoxyde*, PbO, en calcinant le plomb au contact de l'air; il est impossible de fondre une seule fois du plomb sans remarquer la formation du protoxyde à la surface du liquide. C'est une poudre jaune (*massicot*) qui, fondue au rouge, devient jaune orangé (*litharge*). La litharge est employée industriellement à la préparation de l'acétate et du carbonate de plomb; mélangée avec l'huile de lin, elle la rend *siccative* et propre à la préparation des couleurs à l'huile.

On prépare l'*oxyde salin* Pb^3O^4 (*minium*) en grillant le *massicot* à l'air. Cet oxyde est employé pour la coloration de la cire à cacheter et des papiers peints; il sert dans le vernissage de certaines poteries; avant de recevoir sa peinture définitive, le fer est souvent recouvert d'une couche de peinture au minium, destinée à en assurer la conservation. La fabrication du cristal consomme de grandes quantités de minium.

Le *bioxyde de plomb* PbO^2 est sans usage.

Le *sulfure de plomb* PbS se rencontre dans la nature en beaux cristaux couleur de fer (*galène*). C'est le plus abondant des minerais de plomb.

Le *carbonate de plomb* $(2PbO,CO^2+PbO,HO)$, mélange de carbonate anhydre et d'oxyde hydraté, se fabrique dans l'industrie; on lui donne le nom de *céruse* ou de *blanc de plomb*. On le prépare en traitant l'*acétate de plomb* par un courant d'anhydride carbonique; la manière d'opérer est généralement assez complexe. La céruse est un corps blanc, pulvérulent, très employé dans la peinture à l'huile; non seulement on l'emploie à faire la couleur blanche, la plus employée de toutes, mais encore on la mélange avec les autres couleurs pour les épaissir. La céruse a l'inconvénient de noircir sous l'action de l'acide sulfhydrique par suite de la formation du sulfure de plomb, qui est noir : aussi l'on tend de plus en plus à y substituer l'oxyde de zinc.

263. Extraction du plomb. — Le plomb se retire de la galène (PbS), qui est très abondante en Angleterre et en Espagne; quelques départements français en possèdent aussi (Finistère, Ille-et-Vilaine, Puy-de-Dôme, Loire).

La galène est grillée à l'air, ce qui détermine la formation d'oxyde de plomb et de sulfate de plomb. Quand le grillage est assez avancé, on chauffe vivement la galène dans un four à réverbère analogue au four à puddler (*fig.* 89) : le sulfate et l'oxyde formés pendant le grillage réagissent sur le sulfure restant et donnent le métal :

$$2PbS + SO^4Pb + 2PbO = 3SO^2 + 5Pb.$$

264. Consommation du plomb. — Le plomb doit son importance à sa flexibilité. On couvre les toits avec des feuilles de plomb; on fabrique en plomb surtout des tuyaux de conduite pour le gaz, l'eau et la vapeur. Les opérations industrielles qui nécessitent l'intervention d'acides forts se font dans des vases en plomb (§ 124). Enfin la préparation de la litharge, du minium, de la céruse et l'extraction des métaux précieux en consomment des quantités considérables.

L'extraction annuelle est de 400 000 tonnes.

CHAPITRE XVIII.

MERCURE, ARGENT, OR, PLATINE.

I. — MERCURE.

265. Propriétés. — Le mercure est le seul métal liquide à la température ordinaire. Il se solidifie à 40° au-dessous de zéro et présente alors des propriétés physiques analogues à celles du plomb. Liquide, il a pour densité 13,59; il bout à 350° en donnant des vapeurs incolores.

Il est à peu près inaltérable à l'air à la température ordinaire. Vers 350°, il s'oxyde lentement et se recouvre de pellicules rouges de protoxyde HgO (§ 22). L'oxydation ne serait complète qu'au bout d'un temps assez long.

Le mercure ne décompose l'eau à aucune température; il est vivement attaqué par l'acide sulfurique chaud (§ 117) et par l'acide azotique (§ 83). Il se combine directement avec le chlore et avec le soufre.

Beaucoup de métaux, et en particulier l'or et l'argent, se dissolvent dans le mercure et forment des *amalgames* (§ 71).

Les vapeurs mercurielles sont très vénéneuses, et leur inhalation prolongée est très funeste.

266. Extraction du mercure. — Le *sulfure de mercure* (*cinabre*), assez répandu en Espagne, en Illyrie et en Bavière, est le principal minerai de mercure. Ce sulfure est grillé dans un courant d'air oxydant; l'anhydride sulfureux et la vapeur de mercure se dégagent en même temps :

$$HgS + 2O = SO^2 + Hg.$$

Le métal est condensé par refroidissement. On le

conserve dans des bouteilles de fer fermées par des bouchons à vis.

267. **Usages.** — Nous avons vu que le mercure rend des services continuels dans les laboratoires, où on l'emploie, en effet, pour recueillir les gaz secs ou solubles dans l'eau, et pour confectionner un grand nombre d'appareils de physique. L'industrie s'en sert pour étamer les glaces, et surtout pour extraire les métaux précieux de leurs minerais.

II. — ARGENT.

268. **Propriétés.** — L'argent est un métal blanc. Sa densité est 10,5 ; il fond à 1 000°. L'or seul est plus ductile et plus malléable que l'argent. On a pu obtenir, avec la filière, un fil d'argent long de 130^m, et dont le poids était de 5 centigrammes ; le martelage produit des feuilles de $\frac{3}{1000}$ de millimètre d'épaisseur, à travers lesquelles passe une belle lumière bleue. C'est, de tous les métaux, le meilleur conducteur de la chaleur et de l'électricité.

L'argent, quand il est fondu, a la propriété d'absorber un volume d'oxygène égal à 22 fois le sien. Au moment où l'argent va se solidifier par refroidissement, l'oxygène se dégage brusquement en soulevant et projetant le métal, dont la surface devient alors tourmentée et comme rocheuse : c'est le phénomène du *rochage*. L'alliage monétaire de cuivre et d'argent ne roche pas.

L'oxygène et l'air sont sans action sur l'argent, même à chaud ; du reste, l'oxyde d'argent, obtenu par un procédé indirect, est très facilement décomposable par la chaleur. Le chlore attaque l'argent à froid, le soufre l'attaque à chaud. Il est difficilement attaqué par l'acide chlorhydrique, facilement par l'acide sulfurique chaud et concentré, très vivement par l'acide azotique quadrihydraté. L'acide sulfhydrique le recouvre à froid d'une couche noire de sulfure d'argent.

269. Extraction de l'argent. — L'argent existe à l'état natif en Amérique. On le rencontre surtout à l'état de sulfure au Mexique, au Pérou, au Chili, en Saxe et en Norvège ; l'extraction de ce métal est très laborieuse.

Le minerai est transformé en chlorure par l'action du sel marin ; le chlorure est ensuite décomposé au moyen du fer (§ 192) :

$$2\,AgCl + Fe = 2\,Ag + FeCl^2.$$

Le métal ainsi produit se trouve mélangé avec une quantité considérable d'impuretés de toutes sortes ; on le sépare, en brassant le tout avec du mercure, qui dissout l'argent et forme un amalgame liquide facile à isoler. Pour obtenir l'argent, il ne reste plus qu'à faire distiller le mercure.

270. Usages. — Le prix de l'argent est trop élevé pour que ce métal puisse être beaucoup employé. Son inaltérabilité le fait utiliser comme métal monétaire. La bijouterie et l'argenture galvanique en consomment une assez grande quantité.

III. — OR

271. Propriétés. — L'or est doué d'un bel éclat jaune ; sa densité est égale à 19,25 ; il fond à la température de 1 220°. C'est le plus ductile et le plus malléable de tous les métaux : avec 5 centigrammes d'or, on prépare un fil de 162 mètres de longueur ; par le battage, on obtient des feuilles ayant $\frac{1}{12000}$ de millimètre d'épaisseur. Comme le fer, l'or peut être soudé à lui-même sans fusion.

Il n'est altéré à l'air à aucune température. Les acides sulfurique, azotique, chlorhydrique sont sans action sur l'or. Seul, le chlore, libre ou en dissolution, l'attaque à la température ordinaire : il se forme alors du *chlorure d'or*. L'eau régale produit le même effet (§ 107). L'or se combine à chaud avec le phosphore.

272. Extraction et usages. — L'or se rencontre à l'état natif ou bien allié à des proportions variables d'argent et de cuivre. On le trouve presque partout dans la nature, mais toujours en petite quantité ; il est généralement mélangé avec les sables d'alluvions (Californie, monts Ourals, Australie). Un grand nombre de cours d'eau (Rhône, Rhin, Garonne) charrient des paillettes extrêmement petites.

L'extraction de l'or des sables aurifères se fait par des lavages successifs, qui éliminent la plus grande partie du sable, puis par un traitement au mercure, donnant un amalgame qu'on distille. Ce procédé, si simple en théorie, est très laborieux en pratique, à cause de l'extrême pauvreté des sables exploités.

La beauté de l'or, son inaltérabilité et sa rareté l'ont toujours fait considérer comme un métal précieux. Il sert comme métal monétaire, et dans la bijouterie : dans les deux cas, on l'allie à une petite quantité de cuivre, pour augmenter sa dureté.

L'or est très employé aussi dans la dorure des cadres et des lambris, du fer, du cuivre, du bronze et de l'argent.

IV. — PLATINE.

273. Propriétés. — Le platine, le plus lourd des corps connus, est aussi le moins fusible des métaux usuels. Sa densité est 21,15 ; sa température de fusion est supérieure à 1 500°. Il est ductile, malléable et tenace.

Il est surtout précieux à cause de sa grande inaltérabilité : il ne s'oxyde à l'air à aucune température ; il n'est attaqué par aucun acide, et l'eau régale même ne le dissout que fort lentement. Il s'unit directement, à chaud, au soufre, au phosphore, au silicium, au chlore, ainsi qu'au zinc et au plomb.

274. Extraction. — Ce métal se trouve à l'état natif mêlé dans le sable avec de l'or et avec des métaux rares analogues au platine.

On l'extrait en traitant le sable par l'eau régale, qui donne du bichlorure de platine, qu'on précipite par l'ammoniaque à l'état de chlorure double de platine et d'ammonium. Ce précipité, calciné au rouge, se décompose et donne une masse spongieuse appelée *mousse de platine.*

Nous avons vu que ce corps a la propriété de déterminer, par sa seule présence, un grand nombre de réactions. Le platine fondu jouit aussi un peu de cette propriété (§ 56).

Fig. 92.

Pour transformer la mousse de platine en métal malléable, on la comprime fortement dans un cylindre d'acier, puis on la martèle longuement au rouge.

Ce mode d'agrégation, long et pénible, est maintenant presque partout remplacé par la fusion au chalumeau Deville (§ 45). La fusion est surtout précieuse pour la révivification des vieux objets de platine, qu'on était autrefois obligé de dissoudre dans l'eau régale.

275. Usages. — On fabrique en platine un fort grand nombre d'ustensiles de laboratoires et les grandes chaudières dans lesquelles on concentre industriellement l'acide sulfurique. En Russie, le platine est employé comme métal monétaire ; la bijouterie commence aussi à en consommer de petites quantités.

FIN.

PROGRAMME

DU COURS DE CHIMIE

Écoles normales primaires d'Institutrices : Deuxième Année.

(*Arrêté du* 10 *janvier* 1889.)

(Une heure par semaine.)

[Les chiffres sont ceux des pages où la question est traitée.]

TABLE DES MATIÈRES

CHAPITRE I.

EAU : ANALYSE ET SYNTHÈSE. — OXYGÈNE. — HYDROGÈNE.

CHAPITRE II.

AIR : ANALYSE. — AZOTE.

CHAPITRE III.

COMBUSTION.—NOTIONS GÉNÉRALES SUR LA COMBINAISON CHIMIQUE. CHALEUR DÉGAGÉE ; CHANGEMENTS DE PROPRIÉTÉS.

CHAPITRE IV.

PRINCIPES DE LA NOMENCLATURE ET DE LA NOTATION CHIMIQUE. ACIDES. — BASES.

CHAPITRE V.

OXYDES DE L'AZOTE. — ACIDE AZOTIQUE. — AMMONIAQUE.

CHAPITRE VI.

LOIS DES COMBINAISONS CHIMIQUES EN POIDS ET EN VOLUMES. POIDS ATOMIQUES.

CHAPITRE VII.

CHLORE : ACIDE CHLORHYDRIQUE, EAU RÉGALE. — IODE.

CHAPITRE VIII.

SOUFRE. — ANHYDRIDE SULFUREUX. — ACIDE SULFURIQUE. ACIDE SULFHYDRIQUE.

CHAPITRE IX.

PHOSPHORE. — ACIDE PHOSPHORIQUE. — HYDROGÈNE PHOSPHORÉ.

CHAPITRE X.

CARBONE. — OXYDE DE CARBONE. — ANHYDRIDE CARBONIQUE. ANHYDRIDE SILICIQUE.

CHAPITRE XI.

MÉTAUX. — PROPRIÉTÉS GÉNÉRALES. — ALLIAGES.

CHAPITRE XII.

SELS. — PROPRIÉTÉS GÉNÉRALES. — LOIS DE BERTHOLLET.

CHAPITRE XIII.

POTASSE, SOUDE. — SEL MARIN. — CARBONATE DE SODIUM.

CHAPITRE XIV.

CHAUX, CARBONATE, SULFATE, PHOSPHATE.

CHAPITRE XV.

ALUMINE. — ALUN. — ARGILES, VERRES ET POTERIES. CHAUX, MORTIERS, CIMENTS.

CHAPITRE XVI.

FER, ZINC.

CHAPITRE XVII.

ÉTAIN, CUIVRE, PLOMB.

CHAPITRE XVIII.

MERCURE, ARGENT, OR, PLATINE.

FIN.

Paris. — Imprimerie DELALAIN, 18, rue Séguier.

Grammaire de la Langue française répondant aux programmes officiels de l'enseignement secondaire classique (Division de Grammaire), de l'enseignement secondaire moderne et des écoles normales primaires, par *J. Clément*, agrégé de l'Université, ancien proviseur, revue et publiée par *M. J. L. Clément*, ancien élève de l'École normale supérieure, agrégé de grammaire, professeur au lycée Janson-de-Sailly : 2ᵉ édition ; 1 fort vol. in-12, *cart.* 3 f. 25 c.

Littérature, Composition et Style, à l'usage des écoles primaires supérieures et des aspirants et aspirantes aux brevets de capacité, leçons professées par *M. W. Rinn*, dans les cours spéciaux de l'Hôtel de ville de Paris, recueillies et publiées par *M. Ch. Rinn*, professeur au lycée Condorcet : 4ᵉ édition ; 1 vol. in-12, *cart.* 4 f.

Cours d'Histoire de France, à l'usage des aspirants et des aspirantes au certificat d'études et aux brevets de capacité de l'enseignement primaire, par *M. A. Choublier*, professeur d'histoire du lycée Condorcet : 13ᵉ édition, continuée jusqu'à nos jours : 1 fort vol. in-12, *cart.* 4 f.

Géographie de la France et de ses Colonies, physique, historique, politique, administrative et économique, rédigée conformément aux programmes officiels, par *L. Sanis*, professeur spécial de géographie des collèges de Paris : 6ᵉ édition, revue et augmentée surtout dans la partie administrative ; 1 vol. in-12, *cart.* 2 f. 50 c.

Géographie de la France, de ses Colonies et Protectorats, par *M. A. Gasquet* : 1 fort vol. in-12, *avec 44 cartes relatives aux défenses maritimes et terrestres, aux estuaires des grands fleuves, aux principaux massifs de montagnes aux colonies et pays de protectorat*, *rel. toile*, 5 f.

Géographie générale, physique et politique, comprenant les cinq parties du monde (Europe, Asie, Afrique, Amérique, Océanie), à l'usage des candidats aux écoles spéciales, des cours de l'enseignement secondaire, des écoles normales et des écoles primaires supérieures, par *M. A. Gasquet*, Recteur de l'Académie de Nancy : 6ᵉ édition, revue et augmentée ; 1 fort vol. in-12, *cart.* 6 f.

Aventures de Télémaque, suivies des *Aventures d'Aristonoüs*, édition complète en XVIII livres, à l'usage de l'enseignement secondaire des jeunes filles, précédée d'une introduction et accompagnée de commentaires et de notes littéraires et critiques, par *M. S. Bernage*, docteur ès lettres, professeur du lycée Condorcet : 2ᵉ édition ; 1 vol. in-12, *cart.* 2 f.

Fables de La Fontaine, nouvelle édition, à l'usage de l'Enseignement secondaire des jeunes filles, précédée de la dédicace et de la préface de La Fontaine, ainsi que de la Vie d'Ésope, et suivie de Philémon et Baucis, avec introduction biographique et littéraire et notes grammaticales et philologiques par *A. Noël*, professeur du lycée de Versailles ; in-12, *cart.* 2 f.

Éléments d'Arithmétique, rédigés conformément aux programmes de l'enseignement secondaire classique et de l'enseignement secondaire moderne, par *J. B. V. Reynaud*, professeur de mathématiques du lycée et de l'école normale primaire de Toulouse : 2ᵉ édition ; 1 vol. in-12, *cart.* 3 f.

Petit Traité de Géométrie pratique, rédigé d'après les programmes de l'enseignement primaire et contenant des notions sur le cubage et sur les anciennes mesures, par *E. A. Tarnier*, docteur ès sciences, ancien examinateur pour l'admission à l'école militaire de Saint-Cyr ; 1 vol. in-12, *avec 192 gravures dans le texte*, *cart.* 2 f. 50 c.

Notions d'Histoire Naturelle applicables aux usages de la vie, rédigées d'après les programmes de l'enseignement primaire supérieur, à l'usage des élèves des écoles primaires supérieures et normales et des pensionnats, par *Henri Regodt*, professeur de sciences naturelles : 14ᵉ édition ; 1 vol. in-12, *avec 110 gravures dans le texte*, *cart.* 2 f. 25 c.

Tenue des Livres (la) en partie double, apprise très rapidement, nouvelle méthode, par *M. E. Dubois*, expert-comptable, professeur de tenue des livres et de correspondance commerciale ; 1 vol. petit in-8°, *cart.* 1 f.

www.ingramcontent.com/pod-product-compliance
Ingram Content Group UK Ltd.
Pitfield, Milton Keynes, MK11 3LW, UK
UKHW020607230726
13926UKWH00005B/2249

9 782016 158500